新工科·普通高等教育机电类系列教材

液压伺服与比例控制系统

主　编　孔祥东　姚　静

副主编　艾　超　俞　滨　张　晋　赵劲松

参　编　吴晓明　高殿荣　张　伟　李　莹
　　　　陈文婷　巴凯先

机械工业出版社

本书按照打造新工科精品教材的要求,以"会分析、会设计、会优化、会应用"为指导构建课程架构,结合国内外液压伺服与比例控制系统领域的最新理论研究成果与前沿的应用实例,结合作者多年来的教学实践经验梳理知识体系。本书内容包括液压伺服与比例控制系统的发展、工作原理、组成及特点,液压控制元件流量方程与特性参数,液压动力组件建模与分析,机液控制系统建模与分析,电液控制元件基本原理,电液控制元件建模与分析,电液伺服控制系统分析校正,电液伺服与比例控制系统的设计方法,电液伺服与比例控制系统设计实例。

本书可作为机械电子工程专业本科生"液压伺服与比例控制系统""液压控制系统"及研究生"电液伺服控制理论""现代伺服控制技术"等课程的教材,也可供有关工程技术人员参考。

本书为新形态教材,以二维码的形式链接了重点章节的微课视频,学生可以随扫随学。本书配套 PPT 课件、习题参考答案及相关拓展资料,欢迎选用本书的教师登录机械工业出版社教育服务网(www.cmpedu.com)下载。本书编者团队主讲的"液压伺服与比例控制系统"课程已在中国大学 MOOC 上线,本课程为国家精品资源共享课,欢迎广大读者购买本书来配套学习。

图书在版编目(CIP)数据

液压伺服与比例控制系统 / 孔祥东,姚静主编.
北京:机械工业出版社,2024. 11. -- (新工科·普通高等教育机电类系列教材). -- ISBN 978-7-111-76873 -9

Ⅰ. TH137. 5
中国国家版本馆 CIP 数据核字第 2024TF6380 号

机械工业出版社(北京市百万庄大街 22 号 邮政编码 100037)
策划编辑:徐鲁融   责任编辑:徐鲁融 戴 琳
责任校对:张 征 陈 越   封面设计:王 旭
责任印制:李 昂
北京捷迅佳彩印刷有限公司印刷
2024 年 12 月第 1 版第 1 次印刷
184mm×260mm · 17 印张 · 421 千字
标准书号:ISBN 978-7-111-76873-9
定价:59. 80 元

电话服务   网络服务
客服电话:010-88361066   机 工 官 网:www.cmpbook.com
        010-88379833   机 工 官 博:weibo.com/cmp1952
        010-68326294   金 书 网:www.golden-book.com
封底无防伪标均为盗版 机工教育服务网:www.cmpedu.com

　　液压伺服控制是一门既古老而又充满生命力、影响力的科学技术，从公元前的水钟到第一次世界大战前的海军舰艇上的操舵设备，再到 20 世纪 40 年代飞机用操纵系统、到今天宇航飞船飞行器控制、炮塔的跟踪控制、跳跃奔跑的 Atlas 机器人等，无不彰显了液压伺服控制系统控制精度高、响应迅速的优异品质。液压比例控制技术是 20 世纪 60 年代在液压伺服控制技术基础上，降低动态响应，以比例元件为核心控制元件，弥补了液压伺服控制应用和维护条件苛刻、成本高等缺点，广泛应用于工程机械、海洋船舶、锻压装备等领域。液压伺服控制技术与液压比例控制技术虽在结构原理上有区别，但在理论分析上有相通之处。本书以液压伺服与比例控制技术为题，应用经典控制理论将液压伺服控制技术与液压比例控制技术融合起来向读者进行介绍。

　　本书内容包括液压伺服与比例控制系统的发展、工作原理、组成及特点，液压控制元件流量方程与特性参数，液压动力组件建模与分析，机液控制系统建模与分析，电液控制元件基本原理，电液控制元件建模与分析，电液伺服控制系统分析校正，电液伺服与比例控制系统的设计方法，电液伺服与比例控制系统设计实例。本书主要作为机械电子工程专业及相关专业的专业课教材。

　　本书教学目标是使学生了解液压伺服与比例控制系统的特点，掌握电液控制元件的组成和基本原理，能够建立液压伺服与比例控制系统数学模型并进行分析，学会液压伺服与比例控制系统设计、分析和校正方法，能够应用所学知识指导工程实践，提高分析问题和解决复杂问题的能力。

　　液压伺服与比例控制技术作为流体传动与控制领域的重要分支，综合了经典控制理论相关知识，位于液压领域知识体系的塔尖，理论性较强，对于初学者来说晦涩难懂。为了使读者能够通过本门课学习达到"四会"目标，即会分析、会设计、会优化、会应用，本书进行了以下尝试和创新：

　　1）给出了液压伺服与比例控制系统的知识体系，每章标注出需掌握的重点内容，并增加了知识导图，使学生能够更好地了解本书所涉及的知识点之间的逻辑关系和内在关联。

　　2）结合国内外液压伺服与比例控制系统领域的最新理论成果与前沿应用实例，添加了电液控制元件及其建模分析、负载敏感系统建模分析、电液伺服与比例控制系统设计步骤及案例，以图表、曲线等形式促进理论知识理解，培养学生解决实际问题的能力。

　　3）为更加符合学生的认知规律，分析过程力求简化，建模过程力求清晰，强调概念和方法，内容由浅入深，便于学生理解与自学。

　　4）探索多媒体新形态手段。本书为新形态教材，以二维码的形式链接了重点章节的微课视频，便于学生随扫随学。本书配套 PPT 课件、习题参考答案及相关拓展资料，以供选用本书的教师下载采用。本书编者团队主讲的"液压伺服与比例控制系统"课程已在中国大学 MOOC 上线，提供多平台学习手段。

5）在每章章末设有"思政拓展"模块，以二维码的形式链接了拓展视频，让学生进行课程学习之余，了解"蛟龙号""天鲲号"等国之重器的创新历程，了解新中国最早的万吨水压机、新中国第一台煤矿液压支架、第一台国产电动轮自卸车等对我国制造业具有重大意义的机械装备，将党的二十大精神融入其中，树立学生的科技兴国、科技报国意识，助力培养德才兼备的高素质人才。

本书由燕山大学孔祥东、姚静任主编。第 1 章由孔祥东、李莹编写，第 2 章由姚静编写，第 3 章由艾超、陈文婷编写，第 4 章由张伟、高殿荣编写，第 5、6 章由张晋、吴晓明编写，第 7 章由赵劲松编写，第 8 章由俞滨编写，第 9 章由巴凯先编写。

本书由燕山大学姚成玉主审并提出宝贵意见。本书的编写得到了燕山大学机械工程学院众多老师与同学的支持与帮助，在此一并表示感谢。

本书难免有漏误和不足，敬请读者交流指正。

编　者

目 录

前言

第1章 绪论 / 1

1.1 液压伺服与比例控制技术概述 / 1
1.1.1 液压伺服控制技术的出现与发展 / 2
1.1.2 液压比例控制技术的出现与发展 / 2
1.1.3 液压伺服控制技术与比例控制技术的区别与联系 / 3
1.2 液压伺服与比例控制系统的工作原理 / 6
1.3 液压伺服与比例控制系统的组成及特点 / 9
1.3.1 液压伺服与比例控制系统的组成 / 9
1.3.2 液压伺服与比例控制系统的特点 / 9
1.4 本书主要任务与知识体系 / 10
1.4.1 主要任务 / 10
1.4.2 知识体系 / 10
本章小结 / 11
习题 / 11
拓展阅读 / 11

第2章 液压控制元件流量方程与特性参数 / 13

2.1 液压控制元件的结构及分类 / 14
2.1.1 控制阀的常见结构 / 14
2.1.2 滑阀结构开口型式 / 14
2.2 滑阀的一般分析 / 16
2.2.1 一般流量方程 / 16
2.2.2 阀的线性化分析与阀系数 / 18
2.3 零遮盖滑阀的分析 / 20
2.3.1 零遮盖四边滑阀的稳态特性方程 / 20
2.3.2 理想零遮盖四边滑阀的阀系数 / 22
2.3.3 实际零遮盖四边滑阀零位系数的计算 / 22
2.3.4 实际零遮盖滑阀的阀系数试验测定 / 23
2.3.5 零遮盖四边滑阀全特性流量-压力方程 / 25

2.4　负遮盖滑阀的分析 / 28

　　2.4.1　正常工作区流量-压力曲线方程 / 28

　　2.4.2　顺向流动在不连续工作区的流量-压力曲线方程 / 31

　　2.4.3　逆向流动在不连续工作区的流量-压力曲线方程 / 31

2.5　正遮盖滑阀的分析 / 33

　　2.5.1　正遮盖滑阀流量方程的推导 / 33

　　2.5.2　正遮盖滑阀的线性化分析与阀系数 / 33

　　2.5.3　正遮盖滑阀零位工作点的鲁棒性分析 / 34

2.6　滑阀受力分析 / 36

　　2.6.1　液动力 / 36

　　2.6.2　驱动力 / 39

2.7　滑阀的输出功率及效率 / 40

　　2.7.1　输出功率 / 40

　　2.7.2　效率 / 41

2.8　滑阀的设计 / 41

　　2.8.1　结构型式的选择 / 42

　　2.8.2　主要参数的确定 / 42

　　2.8.3　其他设计要点 / 43

2.9　喷嘴挡板阀 / 44

　　2.9.1　单喷嘴挡板阀的静态特性 / 44

　　2.9.2　双喷嘴挡板阀的静态特征 / 47

　　2.9.3　喷嘴挡板阀的设计 / 50

2.10　射流管阀 / 51

　　2.10.1　射流管阀的工作原理 / 51

　　2.10.2　射流管阀的静态特性 / 53

　　2.10.3　射流管阀的几何参数 / 53

　　2.10.4　射流管阀的特点 / 55

本章小结 / 55

习题 / 55

拓展阅读 / 56

第3章　液压动力组件建模与分析 / 58

3.1　阀控液压缸动力组件 / 58

　　3.1.1　基本方程 / 59

　　3.1.2　框图与传递函数 / 61

　　3.1.3　传递函数的简化 / 63

　　3.1.4　频率响应分析 / 67

　　3.1.5　阀控非对称液压缸 / 73

3.2　阀控液压马达动力组件 / 74

3.2.1　基本方程 / 74
3.2.2　传递函数 / 75
3.3　泵控液压缸动力组件 / 76
3.3.1　基本方程 / 78
3.3.2　框图与传递函数 / 78
3.3.3　传递函数的简化 / 78
3.4　泵控液压马达动力组件 / 79
3.4.1　基本方程 / 80
3.4.2　框图与传递函数 / 81
3.4.3　传递函数的简化 / 81
3.4.4　泵控液压马达与阀控液压马达的比较 / 82
3.4.5　几个关键参数对系统性能的影响 / 83
3.5　液压动力组件与负载的匹配 / 84
3.5.1　负载特性 / 84
3.5.2　等效负载的计算 / 87
3.5.3　输出特性 / 88
3.5.4　负载匹配 / 89
3.5.5　利用最佳匹配原则确定参数 / 90
3.6　负载敏感系统 / 90
3.6.1　工作原理 / 90
3.6.2　数学建模 / 91
3.6.3　框图与传递函数 / 94
本章小结 / 95
习题 / 95
拓展阅读 / 95

第4章　机液控制系统建模与分析 / 97

4.1　机液位置控制系统 / 98
4.1.1　系统的组成及框图 / 98
4.1.2　稳定性分析 / 99
4.2　机液速度控制系统 / 102
4.2.1　系统的组成及工作原理 / 102
4.2.2　基本方程及框图 / 103
4.2.3　传递函数推导 / 105
4.3　结构柔度对稳定性的影响 / 106
4.3.1　考虑结构柔度的系统基本方程与传递函数 / 106
4.3.2　考虑结构柔度的系统稳定性分析 / 109
4.3.3　提高综合谐振频率和综合阻尼比的方法 / 110
4.3.4　反馈柔度对稳定性的影响 / 111
4.4　液压转矩放大器 / 112

4.4.1　液压转矩放大器的结构原理　/　112

4.4.2　液压转矩放大器的静动态特性分析　/　113

4.4.3　液压转矩放大器计算实例　/　115

4.5　步进液压缸　/　116

本章小结　/　117

习题　/　117

拓展阅读　/　119

第5章　电液控制元件基本原理　/　**120**

5.1　电液控制元件的组成及分类　/　120

5.1.1　电液控制元件的组成　/　120

5.1.2　电液伺服阀的组成　/　121

5.1.3　电液伺服阀的分类　/　122

5.2　电气-机械转换器　/　123

5.2.1　电气-机械转换器的分类及要求　/　123

5.2.2　力矩马达的分类及要求　/　126

5.2.3　比例电磁铁及其控制　/　128

5.3　电液伺服阀的典型结构和工作原理　/　129

5.3.1　单级电液伺服阀　/　129

5.3.2　二级电液伺服阀　/　130

5.3.3　三级电液伺服阀　/　136

5.4　电液比例阀的典型结构和工作原理　/　137

5.4.1　电液比例方向阀　/　137

5.4.2　电液比例压力阀　/　139

5.4.3　先导式电液比例溢流阀　/　141

5.4.4　电液比例流量阀　/　143

5.5　伺服变量泵的典型结构和工作原理　/　146

本章小结　/　148

习题　/　148

拓展阅读　/　149

第6章　电液控制元件建模与分析　/　**150**

6.1　力反馈二级电液伺服阀　/　151

6.1.1　前置放大级　/　151

6.1.2　功率放大级　/　156

6.1.3　传递函数　/　157

6.1.4　动态特性　/　159

6.2　电液伺服阀的特性及主要的性能指标　/　159

6.2.1　静态特性　/　159

6.2.2　动态特性　/　162

　　6.2.3　输入特性　/　163

　6.3　先导式电液比例方向阀数学模型　/　164
　　6.3.1　结构组成及工作原理　/　164
　　6.3.2　比例控制放大器环节　/　165
　　6.3.3　先导级环节　/　167
　　6.3.4　主级环节　/　170
　　6.3.5　位移检测反馈环节　/　172
　　6.3.6　环节数学模型汇总　/　172
　　6.3.7　系统框图与模型　/　173
　6.4　伺服变量泵数学模型　/　175
　　6.4.1　结构组成及工作原理　/　175
　　6.4.2　系统框图与模型　/　175
　本章小结　/　177
　习题　/　177
　拓展阅读　/　177

第 7 章　电液伺服控制系统分析校正　/　179
　7.1　电液伺服控制系统概念及分类　/　179
　7.2　电液位置伺服控制系统　/　180
　　7.2.1　系统组成及工作原理　/　181
　　7.2.2　基本方程与传递函数　/　182
　　7.2.3　系统特性分析　/　183
　　7.2.4　系统校正　/　189
　7.3　电液速度伺服控制系统　/　195
　　7.3.1　系统组成及工作原理　/　196
　　7.3.2　基本方程与传递函数　/　196
　　7.3.3　系统特性分析　/　197
　　7.3.4　系统校正　/　198
　　7.3.5　泵控液压马达速度伺服控制系统　/　199
　7.4　电液力伺服控制系统　/　201
　　7.4.1　电液力伺服控制系统简介　/　201
　　7.4.2　系统组成及工作原理　/　202
　　7.4.3　基本方程与传递函数　/　202
　　7.4.4　系统特性分析　/　205
　　7.4.5　系统校正　/　205
　本章小结　/　207
　习题　/　208
　拓展阅读　/　210

第 8 章　电液伺服与比例控制系统的设计方法　/　212
　8.1　系统设计的注意事项与基本步骤　/　212

8.1.1 注意事项 / 212

8.1.2 基本步骤 / 215

8.2 液压油源的选取 / 221

8.2.1 注意事项 / 221

8.2.2 液压油源的控制形式 / 223

8.3 伺服阀与比例阀放大器的选取 / 225

8.3.1 伺服阀放大器 / 225

8.3.2 比例阀放大器 / 227

8.4 数字控制器的典型形式 / 229

8.4.1 数字控制器的组成 / 229

8.4.2 常用的数字控制器 / 230

本章小结 / 235

习题 / 236

拓展阅读 / 236

第 9 章 电液伺服与比例控制系统设计实例 / 238

9.1 四辊可逆冷轧机电液位置伺服控制系统设计实例 / 238

9.1.1 确定设计要求 / 239

9.1.2 控制方案拟订 / 240

9.1.3 动力组件匹配 / 240

9.1.4 确定各环节的传递函数 / 241

9.1.5 动态特性分析及校正 / 243

9.2 液压数控转台电液速度伺服控制系统设计实例 / 246

9.2.1 确定设计要求 / 246

9.2.2 控制方案拟订 / 246

9.2.3 动力组件匹配 / 247

9.2.4 确定各环节的传递函数 / 248

9.2.5 动态特性分析及校正 / 250

9.3 液压驱动机器人膝关节电液力伺服控制系统设计实例 / 251

9.3.1 确定设计要求 / 251

9.3.2 控制方案拟订 / 252

9.3.3 动力组件匹配 / 252

9.3.4 确定各环节的传递函数 / 253

9.3.5 动态特性分析及校正 / 254

本章小结 / 257

习题 / 257

拓展阅读 / 259

参考文献 / 261

第**1**章 绪论

知识导图

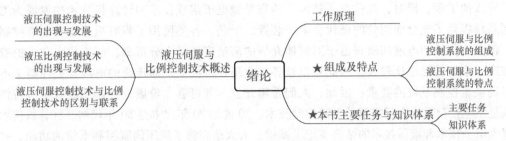

液压伺服与比例控制技术是以伺服阀、比例阀、伺服变量泵等液压伺服与比例控制元件为核心，以成比例连续控制流量和压力为特征，并融合液压传动、流体力学及控制理论等理论和技术的液压动力传递与高性能液压控制技术，是提升系统响应速度和精度的关键基础技术之一，是当代发展迅速、引人瞩目的流体传动与控制核心技术。液压伺服与比例控制技术在众多行业与专业领域得到了广泛而深入的应用，例如，国防、工业、农业等领域的高机动作战机器人、快速变姿歼-20 战斗机、新能源风力发电机、大吨位快锻液压机、冷轧板带轧机、行走机械、精密医疗器械和智能化农业机械等。本章首先介绍液压伺服与比例控制系统的基本概念、发展历程和展望，然后论述液压伺服与比例控制系统的工作原理和组成，最后阐述本书的主要任务和知识体系。

1.1 液压伺服与比例控制技术概述

液压伺服与比例控制系统是液压控制系统的一类，也是其中应用最广泛的一类。液压控制系统一般是闭环控制系统，即反馈控制系统，也有开环控制系统。

液压伺服控制系统采用伺服阀、伺服变量泵，都是闭环控制系统；液压比例控制系统采用比例控制阀、比例控制泵，既有闭环控制系统，也有开环控制系统。

基于液压伺服和比例控制系统建模与分析技术的共性，将其统称为液压伺服与比例控制系统。

如果液压伺服与比例控制系统以电子信号作为输入和反馈信号，则这类液压控制系统称为电液伺服与比例控制系统；如果以机械装置作为输入和反馈装置，则这类液压控制系统称为机液伺服控制系统。

1.1.1　液压伺服控制技术的出现与发展

对于液压伺服阀的研究最早开始于 1940 年底，在飞机上出现了电液伺服系统，如图所示 1-1MOOG 伺服阀 DDV634-319C，其滑阀由伺服电机拖动，但伺服电机惯量大而限制了系统动态特性。直到 20 世纪 50 年代初才出现了快速响应的永磁力矩马达，50 年代后期又出现了以喷嘴挡板阀作为先导级的电液伺服阀，进一步提高了控制性能。20 世纪 60 年代，各种结构的电液伺服阀相继问世，特别是以 MOOG（穆格）公司为代表的采用干式力矩马达和力反馈的电液伺服阀的出现，以及各类电反馈技术的应用，进一步提高了电液伺服阀的性能，电液伺服技术日臻成熟。电液伺服系统逐渐成为武器、航空、航天自动控制的重要组成部分。20 世纪 60 年代后期，人们对各类工艺过程进行了深入研究，对其精确数学模型有了比较深入的了解，同时，现代电子技术，特别是微电子集成技术和计算机技术的发展为工程控制系统提供了充分而廉价的现代化电子装置，于是，各类民用工程有机会应用电液控制技术。但是，传统的电液伺服阀由于对流体介质的清洁度要求十分苛刻，制造成本和维护费用比较高，系统能耗也比较大，因此难以被各工业用户所接受，而传统的电液开关控制又不能满足高质量控制系统的要求，因此，人们希望开发一种可靠、价廉、控制精度和响应特性均能满足工业控制系统实际需要的电液控制技术。20 世纪 70 年代末至 80 年代初，计算机技术的发展为电子技术和液压技术的结合奠定了基础，大大地完善了液压伺服控制系统的功能，并提高了完成复杂控制的能力。由于电液伺服阀和电子技术的发展，电液伺服系统得到了迅速的发展，并且随着加工能力的提高和电液伺服阀工艺性的改善，电液伺服阀的价格不断降低，出现了抗污染、工作可靠的工业用廉价电液伺服阀，电液伺服控制技术开始向一般工业推广。21世纪，伺服控制技术广泛应用于众多行业与领域，一般民用电液伺服阀已十分常见。

对于液压伺服泵的研究最早开始于 20 世纪 60 年代，德国 Wepuko（威普克）公司研制出了一种快速往复径向柱塞泵，即正弦液压泵。该泵主要由"轴配流柱塞泵"泵体和"伺服阀控液压缸"变量机构两部分组成，是最早的液压伺服泵。20 世纪 70 年代，美国 Sundstrand（桑斯川特）公司研究开发出 20 系列闭式油路集成式泵控电液伺服控制系统。自从泵控系统出现并应用于工业技术后，世界各个发达国家都加大了对泵控技术的研发力度，并取得了很大进展，泵控技术也开始逐步应用于各个领域。

1.1.2　液压比例控制技术的出现与发展

液压比例阀的研究始于 1967 年，从 1967 年瑞士 Beringer（布林格尔）公司生产 KL 比例复合阀起，到 20 世纪 70 年代初日本 Yuken（油研）公司申请了压力和流量比例阀两项专利，是液压比例控制技术的诞生时期。这一阶段的比例阀仅仅是将比例型的电气-机械转换器（如比例电磁铁）用于工业液压阀，以代替开关电磁铁或调节手柄，阀的结构原理和设计准则几乎没有变化，大多不含受控参数的反馈闭环，其工作频宽仅在 1～5Hz 之间，稳态滞环在 4%～7% 之间，多用于开环控制。

1975—1980 年间，可以认为比例控制技术的发展进入了第二阶段。采用各种内反馈原理的比例元件大量问世，耐高压比例电磁铁和比例放大器在技术上也日趋成熟，比例元件的工作频宽已达 5～15Hz，稳态滞环也减小到 3% 左右。其应用领域日渐扩大，不仅用于开环控制，也用于闭环控制。

　　20世纪80年代，比例控制技术的发展进入了第三阶段。比例元件的设计原理进一步完善，压力、流量、位移内反馈、动压反馈及电校正等手段的应用，使阀的稳态精度、动态响应和稳定性都有了进一步的提高。除因制造成本所限，比例阀在中位仍保留死区以外，它的稳态和动态特性均已经和工业伺服阀差距较小。另一项重大进展是，比例控制技术开始和插装阀相结合，而开发出的各种不同功能和规格的二通、三通型比例插装阀，形成了20世纪80年代的电液比例插装技术。同时，传感器和电子器件日趋小型化，电液一体化的比例元件随之出现，电液比例控制技术逐步形成了集成化趋势，出现集成电子伺服阀。

　　20世纪90年代出现了伺服比例阀，实现伺服控制技术和比例控制技术的融合。此后又出现了数字控制阀（采用集成现场总线实现）和轴控阀（采用集成闭环控制器，而不需要在PLC或工控机完成闭环控制）。

　　液压比例泵出现于20世纪80年代，之后各类比例控制泵和执行元件以及电液比例容积元件相继出现，为大功率工程控制系统的节能提供了技术基础。目前对于比例泵的研究，国外比较成熟，很多知名的液压件生产厂商，如Bosch Rexroth、Parker、ATOS等都积极从事变量柱塞泵的开发和推广应用，国内还处于初步发展阶段。

　　液压伺服与比例控制技术的出现与发展如图1-1所示。

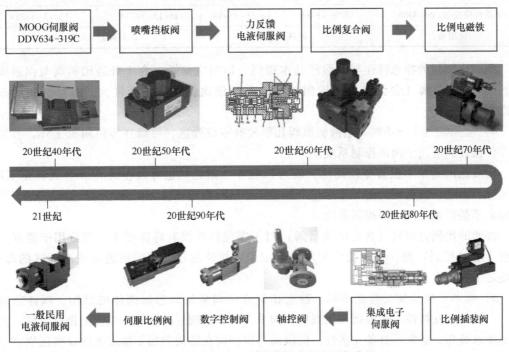

图1-1　液压伺服与比例控制技术的出现与发展

1.1.3　液压伺服控制技术与比例控制技术的区别与联系

　　一般来说，液压伺服控制技术与比例控制技术的区别主要是液压控制系统中采用的控制元件不同。两者的区别与联系具体表现在以下几个方面。

　　1）控制元件的应用范围不同。比例控制系统可代替普通的液压系统和部分伺服系统，其中，比例压力阀和比例流量阀可分别代替普通的手调压力阀和手调流量阀。采用比例压力阀的比例压力控制系统和采用比例流量阀的比例流量控制系统通常不与伺服系统进行对比，这两类系统的特性主要与普通的液压系统进行比较。比例方向阀既可代替由普通开关型电磁换向阀和手调节流阀组成的流量与方向控制单元，又与电液伺服阀十分相似，故伺服控制技术与比例控制技术的比较主要在采用伺服阀的系统与采用比例方向阀的系统中进行。

2）控制元件采用的驱动装置（电气-机械转换器）不同。液压伺服控制元件采用的驱动装置为力马达或力矩马达（电气-机械转换器），这种驱动装置的特点是输出功率较小、感抗小、驱动力小，但响应快。液压比例控制元件采用的驱动装置为比例电磁铁，这种驱动装置的特点是感性负载大、电阻小、电流大、驱动力大，但响应慢。

3）控制元件的性能参数不同。伺服阀与比例阀的性能比较见表1-1。

表1-1　伺服阀与比例阀的性能比较

特性	伺服阀	比例阀		
		伺服比例阀	带电反馈比例阀	无电反馈比例阀
滞环(%)	0.1~0.5	0.2~0.5	0.3~1	3~7
中位死区	小于阀芯行程3%		大于或等于阀芯行程3%	
频宽/Hz	100~500	50~150	10~70	10~50
油液污染控制(ISO 4406)	13/9~15/11	16/13~18/14	16/13~18/14	16/13~18/14
应用场合	闭环控制	开环控制和闭环控制		

伺服比例阀的静态特性与伺服阀基本相同，但响应偏慢（介于普通比例阀与伺服阀之间），普通比例阀（含无电反馈比例阀和带电反馈比例阀）的死区大、滞环大、动态响应慢。

4）应用的侧重点不同。电液伺服阀几乎没有零位死区，可以在零位附近工作，特别强调零位特性只应用于闭环控制系统。

伺服比例阀基本没有零位死区，既可以在零位附近，也可以在大开口（大流量工况）下运行。因此，伺服比例阀要考虑整个阀芯工作行程内的特性。伺服比例阀主要应用于对性能要求不是特别高的闭环控制系统。

普通的比例方向阀（含比例流量阀）对于零位特性没有特殊要求，当应用于速度控制系统（有差控制）时，必须在比例放大器中采取快速越过死区的措施来减小死区的影响，并使之工作在大开口状态下。

5）阀芯结构及加工精度不同。普通比例方向阀采用阀芯加阀体的结构，阀体兼做阀套，一般具有互换性。伺服阀和伺服比例阀采用阀芯加阀套的结构，二者配做成组件，加工精度要求极高，通常不具备互换性。伺服与比例阀在结构和加工精度上的这些区别直接导致它们价格上的差异，其中也包括对油液过滤精度要求不同的缘故。此外，过滤精度要求不同，导致系统维护的难易程度和维护成本也不同。

6）阀的额定压降不同。压降是在流动阻尼两端的高压力和低压力之差。阀的额定压降是阀通过额定流量时落在阀上的压降。示例：若阀有P、T、A、B四个油口，则阀的额定压降为

$$\Delta p = p_P - p_T - p_L \tag{1-1}$$

式中　p_P——阀的供油压力（P 口压力）；

p_T——回油压力（T 口压力）；

p_L——负载压降（A、B 口压差的绝对值，即 $p_L = |p_A - p_B|$）。

由于电液伺服阀需要在小开口下工作，伺服阀需要很高的节流口压降，一般以 1/3 供油压力设计，它的性能指标也是在这种工况下给出的。

伺服比例阀对节流口压差没有严格要求，既能工作于大压差工况，也能在小压差下工作，但性能会有所降低。一般情况下，表征单级伺服比例阀额定流量的单节流口压差与伺服阀一样，表征多级伺服比例阀额定流量的单节流口压差与一般比例阀相同。

普通电液比例方向阀对节流口压差也没有严格要求，既能工作于大压差工况，也能在小压差下工作，表征其额定流量的单节流口压差一般为 0.5MPa 或 1.5MPa。

伺服阀和比例方向阀对额定压降的不同要求，导致液压比例控制系统的效率较高，液压伺服控制系统的效率较低，两种系统的运行成本也不同。

因此一般来说，液压伺服控制系统广泛用于响应快速、精度要求高的场合，但其抗污染性能差，加工精度要求高，造价较高；相比液压伺服控制系统，液压比例控制系统虽然控制性能稍低，但提高了可靠性，且具有结构简化、加工简单、造价较低的优势。液压伺服控制系统与液压比例控制系统的比较见表 1-2。

表 1-2 液压伺服控制系统与液压比例控制系统的比较

项目	液压伺服控制系统	液压比例控制系统
应用范围	采用伺服阀的系统	采用比例方向阀的系统
驱动装置	力马达或力矩马达	比例电磁铁
性能参数	频带宽、响应迅速	频带较宽、响应稍逊
侧重点	零位附近工作	零位附近或大流量工况下工作
阀芯结构及精度	结构不具备互换性	结构一般具有互换性
阀额定压降	要求很高的节流口压降	无严格要求

液压伺服与比例控制技术如今已广泛应用到众多领域。近年来，液压伺服控制系统正朝着高压化、大功率、高频响、高效率、集成化、轻量化、数字化、智能化和绿色化的方向深度发展，更加侧重于在静动态性能、控制算法、可靠性和安全性，以及负载与环境适应性等方向的研究与相关技术的开发，如图 1-2 所示的航空航天 EHA（Electro Hydrostatic Actuator，电静液执行器）系统、可实现空中翻滚的 Atlas 机器人、提供后勤供给的 BigDog 机器狗、航母舰载机的弹射与拦阻系统、快锻液压机位置伺服控制、轧制设备中的跑偏控制等都是鲜明的例子。依托物联网、云计算和大数据等新一代信息技术，控制系统将更能满足不同的需

a)　　　　　　　　　　　b)　　　　　　　　　　　c)

图 1-2 液压伺服与比例控制技术典型应用

a）航空航天 EHA 系统　b）Atlas 机器人　c）BigDog 机器狗

图 1-2　液压伺服与比例控制技术典型应用（续）

d）航空母舰　e）快锻液压机　f）轧制设备

求。由于其所具备的液压传动与控制特性以及应用领域的多样化及复杂性，液压伺服与比例控制技术在未来有着无穷尽的研究领域和无止境的应用范围。

1.2　液压伺服与比例控制系统的工作原理

　　液压伺服与比例控制系统按流量调节方式可分为阀控系统（节流控制）和泵控系统（容积控制）。阀控系统以液压泵输出的动力为能源，由伺服阀或比例控制阀将控制信号转换为液压信号，进而控制液压执行元件来驱动负载。阀控系统包括阀控缸系统和阀控马达系统。泵控系统以电信号为控制指令，由伺服变量泵或比例控制泵将电信号转换为液压信号，进而控制液压执行元件来驱动负载。泵控系统包括泵控缸系统和泵控马达系统。阀控系统与泵控系统的对比见表 1-3。

表 1-3　阀控系统与泵控系统的对比

系统类型	阀控系统	泵控系统
示例	1—液压泵；2—溢流阀；3—控制阀； 4—液压缸；5—液压马达	1—液压泵；2—溢流阀；3—控制阀； 4—液压缸；5—液压马达
控制性能	频带宽，响应迅速，精度高	频带较宽，响应稍逊，精度较高
装机特点	结构较复杂，功率较大，节流损失大、效率低，发热大	结构复杂，功率大，效率高，发热较小

1. 阀控系统

表 1-3 所示阀控系统示例图中，液压泵 1 是系统的能源，它以恒定的压力向系统供油，供油压力由溢流阀 2 调定，系统的最大压力为 p_{max}，液压动力组件由控制阀 3 和液压缸 4 或液压马达 5 组成，控制阀 3 是控制元件，液压缸 4 和液压马达 5 是执行元件，控制阀 3 按节流原理控制流入液压缸 4 或液压马达 5 的流量（Q_L）、压力（p_A、p_B）和流向（x 或 ω）。

图 1-3 所示是液压四足机器人，其液压驱动系统就是基于阀控缸式液压伺服系统设计的。阀控缸式液压伺服系统原理如图 1-4 所示，当给控制器输入一个控制伺服阀开口量的控制指令时，例如输入使伺服阀芯向右移动 x_i 的控制指令时，阀口会有一个相应的开口量 x_v（此时 $x_v = x_i$），从而控制进入液压缸的流量，以控制液压缸杆的运动速度，此速度的积分即为液压缸的位移 x_p。在液压缸杆右移的同时，控制器输出反馈信号使伺服阀的开口量减小缸杆的位移 x_p，即 $x_v = x_i - x_p$。当液压缸杆位移 x_p 等于伺服阀输入位移 x_i 时，伺服阀开口量 $x_v = 0$，输出流量 Q_L 为零，液压缸杆停止运动，处在一个新的平衡位置上，从而完成了液压缸输出位移 x_p 对伺服阀输入位移 x_i 的跟随运动。如果使伺服阀芯反向运动，则液压缸杆也反向跟随运动。在该系统中，执行机构的动作（系统输出）能够迅速、准确地复现伺服阀的动作（系统输入），所以它是一个自动跟踪系统，也称为随动系统。

图 1-3 液压四足机器人

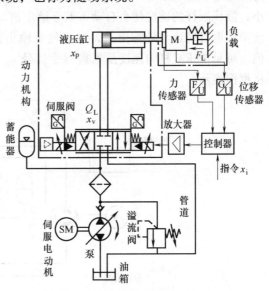

图 1-4 阀控缸式液压伺服系统原理

系统的工作原理可以用图 1-5 所示框图表示。本书中，框图省略 "+"，只有信号为相减关系时保留 "-"。

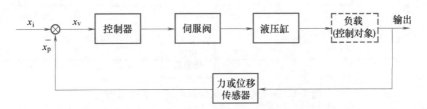

图 1-5 阀控缸式液压伺服系统的工作原理

2. 泵控系统

表 1-3 所示泵控系统示例图中，液压动力组件由液压泵 1
和液压缸 4 或液压马达 5 组成，液压泵 1 既是液压能源又是主
要的控制元件。由于操纵变量机构所需要的力较大，通常采
用一个小功率的放大装置作为变量控制机构。系统采用电液
控制阀 3 控制电液伺服系统，作为泵的控制机构。

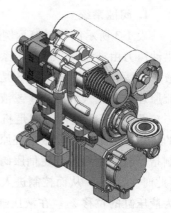

图 1-6 所示是航空航天 EHA 系统的模型图，在 EHA 中应
用了泵控缸式液压伺服系统，其系统原理如图 1-7 所示。

当控制指令 u_r 一定时，液压缸以某个给定速度 v_0 工作，
位移传感器输出电压 u_f 在此速度下的大小为 u_{f0}，此时的偏差
电压 $u_e = u_r - u_{f0}$，这个偏差电压经控制器控制伺服电机处于一

图 1-6　航空航天 EHA 系统

定的转速与转矩，从而控制泵以一定的流量输出，此流量为
保持液压缸杆速度 v_0 所需的流量。因此，偏差电压 u_e 是保持液压缸杆速度 v_0 所需要的。在
工作过程中，当负载、摩擦力、温度或其他原因引起速度变化时，就会有 $u_f \neq u_{f0}$，假如 $v >$
v_0，则 $u_f > u_{f0}$，而 $u_e = u_r - u_f < u_r - u_{f0}$，使伺服电机转速与转矩减小，进而使泵的输出流量减
小，液压缸杆的速度便会自动下调至给定值。反之，假如 $v < v_0$，则 $u_f < u_{f0}$，因而 $u_e > u_r - u_{f0}$，
使伺服电机转速与转矩增大，进而使泵输出流量增大，液压缸杆的速度便自动回升至给定
值。可见液压缸杆的速度是根据指令信号 u_r 自动调节的。系统的控制原理可以用图 1-8 所
示框图表示。

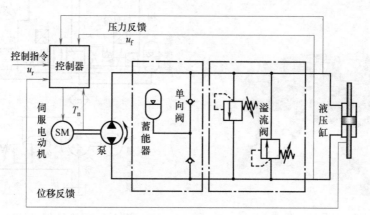

图 1-7　泵控缸式液压伺服系统原理

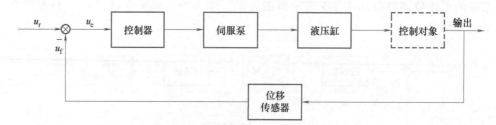

图 1-8　泵控缸式液压伺服系统的工作原理

综上所述，液压伺服与比例控制系统的工作原理就是反馈控制原理，即"检测偏差用

以纠正偏差"，利用反馈连接得到偏差信号，再利用偏差信号去控制液压能源输入到系统的能量，使系统朝着减小偏差的方向变化，从而使系统的实际输出与期望值相符。

1.3　液压伺服与比例控制系统的组成及特点

1.3.1　液压伺服与比例控制系统的组成

将元件按功能划分，液压伺服与比例控制系统的组成可用框图表示，如图1-9所示。下面简单介绍各组成元件的作用。

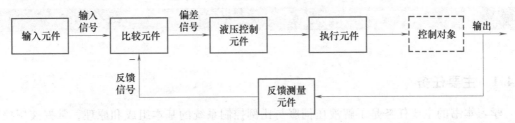

图 1-9　液压伺服与比例控制系统的组成

1）输入元件：给出输入信号，也就是将指令信号加于系统的输入端，故也称为指令元件。常见输入元件有手柄、靠模、指令电位器等。

2）反馈测量元件：测量系统的输出量，并转换成反馈信号。常见反馈测量元件有阀芯位移传感器、液压缸速度传感器、液压马达速度传感器等。

3）比较元件：将反馈信号与输入信号进行比较，给出偏差信号。输入信号与反馈信号应是相同形式的物理量，以便进行比较。比较元件有时并不单独存在，而是与输入元件、反馈测量元件或放大元件相集成，由同一结构元件完成多种功能。

4）液压控制元件：将偏差信号放大并进行能量形式的转换。常见液压控制元件有伺服阀、比例控制阀及其放大元件等。其中，放大元件的输出级是液压的，前置级可以是电的、液压的、气动的、机械的或它们的组合。

5）执行元件：产生调节动作并加于控制对象上，实现调节目标。常见执行元件有液压缸、液压马达、摆动执行器（摆动液压马达）等。

6）控制对象：被控制的机器设备或物体。常见控制对象有负载、工作台等。

1.3.2　液压伺服与比例控制系统的特点

1. 对比传动系统

与传动系统相比，液压伺服与比例控制系统的特点体现在以下几个方面。

1）能够实现自动调节，有稳、快、准的性能指标要求。

2）精度高而响应快，性能优于普通阀系统。

3）既可以用于随动控制（伺服控制），又可以用于定值控制、程序控制。

4）比例控制系统既有开环控制系统，也有闭环控制系统；伺服控制系统均为闭环控制系统。比例控制系统更关注输出与输入成比例；伺服控制系统更关注输出与输入的随动性能，可以不成比例。

2. 对比其他反馈控制系统

与其他反馈控制系统相比，液压伺服与比例控制系统的特点体现在以下几个方面。

1）输出力或转矩大，布局灵活，能方便地实现直线与旋转运动，易于实现多点动作的协调（包括输出力、速度、行程和顺序等）。

2）压力、流量可控性好，能无级调速且调速范围广，工作平稳且冲击小，便于实现频繁换向。

3）输出力或转矩易于监测（通过压力表等），易于实现过载保护、安全保护，而且在系统过载时仍能保持输出力或转矩不变。

1.4 本书主要任务与知识体系

1.4.1 主要任务

学习本书的主要任务是了解液压伺服与比例控制系统的基本组成和原理，掌握液压控制元件及系统的一般建模与分析方法，理解伺服阀和比例阀的组成、原理及特点，可以运用所学知识进行液压伺服与比例控制系统的建模、分析、校正与设计。

1.4.2 知识体系

本书系统且简明地阐述液压伺服与比例控制系统分析和设计的基本理论与方法，其知识体系如图 1-10 所示。

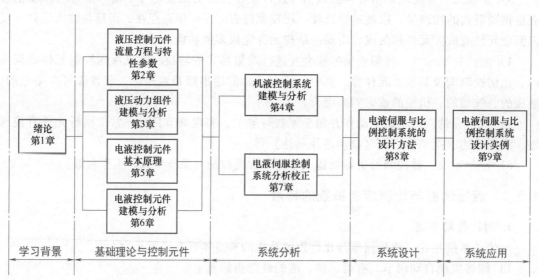

图 1-10　本书知识体系

第 1 章介绍液压伺服与比例控制技术的发展历程以及两者之间的不同，根据流量调节方式的不同论述了液压伺服与比例控制系统的工作原理，介绍液压伺服与比例控制系统的组成与特点。

　　第2章介绍液压控制元件的结构及分类，分析零遮盖、负遮盖和正遮盖滑阀的一般流量方程和特性参数，介绍滑阀的工作原理，然后分析滑阀的受力、输出功率及效率，再介绍滑阀设计的基本原则，扩充喷嘴挡板阀和射流管阀的结构和基本特性。

　　第3章进行常用液压动力组件的建模与分析，推导阀控液压缸、阀控液压马达、泵控液压缸和泵控液压马达的基本方程和传递函数，在对其频率响应分析的基础上加入对阀控非对称缸的分析，同时还对液压动力组件与负载的匹配问题进行了详细介绍，最后简述负载敏感系统的相关知识。

　　第4章对机液位置控制系统、机液速度控制系统的特性进行分析，讨论结构柔度对稳定性的影响，并介绍液压转矩放大器的工作原理，为实际的工程设计和应用奠定基础。

　　第5章介绍电液控制元件的基本原理，介绍电气-机械转换器的特性及适用范围，介绍电液伺服阀、电液比例阀、伺服变量泵的典型结构和工作原理。

　　第6章为电液控制元件建模与分析，分析力反馈两级电液伺服阀的传递函数和动态特性，介绍电液伺服阀的特性及主要的性能指标，讲解先导式电液比例方向阀的数学模型，以及伺服变量泵数学模型。

　　第7章为电液伺服控制系统分析校正，介绍电液位置、速度及力伺服控制系统的组成及工作原理、基本方程与传递函数、系统特性分析，最后实现系统校正。

　　第8章介绍电液伺服与比例控制系统设计过程中的注意事项与基本步骤，讨论液压油源、伺服阀与比例阀放大器的选取方法，介绍电液伺服与比例控制系统常用数字控制器的典型形式。

　　第9章为电液伺服与比例控制系统设计实例，通过实例介绍电液位置、速度与力伺服控制系统的设计方法，建立理论方法与工程实践的联系。

本章小结

　　本章介绍了液压伺服与比例控制技术的发展历程，液压伺服技术与比例技术之间的区别和联系。主要论述了液压伺服与比例控制系统的工作原理，分析了液压伺服与比例控制系统的组成与特点，指明了本书的主要任务与知识体系。

习题

　　1-1　液压控制系统与液压传动系统有什么不同？

　　1-2　液压伺服与比例控制系统的工作原理是什么？

　　1-3　液压伺服控制系统与液压比例控制系统的组成有什么不同？

　　1-4　液压伺服与比例控制技术的区别与联系体现在哪些方面？

拓展阅读

［1］孔祥东，朱琦歆，姚静，等. "液压元件与系统轻量化设计制造新方法"基础理论与关键技术［J］. 机械工程学报，2021，57（24）：4-12.

［2］巴凯先，孔祥东，俞滨. 机器人腿部液压驱动系统主动柔顺复合控制研究［J］. 机械工程学报，2020，56（12）：195.

[3] 俞滨, 巴凯先, 王东坤, 等. 液压驱动单元位置控制系统前馈补偿控制研究 [J]. 机械工程学报, 2018, 54 (20): 159-169.

[4] 姚静, 张阳, 陈浩, 等. (D+A) 组合控制多泵源液压系统构型与冲击特性仿真研究 [J]. 液压与气动, 2017 (8): 79-83.

[5] 杨华勇, 邹俊. 液压技术轻量化与智能化发展的一些探索 [J]. 液压气动与密封, 2021, 41 (1): 1-3.

[6] 俞军涛, 占昊, 王丽, 等. 压电式高速开关阀控液压缸位置系统 [J]. 北京航空航天大学学报, 2021, 47 (4): 706-714.

[7] 汪成文, 尚耀星, 焦宗夏, 等. 阀控电液位置伺服系统非线性鲁棒控制方法 [J]. 北京航空航天大学学报, 2014, 40 (12): 1736-1740.

[8] SIMON S, CLEMENS C M, WOLFGANG E, et al. Two-degree-of-freedom MIMO control for hydraulic servo-systems with switching properties [J]. Control Engineering Practice, 2020, 95 (C): 1-11

[9] QADRI M Z, ALI A, SHEIKH I U H. Hybrid iterative learning control for position tracking of an electro hydraulic servo system [J]. NED University Journal of Research, 2019, XVI (2): 31-42.

[10] ABOELELA M A S, ESSA M E S M, HASSAN M A M. Modeling and identification of hydraulic servo systems [J]. International Journal of Modelling and Simulation, 2018, 38 (3): 139-149.

思政拓展: 进入到 21 世纪, 一批大国重器相继研制成功, 整体提升了我国装备制造业的水平。液压技术由于其功重比高、布置灵活、运动平稳等突出优势, 在重大装备中广泛应用, 如"蛟龙号"载人潜水器 (2009 年) 作业系统、亚洲最大的重型自航绞吸船"天鲲号" (2019 年) 铰刀驱动及大型水陆两栖飞机"鲲龙 AG600" (2022 年) 起落架收放等, 扫描下方二维码观看相关视频, 了解它们的创造过程。

科普之窗
中国创造: 蛟龙号

科普之窗
中国创造: 天鲲号

科普之窗
中国创造: 鲲龙
AG600

第 2 章

液压控制元件流量方程与特性参数

知识导图

控制阀的常见结构
滑阀结构开口型式
★ 结构及分类

稳态特性方程
阀系数
全特性流量-压力方程
★ 零遮盖滑阀的分析

正常工作区流量-压力曲线方程
不连续工作区流量-压力曲线方程
★ 负遮盖滑阀的分析

流量方程的推导及线性化
零位工作点的鲁棒性分析
★ 正遮盖滑阀的分析

液压控制元件流量方程与特性参数

★ 滑阀的一般分析
一般流量方程
阀的线性化分析与阀系数

★ 滑阀受力分析
液动力
驱动力

★ 滑阀输出功率及效率

滑阀设计
结构型式
主要参数

★ 阀的特性分析
喷嘴挡板阀特性
射流管阀特性

　　液压控制元件是一种以机械运动去控制流体流动的元件，在液压伺服控制系统中，把输入的机械信号（如位移、转角）转换为液压信号（如流量、压力）输出，并进行功率放大。液压控制元件可以用作伺服阀或比例阀的主级滑阀，或者用作伺服阀的前置级，如喷嘴挡板阀（图 2-1）、射流管阀（图 2-2），其输出功率要直接操纵执行元件动作，功率值往往比较大，而输入阀的功率通常较小，故液压控制元件也是一种功率放大装置，在一些场合也称为液压放大元件或液压放大器。在电液伺服系统中所需放大系数较大、用单级阀很难实现时，常将其设计成两级甚至三级的阀来使用。例如，三级电液伺服阀（图 2-3）是通过电信号在三个层次调节液压系统中的流量、压力和方向，实现机械运动控制。滑阀作为液压控制系统

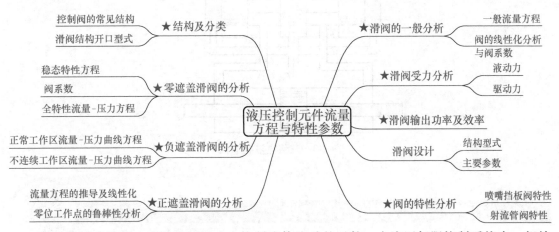

图 2-1　喷嘴挡板阀

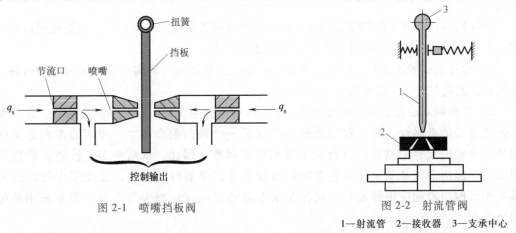

图 2-2　射流管阀

1—射流管　2—接收器　3—支承中心

的关键组成部分，扮演着至关重要的角色。本章将介绍滑阀的流量方程、阀系数，以及零遮盖、正遮盖、负遮盖滑阀的特性等，还有喷嘴挡板阀和射流管阀的工作原理、静态特性及设计准则。而对于伺服变量泵，本章节涉及较少，后面章节将详细展开介绍。

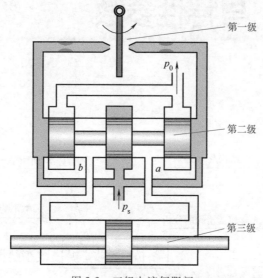

图 2-3　三级电液伺服阀

2.1 液压控制元件的结构及分类

2.1.1　控制阀的常见结构

液压伺服系统中常用且典型的控制阀是圆柱滑阀（图 2-4）和喷嘴挡板阀（图 2-1），在某些场合也采用射流管阀（图 2-2）。有时还采用两级阀或三级阀，如最常见的喷嘴挡板阀和圆柱滑阀组成的两级阀。

2.1.2　滑阀结构开口型式

圆柱滑阀具有最优良的控制特性，故在比例与伺服系统中应用最广。根据使用场合的不同，工程上应用的圆柱滑阀具有以下不同的结构型式：

1）按进出阀的通道数，滑阀可分为二通阀、三通阀和四通阀等。常用的是四通阀，二通阀和三通阀只有一个负载通道（图 2-4d、e）。

2）根据阀芯凸肩的节流棱边数目，圆柱滑阀可分为单边、双边和四边滑阀。为了保证节流边遮盖的准确性，对于双边滑阀必须保证一个轴向配合尺寸，而四边滑阀必须同时保证三个轴向尺寸的精度，这给加工带来许多困难。因此，从结构工艺性看，单边滑阀最简单，四边滑阀最复杂。四边滑阀的性能最好，单边滑阀最差，故在要求较高的伺服系统中，四边滑阀应用得最多，而在要求不高的如机床仿型头等产品中常常采用单边或双边滑阀。

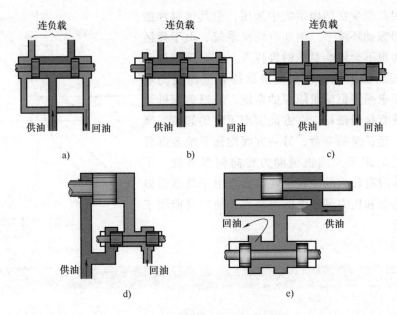

图 2-4 各种圆柱滑阀结构示意图
a）两凸肩四边滑阀（四通阀） b）三凸肩四边滑阀（四通阀） c）四凸肩四边滑阀（四通阀）
d）双边滑阀（三通阀） e）带固定节流口的单边滑阀（二通阀）

双边滑阀和四边滑阀都可以由两个或两个以上阀芯凸肩组成。凸肩数目越多，阀的轴向尺寸越大，加工难度也将越大。但三凸肩或四凸肩阀定心性较好，并可以将回油通道与滑阀端部分开，故可用于具有较高的回油压力处，并可减少外泄漏。

3）根据阀芯凸肩上的节流棱边对阀套槽宽遮盖程度的不同，滑阀可以分为正遮盖阀、零遮盖阀和负遮盖阀，如图 2-5 所示。一般用阀芯处于中间位置时的阀口开度 z 来表示遮盖程度，正遮盖阀负开口，$z<0$，如图 2-5a 所示；零遮盖阀零开口，$z=0$，如图 2-5b 所示；负遮盖阀正开口，$z>0$，如图 2-5c 所示。对于不同开口形式的阀，负载流量 q_L 随阀芯位移 x_v 的变化情况是不同的，即具有不同的流量增益特性，如图 2-6 所示。

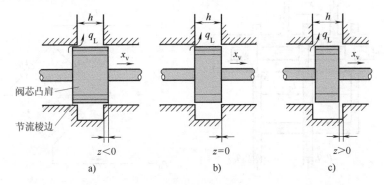

图 2-5 滑阀不同开口形式
a）负开口，正遮盖 b）零开口，零遮盖 c）正开口，负遮盖

在一般情况下，伺服系统应具有线性增益特性，故零遮盖阀得到最广泛的应用。正遮盖阀由于其流量增益特性具有死区，将导致稳态误差，并且有时还可能引起游隙，从而产生稳

定性问题，因此很少在伺服系统中采用，但其密封性能较好，在强烈振动环境下，例如汽轮机系统，由于死区的存在，振动也不会影响系统的鲁棒性。负遮盖阀用于要求有一个连续的液流以便使油液维持合适温度的场合，也用于要求采用恒流量能源的系统。负遮盖阀处于中位时，油液直接回油箱，一方面实现了泵的卸荷，降低功率损失，延长泵的寿命，另一方面均衡系统各部分的温度，广泛应用于大型机械助力转向伺服系统。不过，它在零位时有较大的能量损耗，而且由于负遮盖以外区域增益降低和压力灵敏度低等缺点，使它只能用于某些特殊场合。

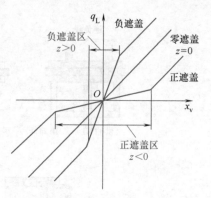

图 2-6　不同开口形式的流量增益特性曲线

2.2　滑阀的一般分析

　　本节将进行滑阀基本特性的一般分析，如流量-压力曲线方程和阀系数等。虽然分析是以滑阀来说明的，但所涉及的原理以及所导出的一般关系式适用于后几节将介绍的各种结构型式的阀，如喷嘴挡板阀、射流管阀等。

2.2.1　一般流量方程

　　设有图 2-7a 所示三凸肩零遮盖四边滑阀，其等效桥路如图 2-7b 所示。当阀芯处于中间位置（$x_v = 0$）时，由于节流口 1、2、3、4 都关闭，故无压力和流量输出。当阀芯有一正向位移（$x_v > 0$）时，油液将经节流口 1 流向负载，而由负载流回的油液经节流口 3 流回油管路。由图 2-7a 也可以看出，由于阀芯从中间位置即 $x_v = 0$，$z = 0$ 的位置开始移动，因此阀口开度与阀芯位移大小相同，均为 x_v。

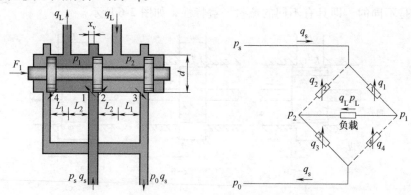

a)　　　　　　　　　　　　　　　　　　　　b)

图 2-7　三凸肩零遮盖四边滑阀流量特性推导

a）三凸肩零遮盖四边滑阀　b）等效桥路

　　首先推导流量-压力方程，需做以下假设：

1）液压源是理想的恒压源，供油压力 p_s 为常数。另外，设回油压力 p_0 为零，不为零时，可以把 p_s 看成是供油压力与回油压力之差。

2）忽略管道和阀腔内的压力损失。管道和阀腔内的压力损失与节流口节流损失相比很小，所以可以忽略不计。

3）油液是不可压缩的。因为考虑的是稳态情况，液体密度变化量很小，可以忽略不计。

4）假定阀各节流口流量系数相等，即 $C_{d1} = C_{d2} = C_{d3} = C_{d4} = C_d$。

负载流量 q_L 的方向取决于阀芯位移 x_v 的方向，负载流量 q_L 的大小取决于阀芯位移 x_v 的大小，并与负载压降 p_L 有关。下面来分析在稳态工况下 q_L 与 p_L、x_v 之间的关系。

参看图 2-7a，设供油压力为 p_s，供油流量为 q_s，负载流量为 q_L，通过节流口 1、2、3、4 的流量分别为 q_1、q_2、q_3、q_4，通往负载液压缸活塞两边的压力各为 p_1 及 p_2，回油压力为 p_0。一般情况下，p_0 接近大气压力，与其他压力（如 p_s、p_1 及 p_2 等）比较起来，p_0 是可以忽略的，即可认为 $p_0 = 0$。于是

$$p_L = p_1 - p_2 \tag{2-1}$$

$$q_L = q_1 - q_4 = q_3 - q_2 \tag{2-2}$$

$$q_s = q_1 + q_2 = q_3 + q_4 \tag{2-3}$$

根据节流口流量公式可得

$$q_1 = C_d A_1 \sqrt{\frac{2}{\rho}(p_s - p_1)} \tag{2-4}$$

$$q_2 = C_d A_2 \sqrt{\frac{2}{\rho}(p_s - p_2)} \tag{2-5}$$

$$q_3 = C_d A_3 \sqrt{\frac{2}{\rho}p_2} \tag{2-6}$$

$$q_4 = C_d A_4 \sqrt{\frac{2}{\rho}p_1} \tag{2-7}$$

式中　A_1、A_2、A_3、A_4——节流口 1、2、3、4 的通流面积。

假设四个节流口是匹配且对称的，所谓匹配是指

$$A_1 = A_3 \tag{2-8}$$

$$A_2 = A_4 \tag{2-9}$$

根据阀口通流面积

$$A(x_v) = W\sqrt{x_v^2 + r_c^2} \tag{2-10}$$

式中　W——面积梯度，表示阀节流口随阀芯位移的变化率；

　　　r_c——阀芯与阀套间的径向间隙。

所谓对称是指

$$A_1(x_v) = A_2(-x_v) \tag{2-11}$$

$$A_3(x_v) = A_4(-x_v) \tag{2-12}$$

并且，流量系数

$$C_{d1} = C_{d2} = C_{d3} = C_{d4} = C_d \tag{2-13}$$

这样，在匹配且对称的条件下，通过桥路斜对角线上的两个桥臂的流量是相等的，即

$$q_1 = q_3 \tag{2-14}$$

$$q_2 = q_4 \tag{2-15}$$

由此根据流量式（2-4）和式（2-6）可得

$$p_s = p_1 + p_2 \tag{2-16}$$

将式（2-16）与式（2-1）联立求解，则得

$$\begin{cases} p_1 = \dfrac{1}{2}(p_s + p_L) \\ p_2 = \dfrac{1}{2}(p_s - p_L) \end{cases} \tag{2-17}$$

这样，对于一个匹配且对称的阀，在空载（即 $p_L = 0$）的情况下，其通向负载管道中的压力均为 $\dfrac{1}{2}p_s$。当加上负载以后，则一个管道中的压力升高，另一个管道中的压力降低，且升高和降低的压力值相等。这样，在图 2-7a 中节流口 1 和 3 两端的压降就是相等的，同时因为通流面积是相等的，于是式（2-13）得到了证明。同样的论证可用于证明式（2-14）也是正确的。

总之，对于一个匹配且对称的阀来说，式（2-13）、式（2-14）、式（2-16）和式（2-17）是适用的，于是式（2-2）变为

$$q_L = C_d A_1 \sqrt{\frac{1}{\rho}(p_s - p_L)} - C_d A_2 \sqrt{\frac{1}{\rho}(p_s + p_L)} \tag{2-18}$$

对式（2-3）做类似的处理，可得

$$q_s = C_d A_1 \sqrt{\frac{1}{\rho}(p_s - p_L)} + C_d A_2 \sqrt{\frac{1}{\rho}(p_s + p_L)} \tag{2-19}$$

2.2.2 阀的线性化分析与阀系数

将式（2-10）代入式（2-18），则可得控制滑阀的负载流量 q_L 与负载压力 p_L 及阀芯位移 x_v 的函数关系为

$$q_L = f(x_v, p_L) = C_d W_1 \sqrt{x_v^2 + \Delta^2} \sqrt{\frac{1}{\rho}(p_s - p_L)} - C_d W_2 \sqrt{x_v^2 + \Delta^2} \sqrt{\frac{1}{\rho}(p_s + p_L)} \tag{2-20}$$

可知该函数式是非线性的，故在用线性理论进行动态分析时必须对这个方程线性化。这在实际上是可行的，由于在液压伺服系统中，阀通常是在其零位（即在 $q_L = 0$，$p_L = 0$，$x_v = 0$ 处）附近工作，因此，下面用小位移线性化方法将式（2-20）线性化。

设在某工作点 (x_{v0}, p_{L0}) 处的负载流量是 q_{L0}，即

$$q_{L0} = f(x_{v0}, p_{L0}) \tag{2-21}$$

则阀在工作点附近很小范围内工作时，即

$$x_v = x_{v0} + \Delta x_v \tag{2-22}$$

$$p_L = p_{L0} + \Delta p_L \tag{2-23}$$

$$q_L = f(x_v, p_L) = f(x_{v0} + \Delta x_v, p_{L0} + \Delta p_L) \tag{2-24}$$

将式（2-24）按泰勒级数展开：

$$f(x_{v0}+\Delta x_v,p_{L0}+\Delta p_L)=f(x_{v0},p_{L0})+\left(\frac{\partial f}{\partial x_v}\Delta x_v+\frac{\partial f}{\partial p_L}\Delta p_L\right)_{\substack{x_v=x_{v0}\\p_L=p_{L0}}}+$$

$$\left(\frac{\partial^2 f}{\partial x_v^2}(\Delta x_v)^2+\frac{\partial^2 f}{\partial p_L^2}(\Delta p_L)^2+\frac{\partial^2 f}{\partial x_v \partial p_L}\Delta x_v \Delta p_L\right)_{\substack{x_v=x_{v0}\\p_L=p_{L0}}}+\cdots$$

忽略二阶以上的无穷小量，将上式等号右侧第一项移项到等号左边得

$$\Delta q_L=f(x_{v0}+\Delta x_v,p_{L0}+\Delta p_L)-f(x_{v0},p_{L0})=\left(\frac{\partial f}{\partial x_v}\Delta x_v+\frac{\partial f}{\partial p_L}\Delta p_L\right)_{\substack{x_v=x_{v0}\\p_L=p_{L0}}} \tag{2-25}$$

若工作点就在零位，即

$$x_{v0}=0,p_{L0}=0,q_{L0}=0$$

则

$$\Delta q_L=\frac{\partial q_L}{\partial x_v}\bigg|_{x_v=0}\Delta x_v+\frac{\partial q_L}{\partial p_L}\bigg|_{p_L=0}\Delta p_L \tag{2-26}$$

所要求的偏导数可通过对流量-压力曲线方程求偏微分而得到，或者是利用流量-压力曲线用图解法来获得。这些偏导数确定了阀的两个最重要的参数，一个为流量增益系数，其定义为

$$K_q=\frac{\partial q_L}{\partial x_v} \tag{2-27}$$

另一个为流量-压力系数，其定义为

$$K_c=-\frac{\partial q_L}{\partial p_L} \tag{2-28}$$

因为负载压降增大会导致节流口压降减小，进而使负载流量降低，所以 $\frac{\partial q_L}{\partial p_L}$ 对于任何结构型式的阀来说都是负值，这就使得流量-压力系数永远为正数。还有一个常用的系数是压力增益系数，它的定义为

$$K_p=\frac{\partial p_L}{\partial x_v} \tag{2-29}$$

此系数与上述两个系数可用下式联系起来：

$$\frac{\partial p_L}{\partial x_v}=-\frac{\dfrac{\partial q_L}{\partial x_v}}{\dfrac{\partial q_L}{\partial p_L}}$$

即

$$K_p=\frac{K_q}{K_c} \tag{2-30}$$

根据这些定义，流量-压力曲线的线性化方程就变为

$$\Delta q_L=K_q \Delta x_v-K_c \Delta p_L \tag{2-31}$$

式（2-31）适用于所有的阀，无论是滑阀、喷嘴挡板阀，还是其他类型的阀。

系数 K_q、K_c 和 K_p 称为阀的三系数。

1） K_q：流量增益系数，表示负载压降一定时，阀移动单位位移所引起的负载流量变化的大小，其值越大，阀对负载流量的控制就越灵敏。

2）K_c：流量-压力系数，表示阀口开度一定时，负载压降变化所引起的负载流量变化大小，值越小，阀抵抗负载变化的能力越大，即阀的刚度越大。

3）K_p：压力增益系数，是指 $q_L = 0$ 时阀单位输入位移所引起的负载压力变化的大小，值越大，说明阀对负载压力的控制灵敏度越高。

阀的三系数对于确定稳定性、频率响应和其他动态特性非常重要。流量增益系数 K_q 直接影响系统的开环增益，因而对系统的稳定性、响应特性和稳态误差有直接的影响。流量-压力系数 K_c 直接影响阀控执行元件（液压动力元件）的阻尼比和速度刚度。压力增益系数 K_p 表示阀控执行元件组合对大惯量或大摩擦力负载的启动能力。

阀的三系数值随工作点的变化而变化。最重要的工作点是流量-压力曲线的原点（即在 $q_L = p_L = x_v = 0$ 处），因为系统经常在原点附近工作，而此处阀的流量增益系数 K_q 最大，系统的增益最高，流量-压力系数 K_c 最小，所以阻尼比最低。因此，从稳定性的观点来看，这一点是最关键的，如果一个系统在这一点是稳定的，则在其他工作点也是稳定的。在这个工作点附近的阀系数称为零位阀系数。

2.3　零遮盖滑阀的分析

本节要推导工程中应用最广的零遮盖四边滑阀的稳态特性方程和确定阀系数的计算公式。

2.3.1　零遮盖四边滑阀的稳态特性方程

如果滑阀阀芯与阀套的径向间隙为零，并且所有节流棱边均为理想锐边（即节流棱边的圆角半径为零），这样的滑阀称为理想的滑阀。显然这只是一种理想的情况，实际滑阀的径向间隙和节流棱边圆角半径都不可能为零。但由于加工精度等的提高，径向间隙确实是很小的（如 $1 \sim 3 \mu m$），同时应保持节流棱边的锐边不得倒钝，这样对滑阀性能的影响只在开口量很小时才比较明显。实践证明，引入理想滑阀的概念能使理论分析大为简化，所得的结果十分简单明了，并且在很大程度上是实际可用的。

参看图 2-7，对于理想的零遮盖滑阀：当 $x_v > 0$ 时，$A_2 = A_4 = 0$ 即 $q_2 = q_4 = 0$；当 $x_v < 0$ 时，$A_1 = A_3 = 0$ 即 $q_1 = q_3 = 0$。因此可以把式（2-18）简化为

$$q_L = C_d A_1 \sqrt{\frac{1}{\rho}(p_s - p_L)} \qquad （当 x_v > 0 时） \tag{2-32}$$

$$q_L = -C_d A_2 \sqrt{\frac{1}{\rho}(p_s + p_L)} \qquad （当 x_v < 0 时） \tag{2-33}$$

式中负载流量 q_L 为负值表示油液由负载流回滑阀。也可以将式（2-32）和式（2-33）用一个方程表示，即

$$q_L = C_d |A_1| \frac{x_v}{|x_v|} \sqrt{\frac{1}{\rho}\left(p_s - \frac{x_v}{|x_v|}p_L\right)} \tag{2-34}$$

如果节流口为矩形，其面积梯度为 W，则通流面积为

$$A_1 = W x_v$$

故式（2-34）变为

$$q_L = C_d W x_v \sqrt{\frac{1}{\rho}\left(p_s - \frac{x_v}{|x_v|}p_L\right)} \tag{2-35}$$

这就是具有匹配和对称节流口的理想零遮盖四边滑阀的稳态特性方程。

阀的稳态特性也可以用一组曲线族表示，通常为无因次形式，使它具有普遍性。为此，令 q_0 为 $p_L = 0$ 和 $x_v = x_{vmax}$ 时阀的空载最大流量，即

$$q_0 = C_d W x_{vmax} \sqrt{\frac{p_s}{\rho}} \tag{2-36}$$

式（2-35）除以式（2-36）可得

$$\frac{q_L}{q_0} = \frac{x_v}{x_{vmax}} \sqrt{1 - \frac{x_v}{|x_v|}\frac{p_L}{p_s}} \tag{2-37}$$

式中　$\dfrac{q_L}{q_0} = \overline{q_L}$——无因次负载流量；

$\dfrac{x_v}{x_{vmax}} = \overline{x_v}$——无因次阀芯位移；

$\dfrac{p_L}{p_s} = \overline{p_L}$——无因次负载压降。

则式（2-37）可改写成

$$\overline{q_L} = \overline{x_v} \sqrt{1 - \frac{x_v}{|x_v|}\overline{p_L}} \tag{2-38}$$

式（2-38）可用图 2-8 所示的无因次曲线族表示。它适用于任何参数的零遮盖四边滑阀。图 2-8 中Ⅰ、Ⅲ象限为阀的正常工作区。只有在瞬态过程（过渡过程）中的阀才有可能处于Ⅱ、Ⅳ象限工作。例如，当 x_v 突然变化，通往负载的管路中压力也将突然改变符号，但是由于液流和负载存在的惯性，故在一定时间内，液流和负载仍将保持原来的运动方向。

式（2-34）表明，零遮盖四边滑阀的稳态特性是非线性的，因此，在采用线性理论进行动态分析时必须对它线性化。从图 2-8 可看出，当 x_v/x_{vmax} 和 p_L/p_s 都较小时，曲线比较接近直线，故在此区域工作的四边滑阀用线性理论分析动态性能的结果就比较准确。一般规定在

$$\frac{p_L}{p_s} \leqslant \frac{2}{3} \tag{2-39}$$

的范围内工作时，线性化是足够精确的。

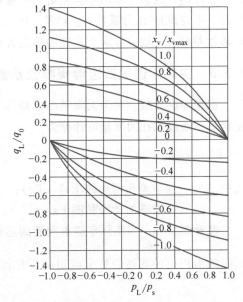

图 2-8　零遮盖四边滑阀的流量-压力曲线

2.3.2   理想零遮盖四边滑阀的阀系数

理想零遮盖四边滑阀的阀系数可通过对式（2-35）求偏微分得到。流量增益系数为

$$K_q = \frac{\partial q_L}{\partial x_v} = C_d W \sqrt{\frac{1}{\rho}(p_s - p_L)} \qquad (2\text{-}40)$$

流量-压力系数为

$$K_c = -\frac{\partial q_L}{\partial p_L} = \frac{C_d W x_v \sqrt{\dfrac{1}{\rho}(p_s - p_L)}}{2(p_s - p_L)} \qquad (2\text{-}41)$$

压力增益系数为

$$K_p = \frac{K_q}{K_c} = \frac{2(p_s - p_L)}{x_v} \qquad (2\text{-}42)$$

零位工作点的阀系数在分析动态性能时最为重要，其值可用 $q_L = p_L = x_v = 0$ 代入上面公式求得，即

$$K_{q0} = C_d W \sqrt{\frac{p_s}{\rho}} \qquad (2\text{-}43)$$

$$K_{c0} = 0 \qquad (2\text{-}44)$$

$$K_{p0} = \infty \qquad (2\text{-}45)$$

式（2-43）说明理想零遮盖四边滑阀的零位流量增益系数 K_{q0} 只取决于阀的面积梯度 W 和供油压力 p_s，这两个量在实际应用中很容易测量，故 K_{q0} 值可以较准确地计算和控制，而且经验证明，由公式求得的值与实际零遮盖阀的试验数据十分接近，故可用它来计算实际零遮盖阀的流量增益系数 K_q。液压伺服系统的稳定性与 K_{q0} 的大小密切相关，而 K_{q0} 又很容易计算和控制，这就是采用零遮盖滑阀的液压伺服系统具有可靠的稳定性的主要原因之一。但是，零位流量-压力系数 K_{c0} 和零位压力增益系数 K_{p0} 的计算值与实际零遮盖滑阀的试验结果都相差很大，故应寻求更合理的确定方法。

2.3.3   实际零遮盖四边滑阀零位系数的计算

根据理论分析，对于无限平面上高为 b、宽为 H，而且 $H \gg b$ 的矩形锐边节流口，在层流状态下通过该孔的流量可计算为

$$q = \frac{\pi b^2 H}{32\mu} \Delta p \qquad (2\text{-}46)$$

式中 Δp——节流孔两边的压差（Pa）；

   μ——油液的动力黏度 Pa·s。

参看图 2-7a，当实际零遮盖阀的阀芯处于零位时，式（2-46）可以用来计算由于存在径向间隙而产生的通过锐边节流口的零位泄漏量。每个节流口的压降和泄漏流量分别为 $\dfrac{p_s}{2}$ 和 $\dfrac{q_s}{2}$。若以 q_c 表示总的泄漏量，泄漏量与 q_s 相等，则阀的零位泄漏量

$$q_c = \frac{\pi W r_c^2}{32\mu} p_s \tag{2-47}$$

式中 W——节流口的面积梯度；

$\quad\quad r_c$——阀芯与阀套间的径向间隙（m）。

对于匹配和对称的零遮盖四边滑阀，式（2-18）和式（2-19）分别给出了阀的负载流量和供油流量。由式（2-18）对 p_L 求偏微分，得到

$$\frac{\partial q_L}{\partial p_L} = -\left[\frac{C_d A_1}{2\sqrt{\rho(p_s - p_L)}} + \frac{C_d A_2}{2\sqrt{\rho(p_s + p_L)}}\right] \tag{2-48}$$

再由式（2-19）对 p_s 求偏微分，所得到的结果与式（2-48）数值相同但符号不同。因此可以得出了如下的结论：

$$\frac{\partial q_s}{\partial p_s} = -\frac{\partial q_L}{\partial p_L} = K_c \tag{2-49}$$

这个结果对于任一个匹配且对称的阀来说都是有效的，故由式（2-47）就可求得阀的零位流量-压力系数为

$$K_{c0} = \frac{\pi W r_c^2}{32\mu} \tag{2-50}$$

式（2-50）可以作为计算实际阀的零位流量-压力系数的近似值，它比理想滑阀的 $K_{c0} = 0$ 要准确得多。应该特别注意的是，实际阀的零位流量-压力系数 K_{c0} 的值是直接随面积梯度 W 而变化的。

实际零遮盖阀的零位压力增益系数的近似表示式可用式（2-50）去除式（2-43）获得，即

$$K_{p0} = \frac{32\mu C_d \sqrt{\dfrac{p_s}{\rho}}}{\pi r_c^2} \tag{2-51}$$

式（2-51）表明，零位压力增益系数 K_{p0} 主要取决于阀芯与阀套间的径向间隙值，而与阀的面积梯度无关。虽然用式（2-51）计算 K_{p0} 值并不严格，但经验表明，这个数值与试验值是比较吻合的。

工程上希望阀有较大的压力增益，以便使液压动力机构具有以很小的误差克服大摩擦负载的能力。为了对 K_{p0} 有一个量的概念，可以将典型参数值代入式（2-51），取 $\mu = 137\times 10^{-4}\text{Pa}\cdot\text{s}$，$\rho = 883\text{kg/m}^3$，$r_c = 5\times 10^{-6}\text{m}$，$C_d = 0.61$，则

$$K_{p0} = 115\times 10^6 \sqrt{p_s} \tag{2-52}$$

当 $p_s = 69\times 10^5\text{Pa}$ 时，$K_{p0} = 3\times 10^{11}\text{Pa/m}$。此值可作为零遮盖四边滑阀压力增益系数在 $p_s = 69\times 10^5\text{Pa}$ 时的经验值。

2.3.4 实际零遮盖滑阀的阀系数试验测定

实际的和理想的零遮盖滑阀之间的差别就在于零位泄漏特性。理想的阀具有精确的几何形状，因而零位泄漏流量为零。实际的阀具有径向间隙，并往往有微小的重叠量（1～3μm），因此，在零位区域，阀的泄漏特性决定了阀的工作性能。理想阀的特性只有在此范

围外才能与实际阀的特性一致。

如图 2-7a 所示，假定阀的节流口是匹配且对称的，如果把负载通道关闭，即 $q_L = 0$，而在此处接上压力表测量压力。再给阀芯一个位移 x_v，并记录负载压降 p_L 和总的供油量 q_s（它实际上就是泄漏量，也称为静耗流量，因此时负载流量 $q_L = 0$），这样，对于某一给定的供油压力，就能画出关闭负载通道后的压力增益曲线和泄漏流量曲线，分别如图 2-9 和图 2-10 所示。

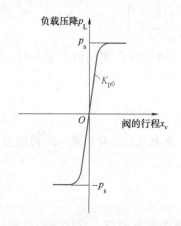

图 2-9 关闭负载通道后的压力增益曲线

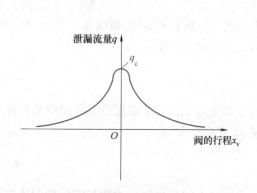

图 2-10 典型的泄漏流量曲线

由图 2-9 可以看出，阀芯只要移动一个很小距离，负载压降 p_L 就能很快升高到供油压力 p_s，这说明阀的压力增益是很高的。此外，零位压力增益系数 K_p 的试验值可直接由图 2-9 所示曲线的原点处斜率确定，故该曲线是很重要的特性曲线。

由图 2-10 可以看出，泄漏流量在阀处于零位时具有最大值，并随着阀芯的移动而急剧减小，这是由阀芯的凸肩遮盖了阀的回油节流口所致。在某一特定供油压力下的泄漏流量曲线除用来度量阀在零位时的液压功率损失外，并无其他太大意义。但是可以改变 p_s 值，作出一系列这样的曲线，并把它们的零位值作成零位泄漏流量曲线（零位泄漏流量与供油压力的关系），如图 2-11 所示。试验表明，新阀和旧阀的泄漏特性是不一样的，新阀的间隙小，故泄漏具有层流特征，阀用旧后，由于节流棱边被磨损，泄漏通道截面积增大，泄漏流动更接近于湍流特征。在特定供油压力下的零位泄漏流量可以根据这条曲线来选定，它就是图 2-10 所示曲线在同一供油压力下的最大泄漏流量。零位泄漏流量曲线的形状（无论是

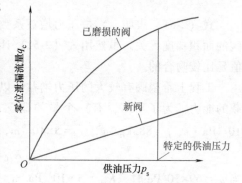

图 2-11 典型的零位泄漏流量曲线

线性的还是平方根型的）能表明阀的配合质量，在选定压力下的零位泄漏流量值可以用来判定制造中的公差，零位流量值越小即表明阀的配合质量越高。

关于零位流量-压力系数，因为零位泄漏流量曲线是在 $q_L = p_L = x_v = 0$ 的情况下获得的，所以根据式（2-49）可知：只要在特定的供油压力下取图 2-11 所示泄漏流量曲线的斜率就

可作为零位流量-压力系数 K_{c0}，这样可避免直接测量 $-\dfrac{\partial q_L}{\partial p_L}$ 的困难。比较一下新阀和已磨损的阀的曲线斜率可以看到，虽然在特定压力下的零位泄漏流量 q_c 旧阀比新阀要大得多，但二者曲线斜率的差别却相对很小。因此当阀有磨损时，流量-压力系数 K_c 及零位压力增益系数 K_p 与新阀比较都不会有很大差别（为 2~3 倍）。这说明，滑阀磨损对它的动态响应能力不会产生很大的影响。

2.3.5 零遮盖四边滑阀全特性流量-压力方程

1. 滑阀的工作区

零遮盖四边滑阀全特性流量-压力曲线如图 2-12 所示，该曲线分布在两个工作区内：正常工作区和不连续工作区。

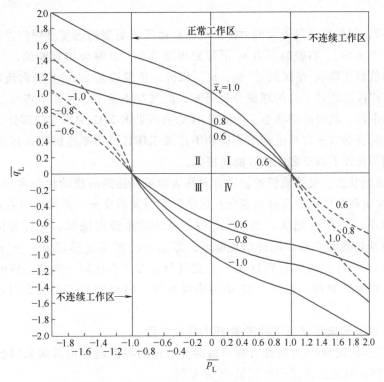

图 2-12 零遮盖四边滑阀全特性流量-压力曲线

1）正常工作区：在 $-p_s \leqslant p_L \leqslant p_s$ 区间内的流量-压力特性曲线对应滑阀的正常工作区，分布在四个象限内。

2）不连续工作区：在 $|p_L| > |p_s|$ 区间内的流量-压力特性曲线对应滑阀的不连续工作区，它分两个部分，分别分布在第 II 和第 IV 象限内。

2. 滑阀的流动状态

滑阀的两个工作区与两种流动状态有关：顺向流动状态和逆向流动状态。

1）顺向流动状态：负载流量的流动方向是从高压源到油箱，而且负载压降的绝对值永远小于或等于压力源压力的流动状态称为顺向流动。参看图 2-7，假如用阀控液压缸来驱动负载，液压缸一腔（设为右腔，压力为 p_1）与压力源（压力为 p_s）相通，另一腔（设为左腔，压力为 p_2）与箱油（压力 p_0）相通。在负载压降 $p_L=p_1-p_2$ 作用下推动液压缸活塞带动负载向左运动。而负载流量 q_L 是从高压源进入右腔，然后由左腔流回油箱，在不考虑油液压缩性及泄漏时，$q_1=q_3$。显然，负载压降 p_L 与负载流量 q_L 方向相同，在第 I 与第 III 象限工作，属于顺向流动状态。

假如不是用阀控液压缸来驱动负载，而是负载驱动液压缸活塞运动，在这种情况下，液压缸活塞以更大的速度向左运动，由于存在节流效应，因此左腔的压力 p_2 升高，而右腔的压力 p_1 由于右腔体积快速增大而降低，此时 $p_L=p_1-p_2<0$，出现了负载压降 p_L 与负载流量 q_L 方向相反的现象，阀在第 II 和第 IV 象限工作，因负载流量 q_L 的流动方向仍是从高压源流向油箱，而且 $|p_L|\leq p_s$，故还是属于顺向流动状态。

上述两种顺向流动状态的负载压降 p_L 均在 $[-p_s, p_s]$ 区间内，因此滑阀完全在正常工作区内工作。

参考图 2-7，假如负载以更大的力推动液压缸活塞以更高的速度继续向左运动，造成液压缸左腔的压力 $p_2>p_s$，右腔的压力 p_1 下降到出现真空，这时会出现断流，即 $q_1 \neq q_3$ 的不连续现象，而负载压降 p_L 在区间 $[-p_s, p_s]$ 以外，负载流量 q_L 仍是顺向流动的，滑阀工作在不连续工作区。通过下面的理论分析可知，滑阀在正常工作区和不连续工作区的流量-压力特性方程不同，顺向流动状态下的流量-压力曲线见图 2-12 中的实线部分。

因此，顺向流动状态占有正常工作区和不连续工作区，而不连续工作区阀的流量-压力曲线与同一阀芯位置下的正常工作区曲线相接。

2）逆向流动状态：负载流量的流动方向是从油箱到油源的流动状态称作逆向流动。参看图 2-7，如果负载在推动液压缸活塞向左运动过程中突然反向，并快速向右运动，则液压缸右腔体积减小，压力 p_1 增大。当 $p_1>p_s$ 时，液体被迫流向油源；而左腔体积增大形成真空，液体由油箱流入左腔，同样出现断流，即 $q_1 \neq q_3$ 的不连续现象，在 $|p_L|>|p_s|$ 的情况下，其流量-压力特性曲线分别以两个汇交点与正常工作区同一阀芯位置的流量-压力特性曲线形成近似的奇对称，见图 2-12 中的虚线部分。因此逆向流动状态只占有不连续工作区。

3. 不同工作区和流动状态下的流量-压力特性方程

1）正常工作区流量-压力特性方程：前面分析过的零遮盖四边滑阀无因次流量-压力特性方程式（2-38）就是正常工作区流量-压力方程。

2）顺向流动在不连续工作区的流量-压力特性方程：参看图 2-7，在顺向流动时，只是节流口 3 的流量 q_3 对负载压降 p_L 起作用，此时 q_3 为负载流量 q_L，即 $q_3=q_L$，则

$$q_L = C_d W x_v \sqrt{\frac{2}{\rho}(p_2-p_0)} \tag{2-53}$$

因为 $p_L=p_1-p_2$，在不连续工作区工作时，p_1 为真空值，若令 $p_0 \approx 0$，则 p_1 的压力值为 -1（设为绝对真空），所以 $p_2=-1-p_L$ 代入上式有

$$q_L = C_d W x_v \sqrt{\frac{2}{\rho}(-1-p_L)}, \ p_L \leq -1 \tag{2-54}$$

用空载最大流量式（2-36），即 $q_0 = C_d W x_{vmax} \sqrt{\dfrac{1}{\rho}} \sqrt{p_s}$ 除式（2-54），即得顺向流动在不连续工作区的无因次流量-压力特性方程为

$$\overline{q_L} = \sqrt{2}\ \overline{x_v} \sqrt{-\overline{p_L} - \frac{1}{\overline{p_s}}} \tag{2-55}$$

因 $\dfrac{1}{\overline{p_s}} \ll 1$，故方程为

$$\overline{q_L} = \sqrt{2}\ \overline{x_v} \sqrt{-\overline{p_L}},\quad \overline{p_L} \leqslant -1 \tag{2-56}$$

3）逆向流动在不连续工作区的流量-压力特性方程：参看图 2-7，在逆向流动时，节流口 1 的流量 q_1 对负载压降 p_L 起作用，此时 q_1 为负载流量，即 $q_1 = q_L$，逆向流动的 q_L 为负，其值为

$$q_L = -C_d W x_v \sqrt{\frac{2}{\rho}(p_1 - p_s)},\quad p_1 > p_s \tag{2-57}$$

因为 $p_L = p_1 - p_2$，在不连续工作区工作时，p_2 为真空值，则 $p_L = p_1 - (-1)$，所以 $p_1 = p_L - 1$ 代入式（2-57）可得到

$$q_L = -C_d W x_v \sqrt{\frac{2}{\rho}} \sqrt{p_L - p_s - 1} \tag{2-58}$$

写成无因次形式并省略 $\dfrac{1}{\overline{p_s}}$ 为

$$\overline{q_L} = \frac{q_L}{q_0} = -\frac{C_d W x_v \sqrt{\dfrac{2}{\rho}} \sqrt{p_L - p_s - 1}}{C_d W x_{vmax} \sqrt{\dfrac{1}{\rho}} \sqrt{p_s}} = -\overline{x_v}\sqrt{2}\sqrt{\overline{p_L} - 1},\quad \overline{p_L} \geqslant 1 \tag{2-59}$$

将式（2-38）、式（2-56）、式（2-59）合写在一起即得零遮盖四边滑阀全特性流量-压力特性方程：

$$\overline{q_L} = \begin{cases} \sqrt{2}\ \overline{x_v}\sqrt{-\overline{p_L}}, & \overline{p_L} \leqslant -1 \\[2mm] \overline{x_v}\sqrt{1 - \dfrac{\overline{x_v}}{|\overline{x_v}|}\overline{p_L}}, & -1 < \overline{p_L} < 1 \\[2mm] -\sqrt{2}\ \overline{x_v}\sqrt{\overline{p_L} - 1}, & \overline{p_L} \geqslant 1 \end{cases} \tag{2-60}$$

根据式（2-60），对应的零遮盖四边滑阀全特性流量-压力曲线如图 2-12 所示。

从图 2-12 所示全特性流量-压力曲线可以看出，零遮盖四边滑阀在第 Ⅱ 和第 Ⅳ 象限 $|\overline{p_L}| > 1$ 的不连续工作区中，同时存在顺向流动和逆向流动两种状态交叉的负载曲线，因此工作点一旦进入不连续工作区，可能会有相互干扰现象的产生。

2.4　负遮盖滑阀的分析

2.4.1　正常工作区流量-压力曲线方程

在某些场合下，如阀芯在零位时必须有液流通过以保持油温或使用定流量油源时，必须采用负遮盖滑阀。另外，零遮盖滑阀的特性在行程很小时也有些像负遮盖滑阀，故对负遮盖滑阀的稳态特性及阀系数进行研究可加深对零遮盖滑阀的了解。

设负遮盖四边滑阀阀芯处于中间位置，如图 2-13a 所示，供油口和回油口有相同的阀口开度 z。此外还假定阀是匹配且对称的，工作范围在负遮盖的范围内，即 $|x_\mathrm{v}| \leqslant z$。因此当阀芯移动 $+x_\mathrm{v}$ 后，节流口面积为

$$A_1 = W(z+x_\mathrm{v}) = A_3 \tag{2-61}$$

$$A_2 = W(z-x_\mathrm{v}) = A_4 \tag{2-62}$$

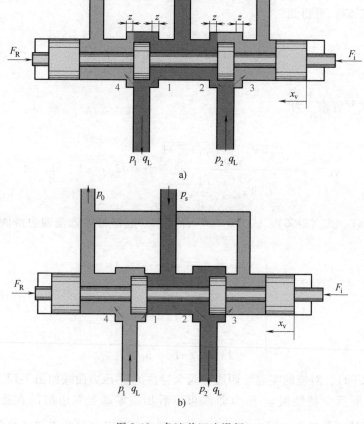

图 2-13　负遮盖四边滑阀

a）阀芯处于中间位置　b）阀芯偏右

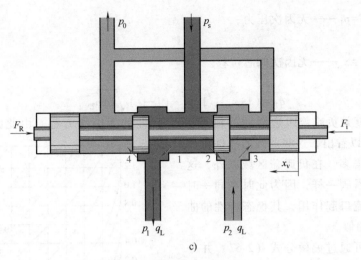

图 2-13 负遮盖四边滑阀（续）

c）阀芯偏左

而通过节流口 1、2、3、4 的流量分别为

$$q_1 = C_d W(z+x_v) \sqrt{\frac{1}{\rho}(p_s - p_L)} \qquad (2\text{-}63)$$

$$q_2 = C_d W(z-x_v) \sqrt{\frac{1}{\rho}(p_s + p_L)} \qquad (2\text{-}64)$$

$$q_3 = C_d W(z+x_v) \sqrt{\frac{1}{\rho}(p_s - p_L)} \qquad (2\text{-}65)$$

$$q_4 = C_d W(z-x_v) \sqrt{\frac{1}{\rho}(p_s + p_L)} \qquad (2\text{-}66)$$

因而负载流量为

$$q_L = q_1 - q_4 = q_3 - q_2 = C_d W(z+x_v) \sqrt{\frac{1}{\rho}(p_s - p_L)} - C_d W(z-x_v) \sqrt{\frac{1}{\rho}(p_s + p_L)}$$

即

$$q_L = C_d W z \sqrt{\frac{p_s}{\rho}} \left[\left(1 + \frac{x_v}{z}\right) \sqrt{1 - \frac{p_L}{p_s}} - \left(1 - \frac{x_v}{z}\right) \sqrt{1 + \frac{p_L}{p_s}} \right] \qquad (2\text{-}67)$$

式（2-67）就是负遮盖四边滑阀的流量-压力特性方程，下面将该方程化为无因次形式，将式（2-67）两边同时除以 $C_d W z \sqrt{p_s/\rho}$，得

$$\frac{q_L}{C_d W z \sqrt{\dfrac{p_s}{\rho}}} = \left(1 + \frac{x_v}{z}\right) \sqrt{1 - \frac{p_L}{p_s}} - \left(1 - \frac{x_v}{z}\right) \sqrt{1 + \frac{p_L}{p_s}} \qquad (2\text{-}68)$$

式中 $\dfrac{q_L}{C_d W z \sqrt{\dfrac{p_s}{\rho}}} = \overline{q_L}$ ——无因次流量；

$$\frac{p_L}{p_s} = \overline{p_L} \text{——无因次压力；}$$

$$\frac{x_v}{z} = \overline{x_v} \text{——无因次阀芯位移。}$$

则：
$$\overline{q_L} = (1+\overline{x_v})\sqrt{1-\overline{p_L}} - (1-\overline{x_v})\sqrt{1+\overline{p_L}} \tag{2-69}$$

式（2-69）就是负遮盖四边滑阀的流量-压力特性的无因次方程。由此画出的曲线如图 2-14 所示。可以看出，这些曲线的线性度比零遮盖滑阀要好得多。在负遮盖区域以外，这种阀就和零遮盖滑阀一样，因为此时在同一时刻将只有两个节流口起作用，其稳态特性的曲线形状与图 2-6 相似。

零位阀系数可通过偏微分式（2-67）并令 $q_L = 0$，$p_L = 0$，$x_v = 0$ 确定，即

$$K_{q0} = \frac{\partial q_L}{\partial x_v} = 2C_d W \sqrt{\frac{p_s}{\rho}} \tag{2-70}$$

$$K_{c0} = -\frac{\partial q_L}{\partial p_L} = \frac{C_d W z \sqrt{\frac{p_s}{\rho}}}{p_s} \tag{2-71}$$

$$K_{p0} = \frac{\partial p_L}{\partial x_v} = \frac{2p_s}{z} \tag{2-72}$$

由式（2-70）~式（2-72）可以看出：

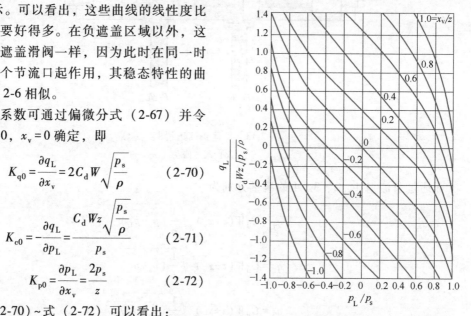

图 2-14　负遮盖四边滑阀的流量-压力曲线

1）与理想零遮盖四边滑阀比较，负遮盖四边滑阀的零位流量增益系数 K_{q0} 增加了一倍，这是因为当滑阀阀芯移动一个距离 x_v 后，节流口 1 和 3 的面积增大了 $W x_v$，同时节流口 2 和 4 的面积却减小了同一数值，故节流面积的总变化量为 $2W x_v$。所以采用负遮盖滑阀可提高零位附近的流量增益并改善稳态特性曲线的线性度，但零位泄漏增大了。在零位这一点上，$p_L = 0$，$x_v = 0$，因此 $A_1 = A_2 = Wz$，负遮盖四通滑阀零位泄漏量应是节流口 1、2 泄漏量之和，根据流量公式定义，可得其值为

$$q_c = 2C_d W z \sqrt{\frac{p_s}{\rho}} \tag{2-73}$$

它使阀在零位工作点工作时功率损失增大了。

2）零位流量-压力系数 K_{c0} 取决于面积梯度 W，而零位压力增益系数 K_{p0} 值则与 W 无关，这就更证明了研究零遮盖四边滑阀式（2-51）所得到的类似结论——零位压力增益系数 K_{p0} 主要取决于阀芯与阀套间的径向间隙值，而与阀的面积梯度无关，因为在零位附近，负遮盖阀很类似于零遮盖阀。

上面对于负遮盖四边滑阀正常工作区的流量-压力曲线进行了较详细的分析，下面再对顺向流动在不连续工作区的流量-压力曲线方程和逆向流动在不连续工作区的流量-压力曲线方程进行分析，然后将上述三个方程组合在一起就得到负遮盖四边滑阀全特性流量-压力曲

线方程。

2.4.2 顺向流动在不连续工作区的流量-压力曲线方程

参看图 2-13，顺向流动时液压缸右腔的流量 q_L 对负载压降 p_L 起作用，因为在不连续工作区 $p_2 \geqslant p_s$，所以顺向流动在不连续工作区的流量-压力曲线方程为 $q_L = q_2 + q_3$，将式（2-64）和式（2-65）代入可得

$$q_L = C_d W(z-x_v) \sqrt{\frac{2}{\rho}(p_2-p_s)} + C_d W(z+x_v) \sqrt{\frac{2}{\rho}(p_2-p_0)} \tag{2-74}$$

因为
$$p_L = p_1 - p_2$$
$$p_0 \approx 0$$

且在不连续工作区工作时，p_1 为真空值（设为绝对真空），所以
$$p_L = -1 - p_2$$
或
$$p_2 = -p_L - 1 \tag{2-75}$$

将式（2-75）代入式（2-74）可得

$$q_L = C_d W(z+x_v) \sqrt{\frac{2}{\rho}(-1-p_L)} + C_d W(z-x_v) \sqrt{\frac{2}{\rho}(-1-p_L-p_s)} \tag{2-76}$$

顺向流动在不连续工作区的无因次流量-压力曲线方程为

$$\overline{q_L} = \frac{q_L}{q_0} = \frac{C_d W(z+x_v) \sqrt{\frac{2}{\rho}(-1-p_L)} + C_d W(z-x_v) \sqrt{\frac{2}{\rho}(-1-p_L-p_s)}}{C_d W z \sqrt{\frac{1}{\rho}p_s}} \tag{2-77}$$

$$= \sqrt{2}(1+\overline{x_v})\sqrt{-\overline{p_L}} + \sqrt{2}(1-\overline{x_v})\sqrt{-\overline{p_L}-1}, \quad \overline{p_L} \leqslant -1$$

2.4.3 逆向流动在不连续工作区的流量-压力曲线方程

参看图 2-13，逆向流动时液压缸左腔的流量 q_L 对负载压降起作用，因为在不连续工作区 $p_1 \geqslant p_s$，所以逆向流动在不连续工作区的流量-压力曲线方程为 $q_L = -q_1 - q_4$。

$$q_L = -C_d W(z+x_v) \sqrt{\frac{2}{\rho}(p_1-p_s)} - C_d W(z-x_v) \sqrt{\frac{2}{\rho}(p_1-p_0)} \tag{2-78}$$

因为 $p_L = p_1 - p_2$，$p_0 = 0$，在不连续工作区工作时，p_2 为真空值，所以
$$p_L = p_1 - (-1)$$
或
$$p_1 = p_L - 1 \tag{2-79}$$

将式（2-79）代入式（2-78）可得

$$q_L = -C_d W(z+x_v) \sqrt{\frac{2}{\rho}(p_L-p_s-1)} - C_d W(z-x_v) \sqrt{\frac{2}{\rho}(p_L-1)}$$

写成无因次形式可得

$$\overline{q}_{\mathrm{L}} = \frac{q_{\mathrm{L}}}{q_0} = \frac{-C_{\mathrm{d}}W(z+x_{\mathrm{v}})\sqrt{\dfrac{2}{\rho}(p_{\mathrm{L}}-p_{\mathrm{s}}-1)} - C_{\mathrm{d}}W(z-x_{\mathrm{v}})\sqrt{\dfrac{2}{\rho}(p_{\mathrm{L}}-1)}}{C_{\mathrm{d}}Wz\sqrt{\dfrac{1}{\rho}p_{\mathrm{s}}}} \qquad (2\text{-}80)$$

$$= -\sqrt{2}\,(1+\overline{x}_{\mathrm{v}})\sqrt{\overline{p}_{\mathrm{L}}-1} - \sqrt{2}\,(1-\overline{x}_{\mathrm{v}})\sqrt{\overline{p}_{\mathrm{L}}}\,,\quad \overline{p}_{\mathrm{L}} \geqslant 1$$

将式（2-69）、式（2-77）、式（2-80）合写在一起，即得负遮盖四边滑阀全特性流量-压力曲线方程：

$$\overline{q}_{\mathrm{L}} = \begin{cases} \sqrt{2}\,(1+\overline{x}_{\mathrm{v}})\sqrt{-\overline{p}_{\mathrm{L}}} + \sqrt{2}\,(1-\overline{x}_{\mathrm{v}})\sqrt{-\overline{p}_{\mathrm{L}}-1}\,, & \overline{p}_{\mathrm{L}} \leqslant -1 \\[2mm] (1+\overline{x}_{\mathrm{v}})\sqrt{1-\overline{p}_{\mathrm{L}}} - (1-\overline{x}_{\mathrm{v}})\sqrt{1+\overline{p}_{\mathrm{L}}}\,, & -1 < \overline{p}_{\mathrm{L}} < 1 \\[2mm] -\sqrt{2}\,(1+\overline{x}_{\mathrm{v}})\sqrt{\overline{p}_{\mathrm{L}}-1} - \sqrt{2}\,(1-\overline{x}_{\mathrm{v}})\sqrt{\overline{p}_{\mathrm{L}}}\,, & \overline{p}_{\mathrm{L}} \geqslant 1 \end{cases} \qquad (2\text{-}81)$$

根据式（2-81）可以绘出负遮盖四边滑阀全特性流量-压力曲线，如图 2-15 所示。

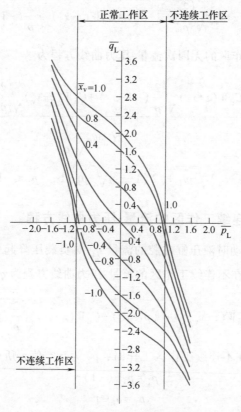

图 2-15   负遮盖四边滑阀全特性流量-压力曲线

从图 2-15 所示全特性流量-压力曲线可以看出，负遮盖四边滑阀特性曲线斜率大，线性度好，且曲线彼此间平行度也好。

2.5　正遮盖滑阀的分析

2.5.1　正遮盖滑阀流量方程的推导

正遮盖滑阀的流量增益特性曲线在零位附近存在死区，但它与零遮盖滑阀有着相同的流量增益。正遮盖滑阀过封度（零位阀口开度的相反数）的存在必然导致使用正遮盖滑阀的系统中存在死区，影响系统的性能。参考图 2-16，y 表示正遮盖滑阀的过封度，$y=-z$，对于正遮盖滑阀而言只有当 $|x_v|>y$ 时，滑阀才工作。设 A_1、A_2、A_3、A_4 分别表示节流口的过流面积，q_1、q_2、q_3、q_4 分别为节流口 1、2、3、4 的流量，矩形节流口的面积梯度为 W。当滑阀位移 $-y<x_v<0$ 时，有 $A_2=A_4=0$，即 $q_2=q_4=0$；当 $0<x<y$ 时，有 $A_1=A_3=0$，即 $q_1=q_3=0$，$A_2=A_4=-W(x+y)$。因此，正遮盖滑阀流量公式的推导可以参考零遮盖滑阀的流量公式得到，即

$$q_L = C_d W \left(x_v - \frac{x_v}{|x_v|} y \right) \sqrt{\frac{1}{\rho} \left(p_s - \frac{x_v}{|x_v|} p_L \right)} \tag{2-82}$$

式（2-82）就是具有匹配和对称节流口的理想正遮盖四边滑阀的稳态特性方程。由式（2-82）可知，负载流量 q_L 是负载压力 p_L 及阀芯位移 x_v 的函数，且当 $y=0$ 时，正遮盖滑阀与零遮盖滑阀具有相同的表达式。

2.5.2　正遮盖滑阀的线性化分析与阀系数

对式（2-82）在某一工作点 $A(q_L, p_L, x_v)$ 处线性化，并把工作范围限制在工作点附近，忽略其高阶无穷小，可得

$$\Delta q = \frac{\partial q_L}{\partial x_v} \bigg|_{\substack{x_v=x_{v0} \\ p_L=p_{L0}}} \Delta x_v + \frac{\partial q_L}{\partial p_L} \bigg|_{\substack{x_v=x_{v0} \\ p_L=p_{L0}}} \Delta p_L \tag{2-83}$$

流量增益系数为

$$K_q = \frac{\partial q_L}{\partial x_v} = C_d W \sqrt{\frac{1}{\rho} (p_s - p_L)}$$

流量-压力系数为

$$K_c = -\frac{\partial q_L}{\partial p_L} = \frac{C_d W (x_v - y) \sqrt{\frac{1}{\rho}(p_s - p_L)}}{2(p_s - p_L)}$$

压力增益系数为

$$K_p = \frac{K_q}{K_c} = \frac{2(p_s - p_L)}{x_v - y}$$

理想正遮盖滑阀只有在 $|x_v|>y$ 时，滑阀工作。因此，在分析滑阀的动态性能时，$x_v=y$ 点的阀系数值最为重要。将 $p_L=0$，$x_v=y$ 代入 K_q、K_c、K_p 的表达式得

$$K_{qy}=C_dW\sqrt{\frac{p_s}{\rho}}$$

$$K_{cy}=0$$

$$K_{py}=\infty$$

从上述三个公式可以看出，当 $x_v=y$ 时，正遮盖滑阀与零遮盖滑阀零位工作点系数具有相同的数值。

2.5.3   正遮盖滑阀零位工作点的鲁棒性分析

正遮盖滑阀由于过封度的存在，只有在位移超过过封度时才能有效，因此流量增益特性具有死区，导致了稳态误差的存在。从动态特性来看，它不如零遮盖、负遮盖滑阀好，但在稳态工作时，由于过封度的存在，系统具有很强的鲁棒性。

图 2-16 所示正遮盖滑阀在 $x_v<y$ 时，薄壁节流口流量公式不再适用。

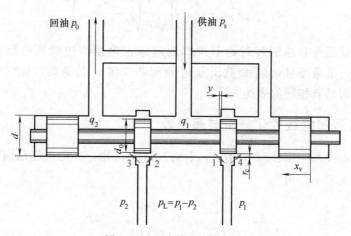

图 2-16   正遮盖四边滑阀口

实际上为了保证滑阀能在套筒内灵活移动，都有一定的径向间隙 r_c，因此，在零位时由环形缝隙流公式可得

$$q_1=\frac{\pi dr_c^3}{12\mu y}\Delta p=\frac{\pi dr_c^3}{12\mu y}(p_s-p_1) \tag{2-84}$$

$$q_2=\frac{\pi dr_c^3}{12\mu y}\Delta p=\frac{\pi dr_c^3}{12\mu y}(p_s-p_2) \tag{2-85}$$

$$q_3=\frac{\pi dr_c^3}{12\mu y}\Delta p=\frac{\pi dr_c^3}{12\mu y}p_2 \tag{2-86}$$

$$q_4=\frac{\pi dr_c^3}{12\mu y}\Delta p=\frac{\pi dr_c^3}{12\mu y}p_1 \tag{2-87}$$

式中　d——阀体孔直径（mm）；

　　　μ——动力黏度（Pa·s）；

　　　r_c——缝隙量（mm），$r_c = \dfrac{1}{2}(d - d_0)$；

　　　d_0——滑阀阀芯直径（mm）。

设为理想的正遮盖四边滑阀，可得 $q_1 = q_3$，从而有 $p_s = p_1 + p_2$ 成立；定义 $p_L = p_1 - p_2$，$q_L = q_4 - q_3 = q_2 - q_1$，于是有

$$q_L = \frac{\pi d r_c^{\,3}}{12\mu y} p_L \tag{2-88}$$

此时的流量-压力系数为

$$K_{c0} = \frac{\pi d r_c^{\,3}}{12\mu y}$$

根据式（2-50），对于实际零遮盖滑阀有

$$K'_{c0} = \frac{\pi W r_c^{\,2}}{32\mu}$$

且对于全周开口环形阀套 $W = \pi d$，故正遮盖度可计算为

$$\eta = \frac{K_{c0}}{K'_{c0}} = \frac{8}{3\pi} \cdot \frac{r_c}{y} = 0.85\,\frac{r_c}{y} \tag{2-89}$$

K_c 的值越小，阀的抗负载变化能力就越大，即阀的刚度越大。例如，对于电站汽轮机的控制滑阀而言，一般 y 远大于 r_c，则 $\eta \ll 1$，正遮盖滑阀的抗负载变化能力要远远强于零遮盖滑阀。在电站控制系统中，执行机构（电站中通常采用油动机作为其执行机构）经常要承受很大的外力变化，从而引起油动机的波动，实践证明，采用正遮盖滑阀可以很好地消除这种波动。

另外，在图 2-16 所示的系统中，当滑阀处于零位时，流量泄漏很小，且几乎没有变化，因此可以忽略阀的液动力。根据牛顿力学定律得

$$p_m(0.25\pi d^2) = K x_0 \tag{2-90}$$

式中　p_m——波动压力（MPa）。

当压力有一个波动 Δp_m，与之平衡的外力有变化（设 $\Delta x_v < 0$），这时有

$$\Delta p_m(0.25\pi d^2) = K \Delta x_v \tag{2-91}$$

由此可以看出，当控制油路信号变化引起的 $\Delta x_v < y$ 时，不会引起执行机构的误动作，从而保证了系统的工作稳定。

通过上面的研究可知，正遮盖滑阀与零遮盖滑阀有相似的流量方程，过封度越小，与零遮盖滑阀相似的程度越高，但过封度的存在使其零位存在死区，引起稳态误差。正遮盖滑阀在零位工作点的各系数值与零遮盖滑阀零位工作点相同。增加滑阀的过封度可以消除由控制信号波动引起的执行机构误动作，并可以增强系统抗外力变化的能力。随着过封度增加，稳态误差会增大，并且还可能引起游隙，反而使系统的稳定性变差。因此，过封度的选择对系统的性能有着重要的影响。通过实践证明，过封度控制在 0.1~0.5mm，可以获得很好的控制效果。表 2-1 所列为不同遮盖情况下滑阀特性参数。

表 2-1   不同遮盖情况下滑阀特性参数

类型	流量增盖 K_q	流量-压力系数 K_c	压力增益 K_p
负遮盖滑阀	$C_d W \sqrt{\dfrac{p_s - p_L}{\rho}} + C_d W \sqrt{\dfrac{p_s + p_L}{\rho}}$	$C_d W z \left(\dfrac{1 + \dfrac{x_v}{z}}{2\sqrt{\rho(p_s - p_L)}} + \dfrac{1 - \dfrac{x_v}{z}}{2\sqrt{\rho(p_s + p_L)}} \right)$	$\dfrac{\sqrt{p_s - p_L} + \sqrt{p_s + p_L}}{z \left(\dfrac{1 + \dfrac{x_v}{z}}{2\sqrt{p_s - p_L}} + \dfrac{1 - \dfrac{x_v}{z}}{2\sqrt{p_s + p_L}} \right)}$
零遮盖滑阀	$C_d W \sqrt{\dfrac{p_s - p_L}{\rho}}$	$\dfrac{C_d W x_v \sqrt{\dfrac{1}{\rho}(p_s - p_L)}}{2(p_s - p_L)}$	$\dfrac{2(p_s - p_L)}{x_v}$
正遮盖滑阀	$C_d W \sqrt{\dfrac{p_s - p_L}{\rho}}$	$\dfrac{C_d W (x - y) \sqrt{\dfrac{1}{\rho}(p_s - p_L)}}{2(p_s - p_L)}$	$\dfrac{2(p_s - p_L)}{x - y}$

2.6 滑阀受力分析

操纵滑阀阀芯运动需要克服各种阻力，包括阀芯质量的惯性力，阀芯与阀套间的摩擦力，阀芯所受液动力、弹性力和任意外负载力等，阀芯运动阻力的大小是设计滑阀控制元件的主要依据，因此需要对滑阀的受力进行分析、计算。本节主要分析、计算滑阀阀芯所受的液动力。

2.6.1 液动力

液流流经滑阀时，液流速度的大小和方向发生变化，其动量变化对阀芯产生一个反作用力，这就是作用在阀芯上的液动力。液动力分为稳态液动力和瞬态液动力两种，稳态液动力与滑阀开口量成正比，瞬态液动力与滑阀开口量变化率成正比。

稳态液动力不仅使阀芯运动的操纵力增加，并会引起非线性问题，瞬态液动力在一定条件下会导致滑阀不稳定，所以在滑阀设计中应考虑液动力问题。

1. 稳态液动力

（1）稳态液动力计算公式

稳态液动力是指阀在节流口开度一定的情况下，液流稳定流动时对阀芯的反作用力。根据动量定理可求得稳态轴向液动力的大小为（见图 2-17）

$$F_s = F_i = \rho q v \cos\theta \qquad (2\text{-}92)$$

式中 θ——射流角。

由伯努利方程可求得节流口射流最小断面

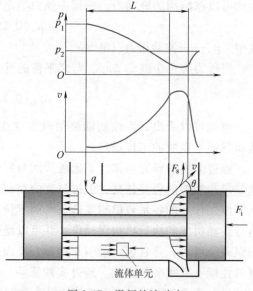

图 2-17   滑阀的液动力

处的流速为

$$v = C_v \sqrt{\frac{2}{\rho} \Delta p} \tag{2-93}$$

式中　C_v——速度系数，一般取 $0.95 \sim 0.98$；

　　　Δp——阀口压差（MPa），$\Delta p = p_1 - p_2$。

通过理想矩形阀口的流量为

$$q = C_d W x_v \sqrt{\frac{2}{\rho} \Delta p} \tag{2-94}$$

将式（2-93）和式（2-94）代入式（2-92）得稳态液动力为

$$F_s = 2 C_v C_d W x_v \Delta p \cos\theta = K_f x_v \tag{2-95}$$

式中　K_f——稳态液动力刚度，$K_f = 2 C_v C_d W \Delta p \cos\theta$。

对理想滑阀，射流角 $\theta = 69°$。取 $C_v = 0.98$，$C_d = 0.61$，$\cos 69° = 0.358$，则可得

$$F_s = 0.43 W x_v \Delta p = K_f x_v \tag{2-96}$$

这就是常用的稳态液动力计算公式。

对于所讨论的滑阀来说，由于射流角 θ 总是小于 $90°$，因此稳态液动力的方向总是指向使节流口关闭的方向。在节流口压差 Δp 一定时，其大小与阀的开口量成正比。因此它的作用与阀的对中弹簧的作用相似，是由液体流动所引起的一种弹性力。

实际滑阀的稳态液动力受径向间隙和工作边圆角的影响。径向间隙和工作边圆角使节流口过流面积增大，射流角减小，从而使稳态液动力增大，特别是在小开口时更为显著，使稳态液动力与阀的开口量之间呈现非线性关系。

（2）零遮盖四边滑阀的稳态液动力

参看图 2-7，零遮盖四边滑阀在工作时，有两个串联的节流口同时起作用，每个节流口的压降为 $\Delta p = \dfrac{p_s - p_L}{2}$，总的稳态液动力为

$$F_s = 0.43 W (p_s - p_L) x_v = K_f x_v \tag{2-97}$$

式中　K_f——稳态液动力刚度，$K_f = 0.43 W (p_s - p_L)$。

应当注意，稳态液动力是随着负载压力 p_L 变化而变化的，在空载（$p_L = 0$）时达到最大值，其值为

$$F_{s0} = 0.43 W p_s x_v = K_{f0} x_v \tag{2-98}$$

式中　K_{f0}——空载稳态液动力刚度，$K_{f0} = 0.43 W p_s$。

由式（2-97）可知，只有当负载压力 p_L 为常数时，稳态液动力才与阀的阀芯位移 x_v 呈比例关系。当负载压力变化时，稳态液动力将呈现出非线性。

稳态液动力一般都很大，它是阀芯运动阻力中的主要部分，下面通过一个例子来说明。一个全周开口、直径为 1.2×10^{-2} m 的阀芯，在供油压力为 1.4×10^7 Pa 时，空载稳态液动力刚度 $K_{f0} = 2.27 \times 10^5$ N/m，如果阀芯最大位移为 5×10^{-4} m 时，空载稳态液动力为 $F_{s0} = 113.5$ N，其值是相当大的。人们曾研究出一些补偿或消除稳态液动力的方法，但没有一种是很理想的。原因是制造成本高，而且不能在所有流量和压降下完全补偿，又容易使液动力出现非线性，因此用得不多。

（3）负遮盖四边滑阀的稳态液动力

参看图 2-7，负遮盖四边滑阀有四个节流口同时工作，总液动力等于四个节流口所产生的液动力之和。在图 2-7 中，规定阀芯向左移动为正，并规定与此方向相反的液动力为正，反之为负。则总的稳态液动力为

$$F_s = 0.43\left[A_1(p_s - p_1) + A_3 p_2 - A_4 p_1 - A_2(p_s - p_2)\right] \tag{2-99}$$

当阀处于零件时，供油口和回油口有相同的开口量 z，此外假定阀是匹配和对称的，则有

$$A_1 = W(z + x_v) = A_3 \tag{2-100}$$

$$A_2 = W(z - x_v) = A_4 \tag{2-101}$$

结合 $p_L = p_1 - p_2$，可得

$$F_s = 0.86W(p_s x_v - p_L z) \tag{2-102}$$

空载（$p_L = 0$）时的稳态液动力为

$$F_{s0} = 0.86 W p_s x_v \tag{2-103}$$

从式（2-103）可以看出，负遮盖四边滑阀的空载稳态液动力是零遮盖四边滑阀的两倍。

2. 瞬态液动力

（1）瞬态液动力公式

参看图 2-17，在阀芯运动过程中，阀口开度变化使通过节流口的流量发生变化，引起阀腔内液流速度随时间变化，其动量变化对阀芯产生的反作用力就是瞬态液动力，其大小为

$$F_t = \frac{d(mv)}{dt} \tag{2-104}$$

式中　m——阀腔中的液体质量（kg）；

　　　v——阀腔中的液体流速（m/s）。

假定液体是不可压缩的，则阀腔中的液体质量 m 是常数，所以

$$F_t = m\frac{dv}{dt} = \rho L A_v \frac{dv}{dt} = \rho L \frac{dq}{dt} \tag{2-105}$$

式中　A_v——阀腔过流断面面积（m^2）；

　　　L——液流在阀腔内的实际流程长度（mm）。

对节流口流量公式（2-94）求导并代入式（2-105），忽略压力变化率的微小影响，可得瞬态液动力为

$$F_t = C_d W L \sqrt{2\rho\Delta p}\frac{dx_v}{dt} = B_f \frac{dx_v}{dt} \tag{2-106}$$

式中　B_f——阻尼系数，$B_f = C_d W L \sqrt{2\rho\Delta p}$。

式（2-106）表明，瞬态液动力与阀芯的移动速度成正比，起黏性阻尼力的作用。阻尼系数 B_f 与长度 L 有关，长度 L 也称为阻尼长度。瞬态液动力的方向始终与阀腔内液体的速度方向相反，据此可以判断瞬态液动力的方向。如果瞬态液动力的方向与阀芯移动方向相反，则瞬态液动力起正阻尼力的作用，阻尼系数 $B_f > 0$，阻尼长度 L 符号为正，如图 2-18a 所示；如果瞬态液动力方向与阀芯运动方向相同，则起负阻尼力的作用，阻尼系数 $B_f < 0$，阻尼长度 L 符号为负，如图 2-18b 所示。

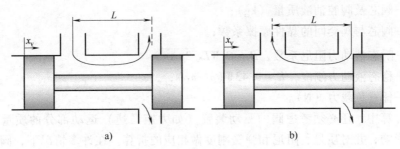

图 2-18　滑阀阻尼长度

（2）零遮盖四边滑阀的瞬态液动力

参看图 2-7，L_2 是正阻尼长度，L_1 是负阻尼长度，节流口压差 $\Delta p = \dfrac{p_s - p_L}{2}$，利用式 （2-106）可求得零遮盖四边滑阀的总瞬态液动力为

$$F_t = (L_2 - L_1) C_d W \sqrt{\rho(p_s - p_L)} \frac{dx_v}{dt} = B_f \frac{dx_v}{dt} \qquad (2\text{-}107)$$

式中　B_f——阻尼系数，$B_f = (L_2 - L_1) C_d W \sqrt{\rho(p_s - p_L)}$。

当 $L_2 > L_1$ 时，$B_f > 0$，是正阻尼；当 $L_2 < L_1$ 时，$B_f < 0$，是负阻尼。负阻尼对阀工作的稳定性不利，为保证阀的稳定性，应保证 $L_2 \geqslant L_1$，这实际上是一个通路位置的布置问题。瞬态液动力的数值一般很小，因此不可能利用它来作为阻尼源。

（3）负遮盖四边滑阀的瞬态液动力

参看图 2-7，L_2 是正阻尼长度，L_1 是负阻尼长度，利用式（2-106）分别求出四个节流口的瞬态液动力，然后将它们相加得阀的总瞬态液动力为

$$F_t = L_2 C_d W \sqrt{2\rho(p_s - p_1)} \frac{dx_v}{dt} + L_2 C_d W \sqrt{2\rho(p_s - p_2)} \frac{dx_v}{dt} - L_1 C_d W \sqrt{2\rho p_2} \frac{dx_v}{dt} - L_1 C_d W \sqrt{2\rho p_1} \frac{dx_v}{dt}$$
$$\qquad (2\text{-}108)$$

将 $p_1 = \dfrac{p_s + p_L}{2}$，$p_2 = \dfrac{p_s - p_L}{2}$ 代入式（2-108）并整理得

$$F_t = (L_2 - L_1) C_d W \sqrt{\rho} \left(\sqrt{p_s - p_L} + \sqrt{p_s + p_L} \right) \frac{dx_v}{dt} = B_f \frac{dx_v}{dt} \qquad (2\text{-}109)$$

式中　$B_f = (L_2 - L_1) C_d W \sqrt{\rho} \left(\sqrt{p_s - p_L} + \sqrt{p_s + p_L} \right)$，空载（$p_L = 0$）时，$B_{f0} = 2(L_2 - L_1) C_d W \sqrt{\rho p_s}$，它是零遮盖四边滑阀的两倍。

2.6.2　驱动力

根据阀芯运动时的力平衡方程式，可得阀芯运动时的总驱动力包括惯性力、阻尼力、弹簧力及任意负载力，具体为

$$F_i = m_v \frac{d^2 x_v}{dt^2} + (B_v + B_f) \frac{dx_v}{dt} + K_f x_v + F_L \qquad (2\text{-}110)$$

式中　F_i——总驱动力（N）；

m_v——阀芯及阀腔油液质量（kg）；

B_v——阀芯与阀套间的黏性摩擦系数；

B_f——瞬态液动力阻尼系数，$B_f = C_d W L \sqrt{2\rho\Delta p}$；

K_f——稳态液动力刚度，$K_f = 0.43 W(p_s - p_L)$；

F_L——任意负载力（N）。

在实际计算中，还必须考虑阀的驱动装置（如力矩马达）运动部分的质量、阻尼和弹簧刚度等的影响，并对质量、阻尼和弹簧刚度做相应的折算。在许多情况下，阀芯驱动装置的上述系数可能比阀本身的系数还要大。另外，驱动装置还必须有足够大的驱动力储备，这样才有能力清除可能滞留在节流口处的脏物颗粒。

单边滑阀和双边滑阀多用于机液伺服系统，操纵阀芯运动的机械力比较大，驱动阀芯运动不会有什么问题。所以，有关这些阀的驱动力不再讨论。

2.7 滑阀的输出功率及效率

在液压伺服系统中，滑阀经常作为功率控制元件使用，从经济指标出发应该研究其输出功率和效率。因为在液压伺服系统中，效率是随负载变化而变化的，而负载并非恒定，因此系统效率不可能经常保持在最高值，所以效率问题相对来说是比较次要的，特别是在中、小功率的伺服系统中。另外，控制系统的稳定性、响应速度和精度等指标往往比效率更重要，为了保证这些指标，有时不得不牺牲一部分效率指标。

2.7.1 输出功率

设液压泵对阀的供油压力为 p_s，供油流量为 q_s，负载压力为 p_L，负载流量为 q_L，则阀的输出功率（负载功率）为

$$N_L = p_L q_L = p_L C_d W x_v \sqrt{\frac{1}{\rho}(p_s - p_L)} = C_d W x_v \sqrt{\frac{p_s}{\rho}} p_s \frac{p_L}{p_s} \sqrt{1 - \frac{p_L}{p_s}} \tag{2-111}$$

或

$$\frac{N_L}{C_d W x_v p_s \sqrt{p_s/\rho}} = \frac{p_L}{p_s} \sqrt{1 - \frac{p_L}{p_s}} \tag{2-112}$$

其无因次曲线如图 2-19 所示。

由式（2-112）和图 2-19 可见，当 $p_L = 0$ 时，$N_L = 0$；当 $p_L = p_s$ 时，$N_L = 0$。通过 $\dfrac{\mathrm{d}N_L}{\mathrm{d}p_L} = 0$，可求得输出功率为最大时的 p_L 值为

$$p_L = \frac{2}{3} p_s \tag{2-113}$$

阀在最大开度 x_{vmax} 和阀在压力 $p_L = \dfrac{2}{3} p_s$ 时，最大

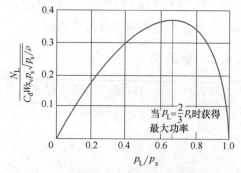

图 2-19　负载功率随负载压力变化曲线

输出功率为

$$N_{\mathrm{Lm}} = \frac{2}{3\sqrt{3}} C_{\mathrm{d}} W x_{\mathrm{vmax}} \sqrt{\frac{1}{\rho} p_{\mathrm{s}}^3} \tag{2-114}$$

2.7.2　效率

液压伺服系统的效率与液压能源的形式及管路损失有关。下面分析时忽略管路的压力损失，因此液压泵的供油压力 p_{s} 也就是阀的供油压力。

（1）变量泵供油

由于变量泵可自动调节其供油流量 q_{s} 来满足负载流量 q_{L} 的要求，因此 $q_{\mathrm{s}} = q_{\mathrm{L}}$。阀在具有最大输出功率时的最高效率为

$$\eta = \frac{(p_{\mathrm{L}} q_{\mathrm{L}})_{\max}}{p_{\mathrm{s}} q_{\mathrm{s}}} = \frac{\frac{2}{3} p_{\mathrm{s}} q_{\mathrm{s}}}{p_{\mathrm{s}} q_{\mathrm{s}}} = 0.667 \tag{2-115}$$

采用变量泵供油时，因为不存在供油流量损失，因此这个效率也是滑阀本身所能达到的最高效率。

（2）定量泵供油

定量泵的供油流量应等于或大于阀的最大负载流 q_{Lmax}（即阀的最大空载流量 $q_{0\mathrm{max}}$）。阀在具有最大输出功率时的系统最高效率为

$$\eta = \frac{(p_{\mathrm{L}} q_{\mathrm{L}})_{\max}}{p_{\mathrm{s}} q_{\mathrm{s}}} = \frac{\frac{2}{3} p_{\mathrm{s}} C_{\mathrm{d}} W x_{\mathrm{vmax}} \sqrt{\frac{1}{\rho} \left(p_{\mathrm{s}} - \frac{2}{3} p_{\mathrm{s}}\right)}}{p_{\mathrm{s}} C_{\mathrm{d}} W x_{\mathrm{vmax}} \sqrt{p_{\mathrm{s}}/\rho}} = \frac{\frac{2}{3} p_{\mathrm{s}} \sqrt{\frac{1}{3} p_{\mathrm{s}}/\rho}}{p_{\mathrm{s}} \sqrt{p_{\mathrm{s}}/\rho}} = 0.385 \tag{2-116}$$

这个效率除了考虑滑阀本身的节流损失外，还包括溢流阀的溢流损失，即供油流量损失，因此是整个液压伺服系统的效率。这种系统的效率是很低的，但由于其结构简单、成本低、维护方便，特别是在中、小功率的系统中，仍然获得广泛的应用。

通常取 $p_{\mathrm{L}} = \frac{2}{3} p_{\mathrm{s}}$ 作为阀的设计负载压力。这是因为在 $p_{\mathrm{L}} = \frac{2}{3} p_{\mathrm{s}}$ 时，整个液压伺服系统的效率最高，同时阀的输出功率也最大。限制 p_{L} 值的另一个原因是在 $p_{\mathrm{L}} \leqslant \frac{2}{3} p_{\mathrm{s}}$ 的范围内，阀的流量增益和流量-压力系数的变化也不大（流量增益降低和流量-压力系数增大会影响系统的性能），所以一般都是将 p_{L} 限制在 $\left(0, \frac{2}{3} p_{\mathrm{s}}\right)$ 的范围内。

2.8　滑阀的设计

滑阀设计的主要内容包括结构型式的选择和基本参数的确定。在设计时，首先应考虑满足负载和执行元件对滑阀提出的稳态特性要求，以及它对伺服系统动态特性的影响，同时也要使滑阀结构简单、工艺性好、驱动力小和工作可靠等。

2.8.1　结构型式的选择

（1）滑阀工作边数的选择

滑阀工作边数（或通路数）的选择要考虑液压执行元件的形式。双边滑阀只能控制差动液压缸。而四边滑阀可以控制双作用液压缸和液压马达。从性能上看，四边滑阀优于双边滑阀，两者的零位流量增益是一样的，但双边滑阀的压力增益只有四边滑阀的一半。从结构工艺上看，双边滑阀优于四边滑阀。通常，双边滑阀多用于机液伺服系统，而四边滑阀多用于电液伺服系统。

（2）节流口形状的选择

节流口的形状一般都是根据系统要求的流量增益特性来选择的。在大多数情况下，希望采用矩形节流口以获得线性的流量增益。圆形节流口加工简单，但其流量增益特性是非线性的，所以只在一些要求不高的场合使用。

（3）遮盖形式的选择

零遮盖阀（矩形节流口）具有线性的流量增益特性，压力增益高，零位泄漏量小，因此得到广泛的应用。负遮盖阀由于流量增益是非线性的，压力增益低，零位泄漏量大，因此只在一些特殊的情况下使用。正遮盖阀在零位附近具有死区特性，因而伺服阀很少采用，但具有较高鲁棒性，一般用在比例控制阀中。

（4）阀芯凸肩数的选择

二通阀可采用两个凸肩，三通阀可采用两个或三个凸肩，四通阀可采用三个或四个凸肩。凸肩数与阀的通路数、工作边的布置、供油密封及回油密封等有关。

2.8.2　主要参数的确定

可以根据负载的工作要求确定阀的额定流量和供油压力。通常，阀的额定流量是指阀的最大空载流量，即

$$q_{c} = q_{0m} = C_{d} A_{vmax} \sqrt{\frac{1}{\rho} p_{s}} \tag{2-117}$$

阀的最大开口面积为

$$A_{vmax} = \frac{q_{0m}}{C_{d}\sqrt{p_{s}/\rho}} \tag{2-118}$$

在供油压力 p_{s} 一定时，阀的规格也可以用最大开口面积 A_{vmax} 表示。对矩形节流口，$A_{vmax} = W x_{vmax}$。在 A_{vmax} 一定时，可以有 W 和 x_{vmax} 不同数值的组合，而 W 和 x_{vmax} 对阀的参数和性能都有影响，如何正确选择它们的大小是十分重要的。

（1）面积梯度 W

在供油压力 p_{s} 一定时，面积梯度 W 的大小决定了阀的零位流量增益，故其值影响着液压伺服系统的稳定性等。一般地说，阀的流量增益必须与系统中其他元件的增益相配合，以得到所需要的开环增益。阀的流量增益确定后，W 的数值也就确定了。

在机液伺服系统中，改变 W 是调整系统开环增益的主要方法，有时是唯一的方法（单位反馈系统）。因此，W 的确定十分重要。而在电液伺服系统中，调整电子放大器的增益可

以很方便地改变回路增益，所以阀的流量增益或面积梯度的确定就不十分重要，而阀芯的最大开口量 x_{vmax} 往往要受电磁控制元件的输出位移的限制，所以 x_{vmax} 的选择显得更为重要。

（2）阀芯最大位移 x_{vmax}

通常希望适当降低 W 以增加 x_{vmax} 值。这样可以提高阀的抗污染能力，减少堵塞现象发生的可能性，同时可以避免在小开口时因堵塞而造成的流量增益下降，还可以降低阀芯轴向尺寸加工公差的要求。但是 x_{vmax} 较大时，要受电磁控制元件的输出位移和输出力的限制。在机液伺服系统中，由于控制机构的输出力和输出位移较大，因此可以有较大的 x_{vmax} 值。

（3）进出油孔直径 d_0

按所通过的最大流量 q 及允许的流速 v_0 来计算，即

$$d_0 = \sqrt{\frac{4q}{\pi v_0}} \tag{2-119}$$

允许流速一般为 $v_0 = 3 \sim 4.5\text{m/s}$。

（4）阀芯直径 d

参看图 2-7，为了保证阀芯有足够的刚度，应使阀芯颈部直径 d_r 不小于 $\frac{1}{2}d$。另外，为了确保节流口为可控的节流口以避免流量饱和现象，阀腔通道内的流速不应过大。为此，应使阀腔通道的面积为控制节流口最大面积的 4 倍以上，即

$$\frac{\pi}{4}(d^2 - d_r^2) > 4Wx_{vmax} \tag{2-120}$$

将 $d_r = \frac{1}{2}d$ 代入式（2-120）并整理得

$$\frac{3}{64}\pi d^2 > 4Wx_{vmax} \tag{2-121}$$

对于全周开口的阀，$W = \pi d$，代入式（2-121）得

$$\frac{W}{x_{vmax}} > \frac{64}{3} \tag{2-122}$$

这是全周开口的滑阀不产生流量饱和的条件，若此条件不满足，则不能采用全周开口的阀。应加大阀芯直径 d，然后采用非全周开口的滑阀结构。通常是在阀套上对称地开两个或四个矩形节流口。

滑阀的阀芯长度 L、凸肩宽度 b、阻尼长度 $L_1 + L_2$ 等其他尺寸与阀芯直径 d 之间有一定的经验比例关系。例如，$L = (4 \sim 7)d$；阻尼长度 $L_1 + L_2 \approx 2d$；两端密封凸肩宽度约为 $0.7d$；中间凸肩不起密封作用，宽度可小于 $0.7d$。

2.8.3　其他设计要点

1）径向间隙即阀芯凸肩与套筒之间的间隙，当阀芯直径为 10 mm 时可取 0.005～0.009mm，椭圆度、锥度等不应超过 0.003mm。

2）阀芯在凸肩宽度超过 8mm 时一般都应开卸荷槽，槽的深度和宽度一般为 0.5～1mm。

3）阀的操纵力应大于轴向稳态液动力、侧压摩擦力、复位弹簧力之和，复位弹簧力应大于侧压摩擦力。

4）阀的各处内泄漏量的总和应不大于阀的内泄漏允许值，内泄漏可按环状缝隙流量公式计算，即

$$Q=\frac{\pi d r_{\mathrm{c}}^{3}\Delta p}{12\mu l}(1+1.5\varepsilon^{2})\qquad(2\text{-}123)$$

式中 d——阀芯直径（m）；

r_{c}——阀芯与阀体孔的径向间隙（m）；

Δp——间隙两端压力差（Pa）；

l——密封长度（m）；

ε——偏心比，$\varepsilon=\dfrac{e}{r_{\mathrm{c}}}$；

μ——油液动力黏度。

5）阀芯材料常用 20Cr、12CrMoVA、18CrNiVA 等合金钢；阀套与阀芯常采用同一种材料，以免温度变化引起卡死。表面要渗碳，并淬硬至不低于 55HRC。经验证明这种摩擦副在液压油中摩擦力最小。阀套材料常用铸铁 HT30-54。

2.9 喷嘴挡板阀

与滑阀相比，喷嘴挡板阀具有结构简单、加工容易、运动部件质量小等优点，但零位泄漏流量大，所以只适用于小功率系统。在两级液压放大器中，多采用喷嘴挡板阀作为第一级。

2.9.1 单喷嘴挡板阀的静态特性

单喷嘴挡板阀的原理如图 2-20 所示。它由固定节流孔、喷嘴和挡板组成。喷嘴与挡板间的环形面积构成了可变节流口，用于控制固定节流孔与可变节流口之间的压力 p_{c}。单喷嘴挡板阀是三通阀，只能用来控制差动液压缸。控制压力 p_{c} 与负载腔（液压缸无杆腔）相连，而供油压力 p_{s}（恒压源）与液压缸的有杆腔相连。当挡板与喷嘴端面之间的间隙减小

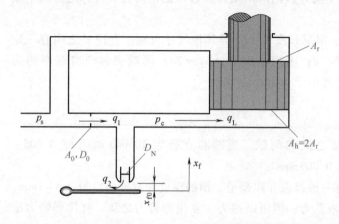
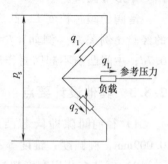

图 2-20　单喷嘴挡板阀的原理

时，由于可变液阻增大，使通过固定节流口的流量减小，在固定节流孔处压降也减小，因此控制压力 p_c 增大，推动负载运动，反之亦然。为了减小油温变化的影响，固定节流孔通常是短管形的，喷嘴端部也是近于锐边形的。

1. 压力特性

根据液流的连续性方程可得负载流量为

$$q_L = q_1 - q_2 \tag{2-124}$$

将固定节流口和可变节流口的流量方程代入式（2-124）可得

$$q_L = C_{d0}A_0\sqrt{\frac{2}{\rho}(p_s - p_c)} - C_{df}A_f\sqrt{\frac{2}{\rho}p_c} \tag{2-125}$$

式中　C_{d0}——固定节流口流量系数；

　　　A_0——固定节流口的节流面积；

　　　C_{df}——可变节流口流量系数；

　　　A_f——可变节流口的节流面积。

将 $A_0 = \dfrac{\pi}{4}D_0^2$，$A_f = \pi D_N(x_{f0} - x_f)$ 代入式（2-125）得

$$q_L = C_{d0}\frac{\pi}{4}D_0^2\sqrt{\frac{2}{\rho}(p_s - p_c)} - C_{df}\pi D_N(x_{f0} - x_f)\sqrt{\frac{2}{\rho}p_c} \tag{2-126}$$

式中　D_0——固定节流口直径；

　　　D_N——喷嘴孔直径；

　　　x_{f0}——挡板与喷嘴之间的零位间隙；

　　　x_f——挡板偏离零位的位移。

压力特性是指切断负载（$q_L = 0$）时，控制压力 p_c 随挡板位移 x_f 的变化特性。令 $q_L = 0$，由式（2-125）可得压力特性方程为

$$\frac{p_c}{p_s} = \left[1 + \left(\frac{C_{df}A_f}{C_{d0}A_0}\right)^2\right]^{-1} \tag{2-127}$$

其特性曲线如图 2-21 所示。

式（2-127）可改写为

$$\frac{p_c}{p_s} = \left[1 + \left(\frac{C_{df}\pi D_N(x_{f0} - x_f)}{C_{d0}A_0}\right)^2\right]^{-1} \tag{2-128}$$

令 $a = \dfrac{C_{df}\pi D_N x_{f0}}{C_{d0}A_0}$，则

$$\frac{p_c}{p_s} = \left[1 + \left(a - \frac{C_{df}\pi D_N x_f}{C_{d0}A_0}\right)^2\right]^{-1} \tag{2-129}$$

将 $C_{d0}A_0 = C_{df}\pi D_N x_{f0}/a$ 代入式（2-129）得

$$\frac{p_c}{p_s} = \left[1 + a^2\left(1 - \frac{x_f}{x_{f0}}\right)^2\right]^{-1} \tag{2-130}$$

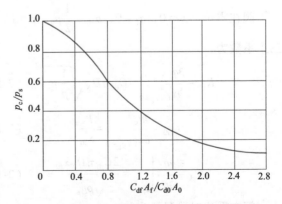

图 2-21　单喷嘴挡板阀切断负载时的压力特性曲线

式（2-130）表明，p_c 不但随 x_f 而变，而且与 a 有关。下面求 a 取何值时，零位压力灵

敏度最高。零位压力灵敏度为

$$\left.\frac{\mathrm{d}p_c}{\mathrm{d}x_f}\right|_{x_f=0} = \frac{p_s}{x_{f0}}\frac{2a^2}{(1+a^2)^2} \tag{2-131}$$

为求 a 为何值时零位压力灵敏度最高，应使

$$\frac{\mathrm{d}}{\mathrm{d}a}\left(\left.\frac{\mathrm{d}p_c}{\mathrm{d}x_f}\right|_{x_f=0}\right) = \frac{p_s}{x_{f0}}\frac{4a(1-a^2)}{(1+a^2)^3} = 0 \tag{2-132}$$

即

$$a = \frac{C_{df}A_{f0}}{C_{d0}A_0} = \frac{C_{df}\pi D_N x_{f0}}{C_{d0}A_0} = 1 \tag{2-133}$$

此时，由式（2-127）可得零位时的控制压力为

$$p_{c0} = \frac{1}{2}p_s \tag{2-134}$$

在这一点，不但零位压力灵敏度较高，而且控制压力 p_c 能充分地调节，在 $|x_f| \leqslant x_{f0}$ 时，$0.2p_s \leqslant p_c \leqslant p_s$（见图 2-21）。因此，通常取 $p_{c0} = \frac{1}{2}p_s$ 作为设计准则，根据这个准则，要求与单喷嘴挡板阀一起工作的差动液压缸活塞两边的面积比为 2：1。

2. 流量-压力特性

将式（2-133）代入式（2-126）并简化，可得流量-压力方程为

$$\frac{q_L}{C_{d0}A_0\sqrt{\dfrac{2}{\rho}p_s}} = \sqrt{1-\frac{p_c}{p_s}} - \left(1-\frac{x_f}{x_{f0}}\right)\sqrt{\frac{p_c}{p_s}} \tag{2-135}$$

其无量纲流量-压力曲线如图 2-22 所示。

阀在零位（$x_f=0$，$q_L=0$，$p_{c0}=\frac{1}{2}p_s$，$a=1$）时，

三个系数为

$$K_{q0} = \left.\frac{\partial q_L}{\partial x_f}\right|_{p_c=0} = C_{df}\pi D_N\sqrt{\frac{1}{\rho}p_s} \tag{2-136}$$

$$K_{p0} = \left.\frac{\partial p_c}{\partial x_f}\right|_{q_L=0} = \frac{p_s}{x_{f0}} \tag{2-137}$$

$$K_{c0} = \left.\frac{\partial q_L}{\partial p_c}\right|_{x_f=0} = \frac{2C_{df}\pi D_N x_{f0}}{\sqrt{\rho p_s}} \tag{2-138}$$

阀在零位时泄漏量为

$$q_c = C_{df}\pi D_N x_{f0}\sqrt{\frac{p_s}{\rho}} \tag{2-139}$$

这一流量决定了阀在零位时的功率损失。

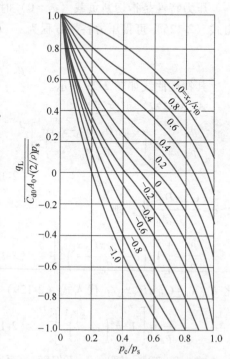

图 2-22　单喷嘴挡板阀的流量-压力曲线

2.9.2　双喷嘴挡板阀的静态特征

1. 流量-压力特性

双喷嘴挡板阀是由两个结构相同的单喷嘴挡板阀组合在一起按差动原理工作的，如图 2-23 所示。双喷嘴挡板阀是四通阀，因此可用来控制双作用液压缸。

根据流量连续性有

$$q_{L} = q_1 - q_2 = C_{d0}A_0\sqrt{\frac{2}{\rho}(p_s - p_1)} - C_{df}\pi D_N(x_{f0} - x_f)\sqrt{\frac{2}{\rho}p_1} \tag{2-140}$$

$$q_{L} = q_4 - q_3 = C_{df}\pi D_N(x_{f0} + x_f)\sqrt{\frac{2}{\rho}p_2} - C_{d0}A_0\sqrt{\frac{2}{\rho}(p_s - p_2)} \tag{2-141}$$

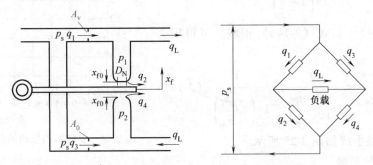

图 2-23　双喷嘴挡板阀原理图及等效桥路

利用式（2-133），则方程式（2-140）和式（2-141）可简化为

$$\frac{q_L}{C_{d0}A_0\sqrt{\frac{1}{\rho}p_s}} = \sqrt{2\left(1 - \frac{p_1}{p_s}\right)} - \left(1 - \frac{x_f}{x_{f0}}\right)\sqrt{\frac{2p_1}{p_s}} \tag{2-142}$$

$$\frac{q_L}{C_{d0}A_0\sqrt{\frac{1}{\rho}p_s}} = \left(1 + \frac{x_f}{x_{f0}}\right)\sqrt{\frac{2p_2}{p_s}} - \sqrt{2\left(1 - \frac{p_2}{p_s}\right)} \tag{2-143}$$

将式（2-142）和式（2-143）与关系式

$$p_L = p_1 - p_2 \tag{2-144}$$

结合起来就完全确定了双喷嘴挡板阀的流量-压力曲线，但是这些方程不能用简单的方法合成一个关系式。可用求值作点的方法作出流量-压力曲线，即选定一个 x_f，给出一系列 q_L 值，然后利用式（2-142）和式（2-143）分别求出对应的 p_1 和 p_2 值，再利用式（2-144）的关系，就可以画出流量-压力曲线，如图 2-24 所示。

与图 2-22 所示的单喷嘴挡板阀的流量-压力曲线相比，图 2-24 所示流量-压力曲线的线性度

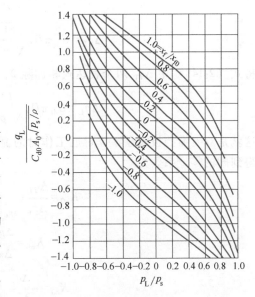

图 2-24　双喷嘴挡板阀的流量-压力曲线

好，线性范围较大，曲线对称性好。

2. 压力特性

双喷嘴挡板阀在挡板偏离零位时，一个喷嘴腔的压力升高，另一个喷嘴腔的压力降低。在切断负载（$q_L = 0$）时，喷嘴腔的控制压力 p_1 或 p_2 可由式（2-130）求得。当满足式（2-133）的设计准则时，可求得 p_1 和 p_2 分别为

$$\frac{p_1}{p_s} = \frac{1}{1+\left(1-\dfrac{x_f}{x_{f0}}\right)^2} \qquad (2\text{-}145)$$

$$\frac{p_2}{p_s} = \frac{1}{1+\left(1+\dfrac{x_f}{x_{f0}}\right)^2} \qquad (2\text{-}146)$$

将式（2-145）与式（2-146）相减，可得压力特性方程为

$$\frac{p_L}{p_s} = \frac{p_1-p_2}{p_s} = \frac{1}{1+\left(1-\dfrac{x_f}{x_{f0}}\right)^2} - \frac{1}{1+\left(1+\dfrac{x_f}{x_{f0}}\right)^2} \quad (2\text{-}147)$$

其压力特性曲线如图 2-25 所示。

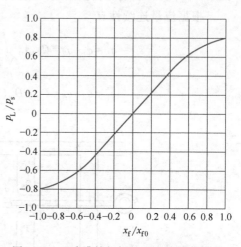

图 2-25　双喷嘴挡板阀的压力特性曲线

3. 阀的零位系数

为了求得阀的零位系数，可在满足式（2-133）

的设计准则时将式（2-140）和式（2-141）在零位$\left(x_f=0,\ q_L=0,\ p_L=0\ \text{且}\ p_1=p_2=\dfrac{1}{2}p_s\right)$附近线性化，即

$$\Delta q_L = C_{df}\pi D_N\sqrt{\frac{1}{\rho}p_s}\,\Delta x_f - \frac{2C_{df}\pi D_N x_{f0}}{\sqrt{\rho p_s}}\Delta p_1$$

$$\Delta q_L = C_{df}\pi D_N\sqrt{\frac{1}{\rho}p_s}\,\Delta x_f + \frac{2C_{df}\pi D_N x_{f0}}{\sqrt{\rho p_s}}\Delta p_2 \qquad (2\text{-}148)$$

将式（2-148）中 Δq_L 两个表达式相加除 2，并用 $\Delta p_L = \Delta p_1 - \Delta p_2$ 合并，可得

$$\Delta q_L = C_{df}\pi D_N\sqrt{\frac{1}{\rho}p_s}\,\Delta x_f - \frac{C_{df}\pi D_N x_{f0}}{\sqrt{\rho p_s}}\Delta p_L \qquad (2\text{-}149)$$

这就是双喷嘴挡板阀在零位附近工作时的流量-压力方程的线性化表达式，由该方程可直接得到阀的零位系数为

$$K_{q0} = \left.\frac{\Delta q_L}{\Delta x_f}\right|_{\Delta p_L=0} = C_{df}\pi D_N\sqrt{\frac{1}{\rho}p_s} \qquad (2\text{-}150)$$

$$K_{p0} = \left.\frac{\Delta p_L}{\Delta x_f}\right|_{\Delta q_L=0} = \frac{p_s}{x_{f0}} \qquad (2\text{-}151)$$

$$K_{c0} = -\left.\frac{\Delta q_L}{\Delta p_L}\right|_{\Delta x_f=0} = \frac{C_{df}\pi D_N x_{f0}}{\sqrt{\rho p_s}} \qquad (2\text{-}152)$$

零位泄漏量或中间位置流量为

$$q_{\mathrm{c}} = 2C_{\mathrm{df}}\pi D_{\mathrm{N}} x_{\mathrm{f0}}\sqrt{\frac{1}{\rho}p_{\mathrm{s}}} \tag{2-153}$$

将这些关系式与单喷嘴挡板阀的相应关系式相比较，可以看出，单喷嘴挡板阀与双喷嘴挡板阀的流量增益是一样的，而双喷嘴挡板阀压力灵敏度增加了一倍，但其零位泄漏量也增加了一倍。与单喷嘴挡板阀相比，双喷嘴挡板阀由于结构对称，故还具有以下优点：双喷嘴挡板阀因温度和供油压力变化而产生的零漂小，即零位工作点变动小；挡板在零位时所受的液压力和液动力是平衡的。

下面对作用在挡板上的力进行分析，参看图 2-26，首先研究单喷嘴挡板阀情况，作用在挡板上的液流力 F 为

$$F = p_{\mathrm{N}} A_{\mathrm{N}} + \rho q_{\mathrm{N}} v_{\mathrm{N}} \tag{2-154}$$

式中　p_{N}——喷嘴孔出口处的压力；

　　　A_{N}——喷嘴孔的面积，$A_{\mathrm{N}} = \dfrac{\pi D_{\mathrm{N}}^2}{4}$；

　　　q_{N}——通过喷嘴孔的流量，$q_{\mathrm{N}} = v_{\mathrm{N}} A_{\mathrm{N}}$；

　　　v_{N}——喷嘴孔出口断面上的流速。

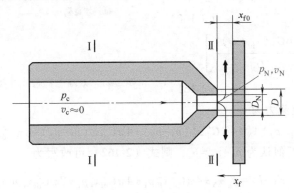

图 2-26　单喷嘴挡板阀作用在挡板上的液流力

如图 2-26 所示，压力 p_{N} 可由断面 I 和断面 II 的伯努利方程求出，即

$$p_{\mathrm{N}} = p_{\mathrm{c}} - \frac{1}{2}\rho v_{\mathrm{N}}^2 \tag{2-155}$$

将式（2-155）代入式（2-154）可得

$$F = \left(p_{\mathrm{c}} + \frac{1}{2}\rho v_{\mathrm{N}}^2\right) A_{\mathrm{N}} \tag{2-156}$$

喷嘴孔出口断面上的流速为

$$v_{\mathrm{N}} = \frac{q_{\mathrm{N}}}{A_{\mathrm{N}}} = \frac{C_{\mathrm{df}}\pi D_{\mathrm{N}}(x_{\mathrm{f0}} - x_{\mathrm{f}})\sqrt{\dfrac{2}{\rho}p_{\mathrm{c}}}}{\pi D_{\mathrm{N}}^2/4} = \frac{4C_{\mathrm{df}}(x_{\mathrm{f0}} - x_{\mathrm{f}})\sqrt{\dfrac{2}{\rho}p_{\mathrm{c}}}}{D_{\mathrm{N}}} \tag{2-157}$$

将式（2-157）代入式（2-156），可得挡板所受的液流力为

$$F = p_c A_N \left[1 + \frac{16 C_{df}^2 (x_{f0} - x_f)^2}{D_N^2} \right] \qquad (2\text{-}158)$$

在喷嘴与挡板之间的间隙 $x_{f0} - x_f$ 很小时，式（2-158）中括号内的第二项就可以忽略，作用在挡板上的液流力就近似地等于液压力 $p_c A_N$。

将式（2-158）对 x_f 求导，并在零位 $\left(x_f = 0, \ p_c = \frac{1}{2} p_s \right)$ 求值，可得单喷嘴挡板阀的零位液动力刚度为

$$\left. \frac{dF}{dx_f} \right|_0 = -4\pi C_{df}^2 p_s x_{f0} \qquad (2\text{-}159)$$

这是个负弹簧刚度，对挡板运动的稳定性不利。

下面研究双喷嘴挡板阀挡板所受的液流力，如图 2-27 所示。利用式（2-158）可求得每个喷嘴作用于挡板上的液流力分别为

$$F_1 = p_1 A_N \left[1 + \frac{16 C_{df}^2 (x_{f0} - x_f)^2}{D_N^2} \right]$$
$$(2\text{-}160)$$

$$F_2 = p_2 A_N \left[1 + \frac{16 C_{df}^2 (x_{f0} + x_f)^2}{D_N^2} \right]$$
$$(2\text{-}161)$$

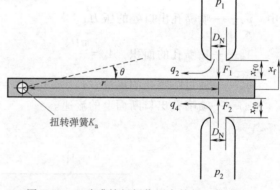

图 2-27　双喷嘴挡板阀作用在挡板上的液流力

作用在挡板上的净液流力为

$$F_1 - F_2 = (p_1 - p_2) A_N + 4\pi C_{df}^2 x_{f0}^2 (p_1 - p_2) + 4\pi C_{df}^2 x_f^2 (p_1 - p_2) - 8\pi C_{df}^2 x_{f0} (p_1 + p_2) x_f \qquad (2\text{-}162)$$

由于 $p_1 - p_2 = p_L$，并近似认为 $p_1 + p_2 = p_s$，则式（2-162）可改写为

$$F_1 - F_2 = p_L A_N + 4\pi C_{df}^2 x_{f0}^2 p_L + 4\pi C_{df}^2 x_f^2 p_L - 8\pi C_{df}^2 x_{f0} p_s x_f \qquad (2\text{-}163)$$

在喷嘴挡板阀的设计中，通常使 $\dfrac{x_{f0}}{D_N} < \dfrac{1}{16}$，故式（2-163）中第二项与第一项相比可以忽略。由于 $x_f < x_{f0}$，因此式（2-163）中第三项也可以忽略。这样式（2-163）可简化为

$$F_1 - F_2 = p_L A_N - 8\pi C_{df}^2 x_{f0} p_s x_f \qquad (2\text{-}164)$$

式（2-164）中，等号右边第一项是喷嘴孔处的静压力对挡板产生的液压力，第二项近似为射流动量变化对挡板产生的液动力，液动力刚度为 $8\pi C_{df}^2 x_{f0} p_s$，是单喷嘴挡板阀的两倍。

2.9.3　喷嘴挡板阀的设计

喷嘴挡板阀的主要结构参数是喷嘴孔直径 D_N、零位间隙 x_{f0}、固定节流孔直径 D_0，其次是喷嘴孔的长度 l_N、固定节流孔长度 l_0、喷嘴孔端面壁厚 l（或外圆直径 D）及喷嘴前端的锥角 α 等。

（1）喷嘴孔直径 D_N

喷嘴孔直径 D_N 可根据系统要求的零位流量增益确定，由式（2-150）可得

$$D_N = \frac{K_{q0}}{C_{df}\pi\sqrt{p_s/\rho}} \tag{2-165}$$

（2）零位间隙 x_{f0}

零位间隙 x_{f0} 可以这样确定：使喷嘴孔面积相比喷嘴与挡板间的环形节流面积充分大，以保证环形节流面积是可控的节流孔，避免产生流量饱和现象。通常取

$$\pi D_N x_{f0} \leqslant \frac{1}{4}\,\frac{\pi D_N^2}{4} \tag{2-166}$$

简化后得

$$x_{f0} \leqslant \frac{D_N}{16} \tag{2-167}$$

为了提高压力灵敏度和减小零位泄漏流量，x_{f0} 应取得小些。但 x_{f0} 过小，对油液污染物敏感，容易堵塞。一般可在 $0.025\sim0.125$ mm 之间选取。

（3）固定节流孔直径 D_0

当 D_0 和 x_{f0} 确定后，且流量系数 C_{f0}、C_f 已知时，可由式（2-127）求得固定节流孔直径 D_0，即

$$D_0 = 2\left(\frac{C_{df}}{C_{d0}}D_N x_{f0}\right)^{\frac{1}{2}}\left[\left(\frac{p_{c0}}{p_s}\right)^{-1}-1\right]^{-\frac{1}{4}} \tag{2-168}$$

当取 $\dfrac{p_{c0}}{p_s}=\dfrac{1}{2}$ 时，则得

$$D_0 = 2\left(\frac{C_{df}}{C_{d0}}D_N x_{f0}\right)^{\frac{1}{2}} \tag{2-169}$$

若取 $\dfrac{C_{df}}{C_{d0}}=0.8$，$\dfrac{x_{f0}}{D_N}=\dfrac{1}{16}$，可得

$$D_0 = 0.44D_N \tag{2-170}$$

（4）其他参数

工程上都采用锐边喷嘴挡板阀，这样可以减小油温变化对流量系数的影响，也可以减小作用在挡板上的液压力，且容易计算。试验证明，当喷嘴孔端面壁厚与零位间隙之比 $l/x_{f0}<2$ 时，可变节流口可以认为是锐边的。此时节流口出流情况比较稳定，流量系数 C_{df} 为 0.6 左右。喷嘴前端的斜角 α 应大于 30°，此时它对流量系数无显著影响。喷嘴孔长度 l_N、一般等于其直径 D_N。

固定节流口的长度与其直径之比 $l_0/D_0\leqslant3$，属于短孔而具有少量长孔成分，其流量系数 C_{d0} 一般为 $0.8\sim0.9$。在初步设计时，可取 $C_{df}/C_{d0}=0.8$。

2.10　射流管阀

2.10.1　射流管阀的工作原理

图 2-28 所示是射流管阀的工作原理，它主要由射流管 1 和接收器 2 组成。射流管可以

绕支承中心 3 转动。接收器上有两个圆形的接收孔，两个接收孔分别与液压缸的两腔相连。来自液压源的恒压力、恒流量的液流通过支承中心引入射流管，经射流管喷嘴向接收器喷射。液压油的液压能通过射流管的喷嘴转换为液流的动能（速度能），液流被接收孔接收后，又将动能转换为压力能。

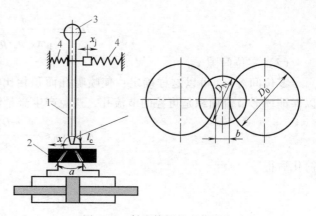

图 2-28　射流管阀的工作原理
1—射流管　2—接收器　3—支承中心　4—对中弹簧

无信号输入时，射流管由对中弹簧保持在两个接收孔的中间位置，两个接收孔所接收的射流动能相同，因此两个接收孔的恢复压力也相等，液压缸活塞不动。当有输入信号时，射流管偏离中间位置，两个接收孔所接收的射流动能不再相等，其中一个增加而另一个减小，因此两个接收孔的恢复压力不等，其压差使液压缸活塞运动。

从射流管喷出射流有淹没射流和非淹没射流两种情况。非淹没射流是射流经空气到达接收器表面，射流在穿过空气时冲击气体并分裂成含气的雾状射流。淹没射流是射流经同密度的液体到达接收器表面，不会出现雾状分裂现象，也不会有空气进入运动的液体中，所以淹没射流具有最佳的流动条件，因此，在射流管阀中一般都采用淹没射流。

无论是淹没射流还是非淹没射流，一般都是湍流。射流质点除有轴向运动外还有横向流动。射流与其周围介质的接触表面有能量交换，有些介质分子会被吸附进射流并随射流一起运动，这样，射流质量增加而速度下降。介质分子掺杂进射流的现象是从射流表面开始逐渐向中心渗透的，所以，如图 2-29 所示，射流刚离开喷口时，射流中有一个速度等于喷口速度的等速核心，等速核心区随喷射距离的增加而减小。根据圆形喷嘴湍流淹没射流理论可以计算出，当射流距离 $l_0 \geq 4.19 D_N$ 时，等速核心区消失。为了充分利用射流的动能，一般使喷嘴端面与接收器之间的距离 $l_c \leq l_0$。

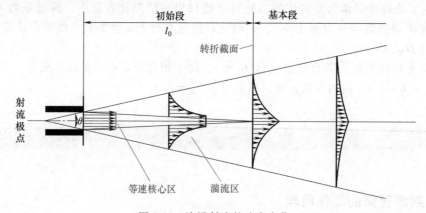

图 2-29　淹没射流的速度变化

2.10.2　射流管阀的静态特性

射流管阀的流动情况比较复杂，目前还难以准确地进行理论分析和计算，性能也难以预测，其静态特性主要靠试验得到。

（1）压力特性

切断负载，即 $q_L = 0$ 时，两个接收孔的恢复压力之差（负载压力）与射流管端面位移之间的关系称为压力特性。试验曲线如图 2-30 所示。压力特性曲线在原点的斜率即为零位压力增益 K_{p0}。

（2）流量特性

在负载压力 $p_L = 0$ 时，接收孔的恢复流量（负载流量）与射流管端面位移的关系称为流量特性。试验曲线如图 2-31 所示。流量特性曲线在原点的斜率即为零位流量增益 K_{q0}。

$$p_s = 6 \times 10^5 \, \text{Pa}, \quad D_N = 1.2 \, \text{mm}$$

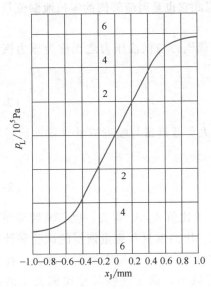

图 2-30　射流管阀的压力特性

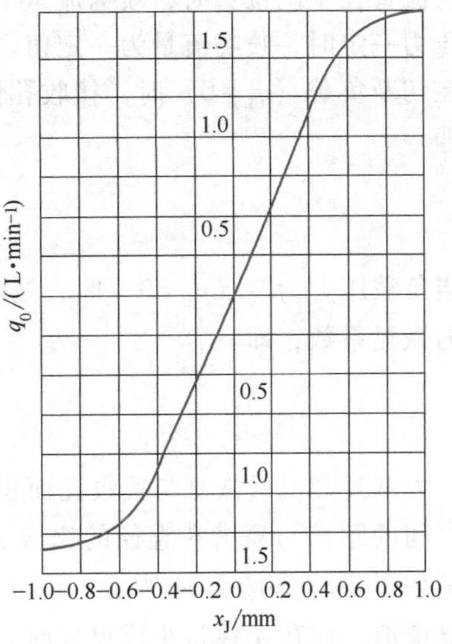

图 2-31　射流管阀的流量特性

（3）流量-压力特性

流量-压力特性是指在不同的射流管端面位移的情况下，负载流量与负载压力在稳态下的关系。试验的流量-压力曲线如图 2-32 所示。流量-压力曲线在原点的负斜率即为零位流量-压力系数 K_{c0}，$K_{c0} = K_{q0}/K_{p0}$。

$$p_s = 5.8 \times 10^5 \, \text{Pa}, \quad D_N = 1.2 \, \text{mm}, \quad D_0 = 1.5 \, \text{mm}$$

2.10.3　射流管阀的几何参数

射流管阀的主要几何参数有喷嘴的锥角、喷嘴孔直径、喷嘴端面至接收孔的距离、接收孔直径以及孔间距等。目前还不能进行精确的

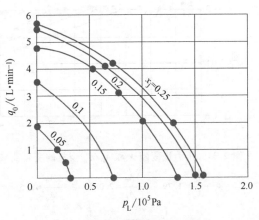

图 2-32　射流管阀的流量-压力特性

理论分析和计算，主要靠经验和试验来设计。下面介绍一种试验研究的结果。

通过射流管喷嘴的流量可表示为

$$q_n = C_d A_n \sqrt{\frac{2}{\rho}(p_s - p_1 - p_0)} \tag{2-171}$$

式中 p_s——供油压力；

p_1——管内压降；

p_0——喷嘴外介质的压力；

A_n——喷嘴孔面积，$A_n = \pi D_N^2 / 4$，D_N 为喷嘴孔直径；

C_d——喷嘴流量系数。

试验得出，当喷嘴锥角 $\theta = 0°$ 时，$C_d = 0.68 \sim 0.70$；当 $\theta = 6°18'$ 时，$C_d = 0.86 \sim 0.90$；当 $\theta = 13°24'$ 时，$C_d = 0.89 \sim 0.91$。因此相较于其他角度，$\theta = 13°24'$ 更好。在小功率伺服系统中，喷嘴直径一般为 $D_N = 1 \sim 2.5\text{mm}$，作为伺服阀的前置级时，$D_N$ 一般为零点几毫米。

射流管在中间位置时，喷嘴流量全部损失掉，因此它也是射流管阀的零位泄漏流量。当供油压力一定时，喷嘴流量为一定值。

在切断负载（$q_L = 0$）时，接收孔恢复的最大负载压力与供油压力之比称为压力恢复系数，即

$$\eta_p = \frac{p_{Lm}}{p_s} \tag{2-172}$$

当负载压力为零（$p_L = 0$）时，接收孔恢复的最大负载流量与喷嘴流量（供油流量）之比称为恢复系数，即

$$\eta_q = \frac{q_{0m}}{q_n} \tag{2-173}$$

压力恢复和流量恢复与接收孔面积和喷嘴孔面积的比值 A_0/A_n 有关，也与喷嘴端面和接收孔之间的距离与喷嘴孔直径的比值 $\lambda = l_c/D_N$ 有关。压力恢复和流量恢复的试验和计算结果分别如图 2-33 和图 2-34 所示。可以看出，增大比值 A_0/A_n，将使恢复压力降低，而使恢复流量增加。而在 λ 值过小或过大时，恢复流量都将减小。确定这些尺寸比例关系的准则

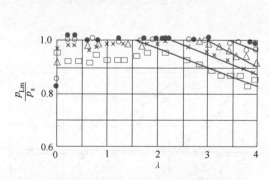

图 2-33 压力恢复随 λ 和 A_0/A_n 恢复的变化曲线

$\bullet — \dfrac{A_0}{A_n} = 1.79$ $\circ — \dfrac{A_0}{A_n} = 2.088$ $\triangle — \dfrac{A_0}{A_n} = 2.5$

$\times — \dfrac{A_0}{A_n} = 3.025$ $\square — \dfrac{A_0}{A_n} = 3.67$

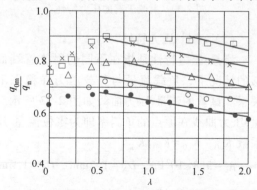

图 2-34 流量恢复随 λ 和 A_0/A_n 恢复的变化曲线

$\bullet — \dfrac{A_0}{A_n} = 1.79$ $\circ — \dfrac{A_0}{A_n} = 2.088$ $\triangle — \dfrac{A_0}{A_n} = 2.5$

$\times — \dfrac{A_0}{A_n} = 3.025$ $\square — \dfrac{A_0}{A_n} = 3.67$

是使最大恢复压力与最大恢复流量的乘积最大，以保证喷嘴传递到接收孔的能量最大。根据这一原则，通常取 $A_0/A_n = 2 \sim 3$，$\lambda = l_c/D_N = 1.5 \sim 3$。$\lambda$ 值取得过大将使压力恢复系数和流量恢复系数降低，但 λ 值取得过小又使射流管喷嘴受到接收孔返回液流的冲击作用，引起射流管的振动。

2.10.4　射流管阀的特点

射流管阀具有优点如下。

1）抗污染能力强，对油液清洁度要求不高，从而提高了工作的可靠性和使用寿命。

2）压力恢复系数和流量恢复系数高，一般均在 70% 以上，有时可达 90% 以上。由于效率高，既可作为前置放大元件，也可作为小功率伺服系统的功率放大元件。

由于射流管阀具有以上优点，特别是第一个优点，目前普遍受到人们的重视。射流管阀具有如下缺点。

1）特性不易预测，主要靠试验确定。射流管受射流力的作用，容易产生振动。

2）与喷嘴挡板阀的挡板相比，射流管的惯量较大，因此其动态响应特性不如喷嘴挡板阀。

3）零位泄漏流量大。

4）油液黏度变化对特性影响较大，低温特性较差。

本章小结

本章主要介绍了液压控制阀的结构及分类，分析了零遮盖、负遮盖和正遮盖滑阀的一般流量方程和特性参数，通过对本章的学习应对滑阀的工作原理有基本的了解。然后分析了滑阀的受力、输出功率和效率，介绍了滑阀设计的基本原则以及喷嘴挡板阀和射流管阀的结构和基本特性内容。

习题

2-1　为什么把液压控制阀称为液压控制元件？

2-2　理想滑阀与实际滑阀有何区别？

2-3　什么叫阀的工作点？零位工作点的条件是什么？

2-4　在计算系统稳定性、响应特性和稳态误差时，应如何选定阀的系数？为什么？

2-5　零遮盖阀与负遮盖阀、三通阀与四通阀的三个系数各有什么异同？为什么？

2-6　径向间隙对零遮盖滑阀的静态特性有什么影响？为什么要研究实际零遮盖滑阀的泄漏特性？

2-7　为什么说零遮盖四边滑阀的性能最好，但最难加工？

2-8　什么是稳态液动力？什么是瞬态液动力？

2-9　滑阀流量饱和的含义是什么？它对阀的特性有什么影响？在设计时如何避免？

2-10　求出零遮盖双边滑阀的最大功率点和最大功率。

2-11　如何表示阀的规格？零遮盖四边滑阀的负载压降为什么要限制到 $\dfrac{2}{3}p_s$？

2-12　有一零遮盖四边滑阀，其直径 $d = 8 \times 10^{-3}$ m，径向间隙 $r_c = 5 \times 10^{-6}$ m，供油压力 $p_s = 70 \times 10^5$ Pa，采用 10 号航空液压油在 40℃工作，流量系数 $C_d = 0.62$，求阀的零位系数。

2-13　已知一零位节流口开度 $z = 0.05 \times 10^{-3}$ m 的负遮盖四边滑阀，在供油压力 $p_s = 70 \times 10^5$ Pa 下测得零位泄漏流量 $q_c = 5$ L/min，求阀的三个零位系数。

2-14　一零遮盖全周通油的四边滑阀，其直径 $d = 8 \times 10^{-3}$ m，供油压力 $p_s = 210 \times 10^5$ Pa，最大开口量 $x_{0m} = 0.5 \times 10^{-3}$ m，求最大空载稳态液动力。

2-15　有一阀控系统，阀为零遮盖四边滑阀，供油压力 $p_s = 210 \times 10^5$ Pa，系统稳定性要求阀的零流量增益系数 $K_{q0} = 2.072$ m²/s。试设计计算滑阀的直径 d 和最大开口量 x_{0max}，计算时取流量系数 $C_d = 0.62$，油液密度 $\rho = 870$ kg/m³。

2-16　已知一双喷嘴挡板阀，供油压力 $p_s = 210 \times 10^5$ Pa，零位泄漏流量 $q_0 = 7.5 \times 10^{-6}$ m³/s，设计计算 D_N、x_{f0}、D_0，并求出零位系数。计算时取 $C_{d0} = 0.8$，$C_{df} = 0.64$，$\rho = 870$ kg/m³。

拓展阅读

[1]　邹小舟，葛声宏，付己峰，等. 非全周开口滑阀液动力分析及补偿 [J]. 液压与气动，2023，47（8）：17-25.

[2]　张国强，杨耀东. 基于 AMESim 的典型滑阀阀口快速建模方法 [J]. 机床与液压，2018，46（23）：134-138.

[3]　杨庆俊，贾新颖，吕庆军，等. 基于 CFD 的入口节流型滑阀稳态液动力研究 [J]. 机床与液压，2017，45（13）：125-130.

[4]　曹飞梅，姚平喜. 不同结构阀芯的滑阀流场 CFD 分析 [J]. 液压与气动，2017（8）：40-43.

[5]　王建森，刘耀林，冀宏，等. 非全周开口滑阀运动过程液动力数值计算 [J]. 浙江大学学报（工学版），2016，50（10）：1922-1926，1972.

[6]　AN W, REN L, BAI Y, et al. Numerical simulation of the temperature rise and cavitation flow in a hydraulic slide valve [J]. Flow Measurement and Instrumentation, 2024, 96: 102553.

[7]　LI R, WANG Z, XU J, et al. Design and optimization of hydraulic slide valve spool structure based on steady state flow force [J]. Flow Measurement and Instrumentation, 2024, 96: 1-10.

[8]　YANG H, XU Y, CHEN Z, et al. Cavitation suppression in the nozzle-flapper valves of the aircraft hydraulic system using triangular nozzle exits [J]. Aerospace Science and Technology, 2021, 112: 550-566.

[9]　LI L, YAN H, ZHANG H, et al. Numerical simulation and experimental research of the flow force and forced vibration in the nozzle-flapper valve [J]. Mechanical Systems and Signal Processing, 2018, 99: 550-566.

［10］　闫耀保，付嘉华，金瑶兰. 射流管伺服阀前置级冲蚀磨损数值模拟［J］. 浙江大学学报（工学版），2015，49（12）：2252-2260.

［11］　孟令康，朱玉川，王玉文，等. 射流管电液伺服阀滑阀冲蚀磨损特性分析［J］. 液压与气动，2022，46（2）：124-130.

［12］　KANG J, YUAN Z, TARIQ S M. Numerical simulation and experimental research on flow force and pressure stability in a nozzle-flapper servo valve［J］. Processes, 2020, 8 (11)：1-19.

思政拓展：一重前身——富拉尔基重型机器厂生产的 12500 吨水压机是新中国最早的万吨水压机，水压机就像一个巨大的揉面机，数百吨的不同材质的钢锭到它手，就像小面团一样被揉成需要的形状。没有它，飞机、轮船、核电站等需要的"大"和"特"部件都生产不出来，可以不夸张地说，水压机就是现代工业制造的"母机"，扫描右侧二维码观看相关视频，并查阅资料了解水压机的基本结构和工作原理。

信物百年
新中国最早的
万吨水压机

第3章 液压动力组件建模与分析

知识导图

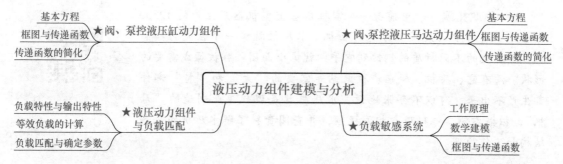

液压动力组件是由液压放大元件和液压执行元件组成的。液压放大元件为液压控制阀或伺服变量泵。液压执行元件是液压缸或液压马达。由它们可以组成四种基本型式的液压动力组件：阀控液压缸动力组件、阀控液压马达动力组件、泵控液压缸动力组件和泵控液压马达动力组件。前两种动力组件可构成阀控（节流控制）系统，后两种动力组件可构成泵控（容积控制）系统。此外，本章还将介绍阀控负载敏感系统和泵控负载敏感系统的概念，即系统可以感知本系统的压力流量需求，并且仅为本系统提供所需的流量和压力。

在大多数液压伺服系统中，液压动力组件是一个十分关键的部分，其动态特性的好坏决定着整个系统性能的优劣。本章将建立几个基本液压动力组件的传递函数，分析它们的动态性能和主要参数，所讨论的内容是分析和设计整个液压伺服系统的基础。

3.1 阀控液压缸动力组件

阀控液压缸即利用液压滑阀控制的液压缸，是一种常用的液压动力组件。阀控非对称液压缸具有工作空间小、结构简单、成本低和承载能力大等优点。如图 3-1 所示，对称液压缸

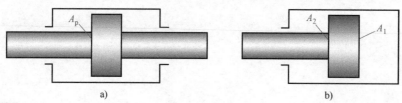

图 3-1 液压缸简图

a）对称液压缸 b）非对称液压缸

两腔面积相同，非对称液压缸两腔面积不同，图 3-1a 所示对称液压缸的伸出速度等于缩回速度，而图 3-1b 所示非对称液压缸的向左伸出速度小于向右缩回速度。二者在阀控系统和泵控系统中的函数推导也不同。

图 3-1 中，A_p 代表对称液压缸活塞有效面积，A_2 代表非对称液压缸有杆腔有效面积，A_1 代表非对称液压缸无杆腔有效面积。

下面以四边阀控对称液压缸动力组件为例进行建模和分析的介绍。如图 3-2 所示，四边阀控对称液压缸动力组件由零遮盖四边滑阀和对称液压缸组成，是最常用的一种液压动力组件。

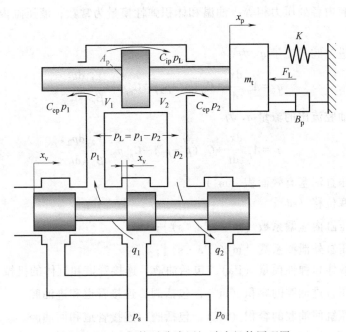

图 3-2　四边阀控对称液压缸动力组件原理图

3.1.1　基本方程

为了推导阀控对称液压缸动力组件的传递函数，首先要列写基本方程，即液压控制阀的流量方程、液压缸流量连续性方程和液压缸与负载的力平衡方程。

1. 滑阀的流量方程

假定：阀是零遮盖四边滑阀，四个节流口是匹配且对称的，供油压力 p_s 恒定，回油压力 p_0 为零。

忽略阀芯和与阀芯一起运动的油液的质量，忽略稳态液动力以及阀芯与阀套之间的摩擦力，可用滑阀的静态特性方程，代替动态特性方程。根据式（2-31），阀的流量-压力曲线的线性化流量方程为

$$\Delta q_L = K_q \Delta x_v - K_c \Delta p_L$$

为简单起见，仍用变量本身表示它们的变化量，则可得

$$q_L = K_q x_v - K_c p_L \tag{3-1}$$

位置伺服系统动态分析经常是在零位工作条件下进行的，此时增量和变量相等。

在第 2 章分析阀的静态特性时，没有考虑泄漏和油液压缩性的影响。因此，对匹配且对称的零遮盖四边滑阀来说，两个控制通道的流量 q_1、q_2 均等于负载流量 q_L。而在进行动态分析时，需要考虑泄漏和油液压缩性的影响。受液压缸外泄漏和压缩性的影响，流入液压缸的流量 q_1 和流出液压缸的流量 q_2 不相等，即 $q_1 \neq q_2$。为了简化分析，定义负载流量为

$$q_L = \frac{q_1 + q_2}{2} \tag{3-2}$$

2. 液压缸流量连续性方程

假定：阀与液压缸的连接管道对称且短而粗，管道中的压力损失和管道动态可以忽略；液压缸每个工作腔内各处压力相等，油温和体积弹性模量为常数；液压缸内、外泄漏均为层流流动。

流入液压缸进油腔的流量 q_1 为

$$q_1 = A_p \frac{\mathrm{d}x_p}{\mathrm{d}t} + C_{ip}(p_1 - p_2) + C_{ep}p_1 + \frac{V_1}{\beta_e} \frac{\mathrm{d}p_1}{\mathrm{d}t} \tag{3-3}$$

从液压缸回油腔流出的流量 q_2 为

$$q_2 = A_p \frac{\mathrm{d}x_p}{\mathrm{d}t} + C_{ip}(p_1 - p_2) - C_{ep}p_2 - \frac{V_2}{\beta_e} \frac{\mathrm{d}p_2}{\mathrm{d}t} \tag{3-4}$$

式中　A_p——液压缸活塞有效面积（m^2）；

x_p——活塞位移（m）；

C_{ip}——液压缸内泄漏系数 $[m^3/(Pa \cdot s)]$；

C_{ep}——液压缸外泄漏系数 $[m^3/(Pa \cdot s)]$；

β_e——有效体积弹性模量（Pa），包括油液、连接管道和缸体的机械柔度；

V_1——液压缸进油腔的容积（m^3），包括阀、连接管道和进油腔；

V_2——液压缸回油腔的容积（m^3），包括阀、连接管道和回油腔。

在式（3-3）和式（3-4）中，等号右边第 1 项是推动活塞运动所需的流量，第 2 项是经过活塞密封的内泄漏流量，第 3 项是经过活塞杆密封处的外泄漏流量，第 4 项是油液压缩和腔体变形所需的流量。

对称液压缸工作腔的容积可写为

$$V_1 = V_{01} + A_p x_p \tag{3-5}$$
$$V_2 = V_{02} - A_p x_p \tag{3-6}$$

式中　V_{01}——进油腔的初始容积（m^3）；

V_{02}——回油腔的初始容积（m^3）。

由式（3-2）~式（3-6）可得流量连续性方程为

$$q_L = \frac{q_1 + q_2}{2} = A_p \frac{\mathrm{d}x_p}{\mathrm{d}t} + C_{ip}(p_1 - p_2) + \frac{1}{2}C_{ep}(p_1 - p_2) +$$
$$\frac{1}{2\beta_e}\left(V_{01}\frac{\mathrm{d}p_1}{\mathrm{d}t} - V_{02}\frac{\mathrm{d}p_2}{\mathrm{d}t}\right) + \frac{A_p x_p}{2\beta_e}\left(\frac{\mathrm{d}p_1}{\mathrm{d}t} + \frac{\mathrm{d}p_2}{\mathrm{d}t}\right) \tag{3-7}$$

如果压缩流量 $\dfrac{V_1}{\beta_e}\dfrac{\mathrm{d}p_1}{\mathrm{d}t}$ 和 $-\dfrac{V_2}{\beta_e}\dfrac{\mathrm{d}p_2}{\mathrm{d}t}$ 相等，则 $q_1 = q_2$。因为阀是匹配且对称的，所以通过滑阀

节流口 1、2 的流量也相等（通过对角线桥臂的流量相等）。这样，在动态时 $p_s = p_1 + p_2$ 仍近似适用。由于 $p_L = p_1 - p_2$，所以 $p_1 = \dfrac{p_s + p_L}{2}$，$p_2 = \dfrac{p_s - p_L}{2}$，从而有

$$\frac{\mathrm{d}p_1}{\mathrm{d}t} = \frac{1}{2}\frac{\mathrm{d}p_L}{\mathrm{d}t} = -\frac{\mathrm{d}p_2}{\mathrm{d}t}$$

要使压缩流量相等，就应使液压缸两腔的初始容积 V_{01} 和 V_{02} 相等，即

$$V_{01} = V_{02} = V_0 = \frac{V_t}{2}$$

式中　V_0——活塞在中间位置时每一个工作腔的容积；

　　　　V_t——总压缩容积。

活塞在中间位置时，液体压缩性影响最大，动力组件固有频率最低，阻尼比最小，因此系统稳定性最差。所以在分析时，应取活塞的中间位置作为初始位置。

由于 $A_p x_p << V_0$，$\dfrac{\mathrm{d}p_1}{\mathrm{d}t} + \dfrac{\mathrm{d}p_2}{\mathrm{d}t} \approx 0$，则式（3-7）可简化为

$$q_L = A_p \frac{\mathrm{d}x_p}{\mathrm{d}t} + C_{tp} p_L + \frac{V_t}{4\beta_e}\frac{\mathrm{d}p_L}{\mathrm{d}t} \tag{3-8}$$

式中　C_{tp}——液压缸总泄漏系数 $[\mathrm{m}^3/(\mathrm{Pa} \cdot \mathrm{s})]$，$C_{tp} = C_{ip} + \dfrac{C_{ep}}{2}$。

式（3-8）是液压动力组件流量连续性方程的常用形式。式（3-8）等号右边第 1 项是推动液压缸活塞运动所需的流量，第 2 项是总泄漏流量，第 3 项是总压缩流量。

3. 液压缸和负载的力平衡方程

液压阀控液压缸动力组件的动态特性受负载的影响，作用在液压缸上的负载力一般包括惯性力、黏性阻尼力、弹性力和任意外负载力。

液压缸的输出力与负载力的平衡方程为

$$A_p p_L = m_t \frac{\mathrm{d}^2 x_p}{\mathrm{d}t^2} + B_p \frac{\mathrm{d}x_p}{\mathrm{d}t} + K x_p + F_L \tag{3-9}$$

式中　m_t——活塞负载折算到活塞上的总质量（kg）；

　　　　B_p——活塞及负载的黏性阻尼系数（N·s/m）；

　　　　K——负载弹簧刚度（N/m）；

　　　　F_L——作用在活塞上的任意外负载力（N）。

此外，还存在库仑摩擦力等非线性负载力，但采用线性化的方法分析系统的动态特性时，必须将这些非线性负载力忽略。

3.1.2　框图与传递函数

式（3-1）、式（3-8）和式（3-9）是阀控对称液压缸的三个基本方程，它们完全描述了阀控液压缸的动态特性，对应的拉普拉斯变换式分别为

$$Q_L = K_q X_v - K_c P_L \tag{3-10}$$

$$Q_L = A_p s X_p + C_{tp} P_L + \frac{V_t}{4\beta_e} s P_L \tag{3-11}$$

$$A_p P_L = m_t s^2 X_p + B_p s X_p + K X_p + F_L \tag{3-12}$$

由这三个基本方程可以画出阀控液压缸的两个等效框图，如图 3-3 所示。其中，图 3-3a 是由负载流量获得液压缸活塞位移的框图，图 3-3b 是由负载压力获得液压缸活塞位移的框图。在图 3-3a 中，由式（3-10）、式（3-11）和式（3-12）分别得到三个比较点。在图 3-3b 中，可将式（3-10）和式（3-11）合并得到比较点 1，由式（3-12）得比较点 2。

图 3-3 所示框图可用于仿真计算。根据工程经验可知，从负载流量获得的框图（图 3-3a）适用于负载惯量较小、动态过程较快的场合。而从负载压力获得的框图（图 3-3b）特别适用于负载惯量和泄漏系数都较大，而动态过程比较缓慢的场合。

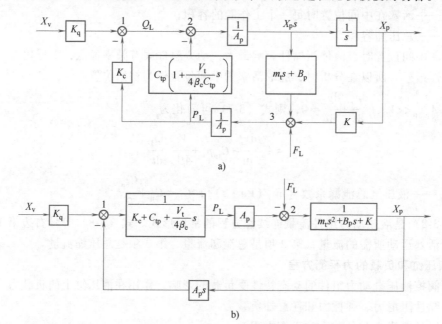

图 3-3　阀控液压缸框图

a) 由负载流量获得液压缸活塞位移的框图　b) 由负载压力获得液压缸活塞位移的框图

由式（3-10）~式（3-12）消去中间变量 Q_L 和 P_L，或者通过框图变换，都可以求得阀芯输入位移 X_v 和外负载力 F_L 同时作用时液压缸活塞的总输出位移为

$$X_p = \cfrac{\cfrac{K_q}{A_p} X_v - \cfrac{K_{ce}}{A_p^2}\left(1 + \cfrac{V_t}{4\beta_e K_{ce}}s\right) F_L}{\cfrac{V_t m_t}{4\beta_e A_p^2}s^3 + \left(\cfrac{K_{ce} m_t}{A_p^2} + \cfrac{V_t B_p}{4\beta_e A_p^2}\right)s^2 + \left(1 + \cfrac{K_{ce} B_p}{A_p^2} + \cfrac{V_t K}{4\beta_e A_p^2}\right)s + \cfrac{K K_{ce}}{A_p^2}} \tag{3-13}$$

式中　K_{ce}——总流量-压力系数［$\mathrm{m^3/(Pa \cdot s)}$］，$K_{ce} = K_c + C_{tp}$。

式（3-13）中的阀芯位移 X_v 是指令信号，外负载力 F_L 是干扰信号。式（3-13）中，分子的第 1 项是液压缸活塞的空载速度，第 2 项是外负载力作用引起的速度降低。将分母特征多项式与等号左边的 X_p 相乘后，其第 1 项 $\dfrac{V_t m_t}{4\beta_e A_p^2}s^3 X_p$ 是惯性力变化引起的压缩流量所产生的活塞速度；第 2 项 $\dfrac{C_{ce} m_t}{A_p^2}s^2 X_p$ 是惯性力引起的泄漏流量所产生的活塞速度；第 3 项 $\dfrac{V_t B_p}{4\beta_e A_p^2}s^2 X_p$

是黏性力变化引起的压缩流量所产生的活塞速度；第 4 项 sX_p 是活塞运动速度；第 5 项 $\dfrac{K_{ce}B_p}{A_p^2}sX_p$ 是黏性力引起的泄漏流量所产生的活塞速度；第 6 项 $\dfrac{V_tK}{4\beta_eA_p^2}sX_p$ 是弹性力变化引起的压缩流量所产生的活塞速度；第 7 项 $\dfrac{KK_{ce}}{A_p^2}X_p$ 是弹性力引起的泄漏流量所产生的活塞速度。了解特征方程各项所代表的物理意义，对以后简化传递函数是有益的。

由式（3-13）可以求出液压缸活塞位移对阀芯位移的传递函数 $\dfrac{X_p}{X_v}$ 及对外负载力的传递函数 $\dfrac{X_p}{F_L}$。

3.1.3 传递函数的简化

动态方程式（3-13）是通用形式，考虑了惯性负载、黏性摩擦负载、弹性负载，以及油液的压缩性和液压缸泄漏等影响因素。而实际系统的负载往往比较简单，且在具体情况下有些影响因素可以忽略，此时传递函数就可以大为简化。从式（3-13）可以看出，活塞位移对指令输入 X_v 的传递函数 $\dfrac{X_p}{X_v}$ 和活塞位移对干扰输入 F_L 的传递函数 $\dfrac{X_p}{F_L}$ 的特征方程是相同的，都是一个三阶方程。传递函数的简化实际上就是特征方程的简化。为了便于进行后续分析，简化过程都是希望将特征方程进行因式分解，化为标准形式。

1. 无弹性负载（$K=0$）的情况

伺服系统的负载以惯性负载为主，在很多情况下没有弹性负载或弹性负载很小，可以忽略。在液压马达作为执行元件的伺服系统中，弹性负载更加少见。所以没有弹性负载的情况是比较普遍的，也是比较典型的。另外，黏性阻尼系数 B_p 一般很小，由黏性摩擦力 B_psX_p 引起的泄漏流量 $\dfrac{K_{ce}B_p}{A_p}sX_p$ 所产生的活塞速度 $\dfrac{K_{ce}B_p}{A_p^2}sX_p$ 比活塞的运动速度 sX_p 小得多，即 $\dfrac{K_{ce}B_p}{A_p^2}\ll1$，因此 $\dfrac{K_{ce}B_p}{A_p^2}$ 项与 1 相比可以忽略不计。

在 $K=0$，$\dfrac{K_{ce}B_p}{A_p^2}\ll1$ 时，式（3-13）可简化为

$$X_p=\frac{\dfrac{K_q}{A_p}X_v-\dfrac{K_{ce}}{A_p^2}\left(1+\dfrac{V_t}{4\beta_eK_{ce}}s\right)F_L}{s\left[\dfrac{V_tm_t}{4\beta_eA_p^2}s^2+\left(\dfrac{K_{ce}m_t}{A_p^2}+\dfrac{V_tB_p}{4\beta_eA_p^2}\right)s+1\right]}\tag{3-14}$$

或

$$X_p=\frac{\dfrac{K_q}{A_p}X_v-\dfrac{K_{ce}}{A_p^2}\left(1+\dfrac{V_t}{4\beta_eK_{ce}}s\right)F_L}{s\left(\dfrac{s^2}{\omega_h^2}+\dfrac{2\zeta_h}{\omega_h}s+1\right)}\tag{3-15}$$

式中 ω_h——液压固有频率（s^{-1}），

$$\omega_h = \sqrt{\frac{4\beta_e A_p^2}{V_t m_t}} \qquad (3-16)$$

ζ_h——液压阻尼比，

$$\zeta_h = \frac{K_{ce}}{A_p}\sqrt{\frac{\beta_e m_t}{V_t}} + \frac{B_p}{4A_p}\sqrt{\frac{V_t}{\beta_e m_t}} \qquad (3-17)$$

当 B_p 较小可以忽略不计时，ζ_h 可近似写成

$$\zeta_h = \frac{K_{ce}}{A_p}\sqrt{\frac{\beta_e m_t}{V_t}} \qquad (3-18)$$

$$\frac{2\zeta_h}{\omega_h} = \frac{K_{ce} m_t}{A_p^2} \qquad (3-19)$$

式（3-15）给出了以惯性负载为主时的阀控液压缸的动态特性，分子中的第 1 项是稳态情况下活塞的空载速度，第 2 项是外负载力造成的速度降低。

活塞位移 X_p 对指令输入 X_v 的传递函数为

$$\frac{X_p}{X_v} = \frac{\dfrac{K_q}{A_p}}{s\left(\dfrac{s^2}{\omega_h^2} + \dfrac{2\zeta_h}{\omega_h}s + 1\right)} \qquad (3-20)$$

活塞位移 X_p 对干扰输入 F_L 的传递函数为

$$\frac{X_p}{F_L} = \frac{-\dfrac{K_{ce}}{A_p^2}\left(1 + \dfrac{V_t}{4\beta_e K_{ce}}s\right)}{s\left(\dfrac{s^2}{\omega_h^2} + \dfrac{2\zeta_h}{\omega_h}s + 1\right)} \qquad (3-21)$$

式（3-20）是阀控液压缸传递函数最常见的形式，在液压伺服控制系统的分析和设计中经常要用到。

2. 有弹性负载（$K \neq 0$）的情况

液压伺服控制系统负载中的弹性负载主要出现在阀控液压缸系统中，例如，在两级液压放大器中，功率级滑阀带对中弹簧就属于这种情况；液压材料试验机是施力于材料而使之变形的机器，所以试验机的负载就是弹性负载，被试材料就是一个硬弹簧。

通常负载黏性阻尼系数 B_p 很小，使 $\dfrac{K_{ce} B_p}{A_p^2} \ll 1$，与 1 相比可以忽略不计，则式（3-13）可简化为

$$X_p = \frac{\dfrac{K_q}{A_p}X_v - \dfrac{K_{ce}}{A_p^2}\left(1 + \dfrac{V_t}{4\beta_e K_{ce}}s\right)F_L}{\dfrac{V_t m_t}{4\beta_e A_p^2}s^3 + \left(\dfrac{K_{ce} m_t}{A_p^2} + \dfrac{V_t B_p}{4\beta_e A_p^2}\right)s^2 + \left(1 + \dfrac{V_t K}{4\beta_e A_p^2}\right)s + \dfrac{KK_{ce}}{A_p^2}} \qquad (3-22)$$

或者写成

$$X_p = \frac{\dfrac{K_q}{A_p}X_v - \dfrac{K_{ce}}{A_p^2}\left(1+\dfrac{V_t}{4\beta_e K_{ce}}s\right)F_L}{\dfrac{s^3}{\omega_h^2}+\dfrac{2\zeta_h}{\omega_h}s^2+\left(1+\dfrac{K}{K_h}\right)s+\dfrac{KK_{ce}}{A_p^2}} \tag{3-23}$$

式中　K_h——液压弹簧刚度，$K_h=\dfrac{4\beta_e A_p^2}{V_t}$，它是液压缸两腔完全封闭时由液体的压缩性所形成的等效液压弹簧的刚度。

当满足条件

$$\left[\frac{K_{ce}\sqrt{Km_t}}{A_p^2\left(1+\dfrac{K}{K_h}\right)}\right]^2 \ll 1 \tag{3-24}$$

时，式（3-23）的三阶特征方程可近似分解成一阶和二阶两个因子，即

$$X_p = \frac{\dfrac{K_q}{A_p}X_v - \dfrac{K_{ce}}{A_p^2}\left(1+\dfrac{V_t}{4\beta_e K_{ce}}s\right)F_L}{\left[\left(1+\dfrac{K}{K_h}\right)s+\dfrac{KK_{ce}}{A_p^2}\right]\left(\dfrac{s^2}{\omega_0^2}+\dfrac{2\zeta_0}{\omega_0}s+1\right)} \tag{3-25}$$

式中　ω_0——综合固有频率（s^{-1}），

$$\omega_0 = \omega_h\sqrt{1+\frac{K}{K_h}} \tag{3-26}$$

ζ_0——综合阻尼比，

$$\zeta_0 = \frac{1}{2\omega_0}\left[\frac{4\beta_e K_{ce}}{V_t\left(1+\dfrac{K}{K_h}\right)}+\frac{B_p}{m_t}\right] \tag{3-27}$$

将式（3-25）的分母展开，并使其系数与式（3-23）分母的对应项系数相等，可得

$$\frac{1}{\omega_h^2} = \frac{1+\dfrac{K}{K_h}}{\omega_0^2} \tag{3-28}$$

$$\frac{2\zeta_h}{\omega_h} = \frac{KK_{ce}}{A_p^2\omega_0^2}+\left(1+\frac{K}{K_h}\right)\frac{2\zeta_0}{\omega_0} \tag{3-29}$$

$$1+\frac{K}{K_h} = 1+\frac{K}{K_h}+\frac{KK_{ce}}{A_p^2}\frac{2\zeta_0}{\omega_0} \tag{3-30}$$

由式（3-28）和式（3-29）可得式（3-26）所列 ω_0 和式（3-27）所列 ζ_0。

式（3-30）可化为

$$1+\frac{K}{K_h} = \left(1+\frac{K}{K_h}\right)\left(1+\frac{KK_{ce}}{A_p^2}\frac{2\zeta_0}{\omega_0}\frac{1}{1+K/K_h}\right)$$

为使式（3-25）成立，必须使

$$\frac{KK_{ce}}{A_p^2}\frac{2\zeta_0}{\omega_0}\frac{1}{1+K/K_h}\ll 1$$

将式（3-26）和式（3-27）ω_0 和 ζ_0 表达式代入上式，整理得

$$\frac{KK_{ce}^2 m_t}{A_p^4\left(1+\dfrac{K}{K_h}\right)^2}+\frac{K_{ce}B_p}{A_p^2}\frac{K}{K+K_h}\ll 1 \tag{3-31}$$

由于 $\dfrac{K_{ce}B_p}{A_p^2}\ll 1$，且 $\dfrac{K}{K+K_h}$ 总是小于 1，故 $\dfrac{K_{ce}B_p}{A_p^2}\dfrac{K}{K+K_h}\ll 1$ 总是可以满足的，因此式（3-31）

可简化为式（3-24）。但对每一种具体情况，还是要检查 $\dfrac{K_{ce}B_p}{A_p^2}\ll 1$ 和式（3-24）是否满足。

式（3-25）还可以写成标准形式

$$X_p=\frac{\dfrac{K_{ps}A_p}{K}X_v-\dfrac{1}{K}\left(1+\dfrac{V_t}{4\beta_e K_{ce}}s\right)F_L}{\left(\dfrac{s}{\omega_r}+1\right)\left(\dfrac{s^2}{\omega_0^2}+\dfrac{2\zeta_0}{\omega_0}s+1\right)} \tag{3-32}$$

式中　K_{ps}——总压力增益（Pa/m），$K_{ps}=\dfrac{K_q}{K_{ce}}$；

　　　ω_r——惯性环节的转折频率（s^{-1}），

$$\omega_r=\frac{KK_{ce}}{A_p^2\left(1+\dfrac{K}{K_h}\right)}=\frac{K_{ce}}{A_p^2\left(\dfrac{1}{K}+\dfrac{1}{K_h}\right)} \tag{3-33}$$

在式（3-32）中，分子的第 1 项比上分母表示稳态时阀输入位移所引起的液压缸活塞的输出位移，分子的第 2 项比上分母表示外负载力作用所引起的活塞输出位移的减小量。

在负载弹簧刚度远小于液压弹簧刚度，即 $\dfrac{K}{K_h}\ll 1$ 时，则式（3-25）可简化成

$$X_p=\frac{\dfrac{K_q}{A_p}X_v-\dfrac{K_{ce}}{A_p^2}\left(1+\dfrac{V_t}{4\beta_e K_{ce}}s\right)F_L}{\left(s+\dfrac{KK_{ce}}{A_p^2}\right)\left(\dfrac{s^2}{\omega_h^2}+\dfrac{2\zeta_h}{\omega_h}s+1\right)} \tag{3-34}$$

将式（3-34）与式（3-15）相比较，可看出弹性负载工况下是用一个转折频率为 ω_r 的

惯性环节 $\dfrac{1}{s+\dfrac{KK_{ce}}{A_p^2}}$ 代替无弹性负载时液压缸的积分环节 $\dfrac{1}{s}$。随着负载弹簧刚度 K 减小，转折频

率 ω_r 将变低，惯性环节就接近积分环节。

3. 其他简化情况

根据实际应用的负载条件和忽略的因素不同，传递函数还有以下简化形式。

1）考虑负载质量 m_t，$\beta_e=\infty$，$B_p=0$，$K=0$ 的情况。此时，活塞位移对指令输入 X_v 的

传递函数可由式（3-13）求得

$$\frac{X_p}{X_v} = \frac{\dfrac{K_q}{A_p}}{s\left(\dfrac{K_{ce}m_t}{A_p^2}s+1\right)} = \frac{\dfrac{K_q}{A_p}}{s\left(\dfrac{s}{\omega_r}+1\right)}$$ （3-35）

式中　ω_r——惯性环节的转折频率（s^{-1}），$\omega_r = \dfrac{A_p^2}{K_{ce}m_t}$。

2）考虑负载刚度 K 及 β_e，$m_t = 0$，$B_p = 0$ 的情况。

$$\frac{X_p}{X_v} = \frac{\dfrac{K_q}{A_p}}{\left(1+\dfrac{K}{K_h}\right)s+\dfrac{KK_{ce}}{A_p^2}} = \frac{\dfrac{A_pK_q}{KK_{ce}}}{\dfrac{s}{\omega_r}+1}$$ （3-36）

式中　ω_r——惯性环节的转折频率（s^{-1}），$\omega_r = \dfrac{KK_{ce}}{A_p^2\left(1+\dfrac{K}{K_h}\right)}$。

3）考虑 $m_t = 0$，$K = 0$，$B_p = 0$ 的情况。此时，活塞位移对指令输入 X_v 的传递函数可由式（3-13）求得

$$\frac{X_p}{X_v} = \frac{\dfrac{K_q}{A_p}}{s}$$ （3-37）

阀控液压缸动力组件的传递函数常常可以简化为以上三种形式，可根据实际情况选择对应形式。

3.1.4　频率响应分析

阀控液压缸对指令输入和对干扰输入的动态特性可由相应的传递函数及其性能参数所确定。负载特性不同时，其传递函数的形式也不同。所以，下面按无弹性负载和有弹性负载两种情况对系统的频率响应加以讨论。

1. 无弹性负载时的频率响应分析

对指令输入 X_v 的动态响应特性由传递函数式（3-20）表示，它由比例、积分和二阶振荡环节组成，主要的性能参数为速度放大系数 K_q/A_p，液压固有频率 ω_h 和液压阻尼比 ζ_h。其伯德图如图3-4所示。由图3-4所示几何关系可知，穿越频率 $\omega_c = \dfrac{K_q}{A_p}$。

（1）速度放大系数

由于传递函数中包含一个积分环节，因此在稳态时，液压缸活塞的输出速度与阀的输入位移成比例，比例系数 $\dfrac{K_q}{A_p}$ 即为速度放大系数（速度增益）。速度放大系数表示阀对液压缸活塞速度控制的灵敏度，随阀的流量增益变化而变化，直接影响系统的稳定性、响应速度和精

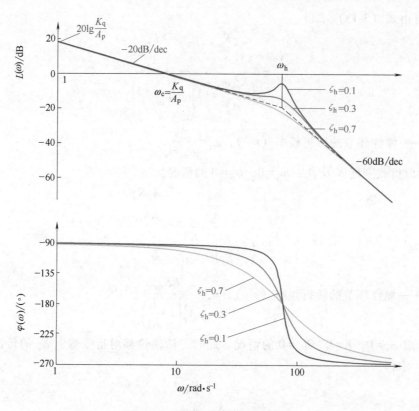

图 3-4 无弹性负载时的伯德图

度。提高速度放大系数可以提高系统的响应速度和精度，但会使系统的稳定性变坏。由零开口四通滑阀的流量增益和流量-压力系数计算公式可知，在零位工作点，阀的流量增益 K_{q0} 最大，而流量-压力系数 K_{c0} 最小，所以系统的稳定性最差。故在计算系统的稳定性时，应取零位流量增益 K_{q0}。阀的流量增益 K_q 随负载压力增加而降低，当 $p_L = \dfrac{2}{3}p_s$ 时，K_q 下降到 K_{q0} 的 57.7%。K_q 下降（ω_c 也下降）也会使系统的响应速度和精度下降。为了保证执行机构足够的工作速度和良好的控制性能，通常将负载压力限制在 $p_L \leqslant \dfrac{2}{3}p_s$ 的范围内。在计算系统的静态精度时，应取最小的流量增益，通常取 $p_L = \dfrac{2}{3}p_s$ 时的流量增益。

（2）液压固有频率
液压固有频率是负载质量与液压缸工作腔中的油液压缩所形成的液压弹簧相互作用的结果。

假设液压缸无摩擦、无泄漏，两个工作腔充满高压油液并被完全封闭，如图 3-5a 所示。由于油液具有压缩性，当活塞受到外力作用产生位移 Δx_p 时，使一腔压力升高 Δp_1，另一腔的压力降低 Δp_2，Δp_1 和 Δp_2 分别为

$$\Delta p_1 = \frac{\beta_e A_p}{V_1}\Delta x_p$$

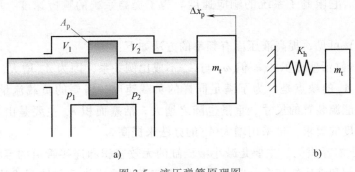

图 3-5　液压弹簧原理图

a）液压缸　b）液压缸等效原理图

$$\Delta p_2 = \frac{-\beta_e A_p}{V_2} \Delta x_p$$

被压缩油液产生的复位力 F_p 为

$$F_p = \beta_e A_p^2 \left(\frac{1}{V_1} + \frac{1}{V_2} \right) \Delta x_p \qquad (3\text{-}38)$$

式（3-38）表明，被压缩油液产生的复位力与活塞位移成比例，因此被压缩油液的作用相当于一个线性弹簧，等效原理图如图 3-5b 所示，其刚度称为液压弹簧刚度。由式（3-38）得总液压弹簧刚度为

$$K_h = \beta_e A_p^2 \left(\frac{1}{V_1} + \frac{1}{V_2} \right) \qquad (3\text{-}39)$$

它是液压缸两腔被压缩液体形成的两个液压弹簧刚度之和。式（3-39）表明 K_h 和活塞在液压缸中的位置有关。当活塞处在中间位置时，即 $V_1 = V_2 = V_0 = \dfrac{V_t}{2}$ 时，有

$$K_h = \frac{2\beta_e A_p^2}{V_0} = \frac{4\beta_e A_p^2}{V_t} \qquad (3\text{-}40)$$

此时液压弹簧刚度最小。当活塞处在液压缸两端时，V_1 或 V_2 接近零，液压弹簧刚度最大。

液压弹簧刚度是在液压缸两腔完全封闭的情况下推导出来的，实际上，受阀的开度和液压缸的泄漏的影响，液压缸不可能完全封闭，因此，在稳态下这个弹簧刚度是不存在的。但在动态过程中，泄漏在一定的频率范围内来不及起作用，相当于一种封闭状态。因此，液压弹簧应理解为动态弹簧而不是稳态弹簧。

液压弹簧与负载质量相互作用构成一个液压弹簧-质量系统，该系统的液压固有频率（活塞在中间位置时）为

$$\omega_h = \sqrt{\frac{K_h}{m_t}} = \sqrt{\frac{2\beta_e A_p^2}{V_0 m_t}} = \sqrt{\frac{4\beta_e A_p^2}{V_t m_t}} \qquad (3\text{-}41)$$

在计算液压固有频率时，通常取活塞在中间位置时的值，因为此时 ω_h 最低，系统稳定性最差。

液压固有频率表示液压动力组件的响应速度。在液压伺服系统中，液压缸是最接近负载的一个液压元件，液压缸与负载质量等组合在一起产生的液压固有频率往往就是整个液压系

统中频率最低的，它限制了系统的响应速度。为了提高系统的响应速度，应提高液压固有频率。

由式（3-41）可见，提高液压固有频率的方法如下：

1）增大液压缸活塞面积 A_p。但 ω_h 与 A_p 不成比例关系，因为 A_p 增大，压缩容积 V_t 也随之增加。增大 A_p 的缺点是，为了满足同样的负载速度，需要的负载流量增大了，使阀、连接管道和液压能源装置的尺寸、重量也随之增大。活塞面积 A_p 主要是由负载决定的，有时为满足响应速度的要求，也采用增大 A_p 的办法来提高 ω_h。

2）减小总压缩容积 V_t。主要是减小液压缸的无效容积和连接管道的容积。应使阀靠近液压缸，最好将阀和液压缸装在一起。另外，也应考虑液压执行元件型式的选择，长行程、输出力小时可选用液压马达，短行程、输出力大时可选用液压缸。

3）减小折算到活塞上的总质量 m_t。m_t 包括活塞质量、负载折算到活塞上的质量、液压缸两腔的油液质量、阀与液压缸连接管道中的油液折算质量。负载质量由负载决定，改变的余地不大。当连接管道细而长时，管道中的油液质量对 ω_h 的影响不容忽视，否则将造成比较大的计算误差。假设管道过流面积为 a，管道中油液的总质量为 m_0，则折算到液压缸活塞上的等效质量为 $m_0 \dfrac{A_p^2}{a^2}$。

4）提高油液的有效体积弹性模量 β_e。在 ω_h 公式参数中，β_e 是最难确定的。β_e 值受油液的压缩性、管道及缸体机械柔性和油液中所含空气的影响，其中以油液中空气的影响最为严重。为了提高 β_e 值，应当尽量避免混入空气，并避免使用软管。一般取 $\beta_e = (700 \sim 1400)$ MPa，有条件时取实测值最好。

（3）液压阻尼比 ζ_h

由式（3-17）可见，液压阻尼比 ζ_h 主要由总流量-压力系数 K_{ce} 和负载的黏性阻尼系数 B_p 所决定。在一般的液压伺服控制系统中，B_p 较 K_{ce} 小得多，故 B_p 可以忽略不计。在 K_{ce} 中，液压缸的总泄漏系数 C_{tp} 又较阀的流量-压力系数 K_c 小得多，所以 ζ_h 主要由 K_c 值决定。在零位工作点时 K_c 值最小，从而产生最小的阻尼比，此时系统的稳定性最差，因此在计算系统的稳定性时应取零位工作点的 K_c 值。由于库仑摩擦力等因素影响，实际的零位阻尼比要比计算值大。

K_c 值随工作点不同会有很大的变化。在阀芯位移 x_v 和负载压力 p_L 较大时，K_c 值增大会使液压阻尼比急剧增大，可使 $\zeta_h > 1$，其变化范围达 $20 \sim 30$ 倍。液压阻尼比是一个难以准确计算的"软量"。零位阻尼比小、阻尼比变化范围大，是液压伺服控制系统的一个特点。在进行系统分析和设计时，特别是在进行系统校正时，应该注意这一点。

液压阻尼比表示系统的相对稳定性。为获得满意的性能，液压阻尼比应具有适当的值。一般液压伺服控制系统是低阻尼的，因此提高液压阻尼比对改善系统性能是十分重要的。其方法如下：

1）设置旁路泄漏通道。在液压缸两个工作腔之间设置旁路通道进而增大泄漏系数 C_t。缺点是会增大功率损失，降低系统的总压力增益和系统的刚度，增加外负载力引起的误差。另外，系统性能受温度变化的影响较大。

2）采用正开口阀。正开口阀的 K_{c0} 值大，可以增加阻尼比，但也会使系统刚度降低，而且零位泄漏量引起的功率损失比第一种方法还要大。另外，正开口阀还会带来非线性流量增益、稳态液动力变化等问题。

3）增加负载的黏性阻尼系数。需要另外设置阻尼器，会增加结构的复杂性。

2. 对干扰输入 F_L 的频率响应分析

负载干扰力 F_L 对液压缸的输出位移 X_p 和输出速度 $\dot{X}_p$ 有影响，这种影响可以用刚度来表示。下面分别研究阀控液压缸的动态位置刚度特性和动态速度刚度特性。

（1）动态位置刚度特性

传递函数式（3-21）表示阀控液压缸的动态位置柔度特性，其倒数即为动态位置刚度特性，可写为

$$\frac{F_L}{X_p}=-\frac{\dfrac{A_p^2}{K_{ce}}s\left(\dfrac{s^2}{\omega_h^2}+\dfrac{2\zeta_h}{\omega_h}s+1\right)}{\dfrac{V_t}{4\beta_e K_{ce}}s+1} \tag{3-42}$$

当 $B_p=0$ 时，$\dfrac{4\beta_e K_{ce}}{V_t}=2\zeta_h\omega_h$，则式（3-42）可改写成

$$\frac{F_L}{X_p}=-\frac{\dfrac{A_p^2}{K_{ce}}s\left(\dfrac{s^2}{\omega_h^2}+\dfrac{2\zeta_h}{\omega_h}s+1\right)}{\dfrac{s}{2\zeta_h\omega_h}+1} \tag{3-43}$$

式（3-43）表示的动态位置刚度特性由惯性环节、比例环节、理想微分环节和二阶微分环节组成，其幅频特性如图3-6所示。由于 ζ_h 很小，因此 $2\zeta_h\omega_h<\omega_h$。式（3-43）中的负号表示负载力增加使输出减小。

动态位置刚度与负载干扰力 F_L 的变化频率 ω 有关。

1）在 $\omega<2\zeta_h\omega_h$ 的低频段上，惯性环节和二阶微分环节不起作用，由式（3-43）可得

$$\left|-\frac{F_L}{X_p}\right|=\frac{A_p^2}{K_{ce}}\omega \tag{3-44}$$

当 $\omega=0$ 时，得静态位置刚度 $\left|-F_L/X_p\right|_{\omega=0}=0$。因为在恒定的外负载力作用下，受泄漏的影响，活塞将连续不断地移动，没有确定的位置。

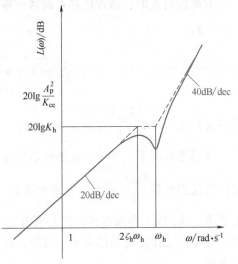

图3-6 动态位置刚度的幅频特性

随着频率增加，泄漏的影响越来越小，动态位置刚度随频率成比例增大。

2）在 $2\zeta_h\omega_h<\omega<\omega_h$ 的中频段上，比例环节、惯性环节和理想微分环节同时起作用，动态位置刚度为一常数，其值为

$$\left|-\frac{F_L}{X_p}\right|=\frac{A_p^2}{K_{ce}}s\Big|_{s=j2\zeta_h\omega_h}=\frac{4\beta_e A_p^2}{V_t}=K_h \tag{3-45}$$

在中频段上，由于负载干扰力的变化频率较高，液压缸工作腔的油液来不及泄漏，可以看成是完全封闭的，其动态位置刚度就等于液压刚度。

3）在 $\omega>\omega_h$ 的高频段上，二阶微分环节起主要作用，动态位置刚度由负载惯性所决定。动态位置刚度随频率的二次方增加，但一般很少在此频率范围工作。

（2）动态速度刚度特性

由式（3-43）或式（3-44）可求得低频段（$\omega<2\zeta_h\omega_h$）上的动态速度刚度为

$$\left|-\frac{F_L}{\dot{X}_p}\right|=\frac{A_p^2}{K_{ce}} \tag{3-46}$$

此时，液压缸相当于一个阻尼系数为 A_p^2/K_{ce} 的黏性阻尼器。从物理意义上说，在低频段上由负载压差产生的泄漏流量被很小的泄漏通道所阻碍，产生黏性阻尼作用。

在 $\omega=0$ 时，由式（3-43）可求得静态速度刚度为

$$\left|-\frac{F_L}{\dot{X}_p}\right|_{\omega=0}=\frac{A_p^2}{K_{ce}} \tag{3-47}$$

其倒数为静态速度柔度，即

$$\left|-\frac{\dot{X}_p}{F_L}\right|_{\omega=0}=\frac{K_{ce}}{A_p^2} \tag{3-48}$$

它是速度下降值与所加恒定外负载力之比。

3. 有弹性负载时的频率响应分析

有弹性负载时，活塞位移对阀芯位移的传递函数可由式（3-32）求得，即

$$\frac{X_p}{X_v}=\frac{\dfrac{K_{ps}A_p}{K}}{\left(\dfrac{s}{\omega_r}+1\right)\left(\dfrac{s^2}{\omega_0^2}+\dfrac{2\zeta_0}{\omega_0}s+1\right)} \tag{3-49}$$

其主要性能参数有 $\dfrac{K_{ps}A_p}{K}$、ω_r、ω_0 和 ζ_0。

在稳态情况下，对于一定的阀芯位移 X_v，液压缸活塞有一个确定的输出位移 X_p，两者之间的比例系数 $\dfrac{K_{ps}A_p}{K}$ 即为位置放大系数。位置放大系数中的总压力增益 K_{ps} 包含阀的压力增益 K_p，K_p 随工作点在很大的范围内变化，因此位置放大系数也随工作点在很大范围内变化。在零位工作点时其值最大。另外，位置放大系数和负载刚度有关，这与无弹性负载的情况不同。

综合固有频率 ω_0 见式（3-26），ω_0^2 是液压弹簧与负载弹簧并联时的刚度与负载质量之比。负载刚度提高了二阶振荡环节的固有频率 ω_0，ω_0 是 ω_h 的 $\sqrt{1+\dfrac{K}{K_h}}$ 倍。综合阻尼比 ζ_0 见式（3-27）。负载刚度降低了二阶振荡环节的阻尼比。在 $B_p=0$ 时，ζ_0 是 ζ_h 的 $\dfrac{1}{(1+K/K_h)^{1.5}}$。

惯性环节的转折频率 ω_r 见式（3-33）。它是液压弹簧与负载弹簧串联时的刚度与阻尼系

数之比。ω_r 随负载刚度变化，如果负载刚度很小，则 ω_r 很低，惯性环节可以近似看成积分环节。这种近似对动态分析基本无影响，但对稳态误差分析是有影响的。

根据式（3-49）可以作出有弹性负载时的幅频特性图，如图 3-7 所示。利用图 3-7 中 $\left(\lg\omega_r,\ 20\lg\dfrac{K_{ps}A_p}{K}\right)$、$(\lg\omega_r,\ 0)$ 和 $(\lg\omega_c,\ 0)$ 三点构成的三角形，由几何关系可得幅值穿越频率 ω_c 为

$$\omega_c = \frac{K_q}{A_p\left(1+\dfrac{K}{K_h}\right)} \qquad (3\text{-}50)$$

对比无弹性负载的情况，可以发现

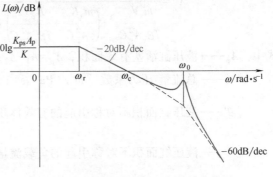

图 3-7　有弹性负载时的幅频特性曲线图

负载刚度使穿越频率降低了。负载刚度越大，穿越频率越低。当 $\dfrac{K}{K_h}\ll 1$ 时，$\omega_c\approx\dfrac{K_q}{A_p}$。这再次说明，负载刚度比较小时，它对动态特性的影响是可以忽略的。

在有弹性负载时，总流量-压力系数 K_{ce} 变化会使位置放大系数和惯性环节的转折频率同时发生变化，但对穿越频率没有影响。所以 K_{ce} 变化时，因为 ω_c 不变，中频段幅频特性曲线不变，但是 K_{ce} 的变化会使得低频段幅频特性曲线上下平移，因此低频段和中频段幅频特性曲线的交点频率，即惯性环节的转折频率 ω_r 是沿斜率为 -20dB/dec 的增益线移动的。另外，K_{ce} 变化也会使 ζ_0 改变，从而使高频段幅频峰值和相频特性形状改变。所以，K_{ce} 变化对系统的快速性影响不大，但影响系统的幅值裕度。

3.1.5　阀控非对称液压缸

非对称液压缸两腔作用面积不同，阀控非对称液压缸伸出及缩回过程传递函数的建立与阀控对称液压缸推导整体步骤基本相同。在阀控非对称液压缸伸出过程传递函数推导中，阀的流量连续性方程与阀控对称液压缸相同，液压缸流量连续性方程、液压缸和负载的力平衡方程与阀控对称液压缸不同，导致其传递函数不同，见式（3-51）~式（3-53）。阀控非对称液压缸缩回过程与伸出过程传递函数推导类似。

液压缸流量连续性方程为

$$Q_L = A_p s X_p + C_{tp} P_L + \frac{\varepsilon V_t}{2\beta_e(1+\varepsilon^2)} s P_L \qquad (3\text{-}51)$$

式中　ε——液压缸两腔面积比，$\varepsilon = A_1/A_2$，A_1 为无杆腔有效面积，A_2 为有杆腔有效面积；

P_L——伺服阀输出的负载压力（Pa），$P_L = P_1 - P_2$，其中 P_1 为液压缸无杆腔压力，P_2 为液压缸有杆腔压力。

液压缸和负载的力平衡方程为

$$A_2 P_L = \frac{(1+\varepsilon^2)}{(1+\varepsilon^3)}(m_t s^2 X_p + B_p s X_p + K X_p + F_L) - \frac{A_2 P_s(\varepsilon-1)}{1+\varepsilon^3} \qquad (3\text{-}52)$$

X_v、F_L 和 P_s 同时作用时，液压缸活塞的位移为

$$X_p = \cfrac{\dfrac{K_q}{A_p}X_v - \dfrac{K_{ce}}{A_p^2}\left(1+\dfrac{V_t}{T\beta_e K_{ce}}s\right)F_L + \dfrac{K_{ce}}{A_p^2 C}\left(1+\dfrac{V_t}{T\beta_e K_{ce}}s\right)\dfrac{\varepsilon-1}{1+\varepsilon^2}A_2 P_s}{\dfrac{m_t V_t}{T\beta_e A_p^2 C}s^3 + \left(\dfrac{m_t K_{ce}}{A_p^2 C}+\dfrac{B_p V_t}{T\beta_e A_p^2 C}\right)s^2 + \left(1+\dfrac{B_p K_{ce}}{A_p^2 C}+\dfrac{KV_t}{T\beta_e A_p^2 C}\right)s+\dfrac{KK_{ce}}{A_p^2 C}} \tag{3-53}$$

式中 A_p——液压缸活塞有效面积，$A_p = A_1 - A_2$；

K_{ce}——总流量-压力系数〔$m^3/(Pa \cdot s)$〕，$K_{ce} = K_c + C_{tp}$；

T——液压缸面积不对称引起的有效体积弹性模量变化系数，$T = \dfrac{2(1+\varepsilon^2)}{\varepsilon}$；

C——液压缸面积不对称引起的负载流量等效面积变化系数，$C = \dfrac{2(1-\varepsilon+\varepsilon^2)}{(1+\varepsilon^2)}$。

比较阀控对称液压缸活塞位移式（3-13）和阀控非对称液压缸的活塞位移式（3-53）可知：后者分子多出了一项 $\dfrac{K_{ce}}{A_p^2 C}\left(1+\dfrac{V_t}{T\beta_e K_{ce}}s\right)\dfrac{\varepsilon-1}{1+\varepsilon^2}A_2 P_s$，这就是由面积不对称引起的活塞位移的变化；后者的其他项与前者基本相同，只是多出了有效体积弹性模量变化系数 T、负载流量等效面积变化系数 C 这样一些由面积不对称引起的系数。阀控非对称液压缸具有工作空间小、结构简单、成本低和承载能力大等优点。

3.2 阀控液压马达动力组件

阀控液压马达也是一种常用的液压动力组件。其分析方法与阀控液压缸相同，下面简要加以介绍。

3.2.1 基本方程

阀控液压马达动力组件原理图如图 3-8 所示。与 3.1 节所讲阀控液压缸一样，阀控液压马达也采用有遮盖四通滑阀驱动液压执行元件，因此两者的滑阀流量方程相同。由于液压马达进出油腔体积和对称液压缸活塞有效面积在运转过程中均保持不变，故液压马达在每一瞬时相当于一个对称液压缸。因此，推导液压马达流量连续性方程、液压马达和负载的力平衡方程的过程与对称液压缸的推导过程相似，其中，液压马达转角 θ_m 相当于液压缸活塞位移 x_p、液压马达排量 D_m 相当于液压缸活塞有效面积 A_p。利用 3.1 节分析阀控液压缸的方法，可以得到阀控液压马达的三个基本方程的拉普拉斯变换式：

$$Q_L = K_q X_v - K_c P_L \tag{3-54}$$

$$Q_L = D_m s\Theta_m + C_{tm} P_L + \frac{V_t}{4\beta_e}sP_L \tag{3-55}$$

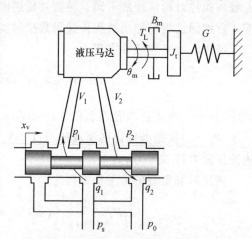

图 3-8   阀控液压马达动力组件原理图

$$D_m P_L = J_t s^2 \Theta_m + B_m s \Theta_m + G \Theta_m + T_L \qquad (3\text{-}56)$$

式中　Θ_m——液压马达的转角（rad）；

$\quad\ D_m$——液压马达的排量（m^3/rad）；

$\quad\ C_{tm}$——液压马达的总泄漏系数 $[m^3/(Pa \cdot s)]$，$C_{tm} = C_{im} + \dfrac{1}{2}C_{em}$，$C_{im}$、$C_{em}$ 分别为内泄漏系数和外泄漏系数；

$\quad\ V_t$——液压马达两腔及连接管道总容积（m^3）；

$\quad\ J_t$——液压马达和负载折算到液压马达轴上的转动惯量（$kg \cdot m^2$）；

$\quad\ B_m$——液压马达和负载的黏性阻尼系数（$N \cdot m \cdot s/rad$）；

$\quad\ G$——负载的扭转弹簧刚度（$N \cdot m/rad$）；

$\quad\ T_L$——作用在液压马达轴上的任意外负载力矩（$N \cdot m$）。

将式（3-54）~式（3-56）与式（3-10）~式（3-12）相比较，可以看出它们的形式相同。只要将阀控液压缸基本方程中的结构参数和负载参数改成液压马达的相应参数，就可以得到阀控液压马达的基本方程。同理，只要将式（3-13）中的液压缸参数改成液压马达参数，即可得阀控液压马达在阀芯位移 X_v 和外负载力矩 T_L 同时输入时的总输出为

$$\Theta_m = \cfrac{\dfrac{K_q}{D_m}X_v - \dfrac{K_{ce}}{D_m^2}\left(1 + \dfrac{V_t}{4\beta_e K_{ce}}s\right)T_L}{\dfrac{V_t J_t}{4\beta_e D_m^2}s^3 + \left(\dfrac{J_t K_{ce}}{D_m^2} + \dfrac{B_m V_t}{4\beta_e D_m^2}\right)s^2 + \left(1 + \dfrac{B_m K_{ce}}{D_m^2} + \dfrac{G V_t}{4\beta_e D_m^2}\right)s + \dfrac{G K_{ce}}{D_m^2}} \qquad (3\text{-}57)$$

式中　K_{ce}——总流量-压力系数 $[m^3/(Pa \cdot s)]$，$K_{ce} = K_c + C_{tm}$。

对阀控液压马达，负载中很少出现扭转弹簧部分，故当 $G = 0$，且 $\dfrac{B_m K_{ce}}{D_m^2} \ll 1$ 时，式（3-57）可简化为

$$\Theta_m = \cfrac{\dfrac{K_q}{D_m}X_v - \dfrac{K_{ce}}{D_m^2}\left(1 + \dfrac{V_t}{4\beta_e K_{ce}}s\right)T_L}{s\left(\dfrac{s^2}{\omega_h^2} + \dfrac{2\zeta_h}{\omega_h}s + 1\right)} \qquad (3\text{-}58)$$

式中，

$$\omega_h = \sqrt{\dfrac{4\beta_e D_m^2}{V_t J_t}} \qquad (3\text{-}59)$$

$$\zeta_h = \dfrac{K_{ce}}{D_m}\sqrt{\dfrac{\beta_e J_t}{V_t}} + \dfrac{B_m}{4D_m}\sqrt{\dfrac{V_t}{\beta_e J_t}} \qquad (3\text{-}60)$$

负载黏性阻尼系数 B_m 通常很小，ζ_h 可表示为

$$\zeta_h = \dfrac{K_{ce}}{D_m}\sqrt{\dfrac{\beta_e J_t}{V_t}} \qquad (3\text{-}61)$$

3.2.2　传递函数

液压马达轴的转角对阀芯位移的传递函数为

$$\frac{\Theta_{m}}{X_{v}} = \frac{\dfrac{K_q}{D_m}}{s\left(\dfrac{s^2}{\omega_h^2} + \dfrac{2\zeta_h}{\omega_h}s + 1\right)} \tag{3-62}$$

液压马达轴的转角对外负载力矩的传递函数为

$$\frac{\Theta_{m}}{T_{L}} = \frac{-\dfrac{K_{ce}}{D_m^2}\left(1 + \dfrac{V_t}{4\beta_e K_{ce}}s\right)}{s\left(\dfrac{s^2}{\omega_h^2} + \dfrac{2\zeta_h}{\omega_h}s + 1\right)} \tag{3-63}$$

有关阀控液压马达的框图、传递函数简化和动态特性分析与阀控液压缸的相似，不再赘述。

3.3 泵控液压缸动力组件

泵控液压缸动力组件由变量泵和液压缸组成。液压泵输出流量调节方式分为变转速调节和变排量调节。其中，定量泵可以通过改变输入转速进行输出流量调节，变量泵可以在定转速输入下改变排量来进行输出流量调节。

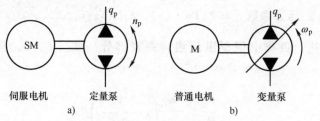

图 3-9 泵控调节方式

a）变转速控制　b）变排量控制

对于变转速控制，如图 3-9a 所示，由伺服电机驱动定量泵，通过控制伺服电机转速来改变定量泵转速，从而改变泵的输出流量。定量泵的流量方程为

$$q_p = D_p n_p - C_{tp} p_L \tag{3-64}$$

$$C_{tp} = C_{ip} + C_{ep} \tag{3-65}$$

式中　C_{tp}——定量泵总泄漏系数 $[m^3/(Pa \cdot s)]$；

$\qquad p_L$——负载压力（Pa）；

$\qquad C_{ip}$——定量泵的内泄漏系数 $[m^3/(Pa \cdot s)]$；

$\qquad C_{ep}$——定量泵的外泄漏系数 $[m^3/(Pa \cdot s)]$；

$\qquad D_p$——定量泵的排量（m^3/rad）；

$\qquad n_p$——定量泵的转速（rad/s），等同于伺服电机转速；

$\qquad q_p$——定量泵的流量（m^3/s）。

对于变排量控制，如图 3-9b 所示，由电机驱动变量泵，通过控制泵的变量机构来调整泵的排量，从而改变泵的输出流量。以轴向柱塞泵为例，变量泵的排量为

$$D_p = K_p \gamma \tag{3-66}$$

式中　K_p——变量泵的排量梯度（m^3/rad）；

　　　γ——变量泵变量机构摆角。

变量泵的流量方程为

$$q_p = D_p \omega_p - C_{ip}(p_1 - p_r) - C_{ep} p_1 \tag{3-67}$$

式中　ω_p——变量泵转速（rad/s）；

　　　C_{ip}——变量泵内泄漏系数 [$m^3/(Pa \cdot s)$]；

　　　C_{ep}——变量泵外泄漏系数 [$m^3/(Pa \cdot s)$]；

　　　p_1——液压缸内压力（Pa）；

　　　p_r——低压管道的补油压力（Pa）。

以伺服电机驱动定量泵控制对称液压缸系统为例进行建模分析。泵控对称液压缸系统由电机同轴驱动定量泵，定量泵吸排油口直接连接液压缸两负载油口，通过控制电机的转速与转矩来调节液压缸的输出位移、输出速度与输出力等，如图 3-10 所示。

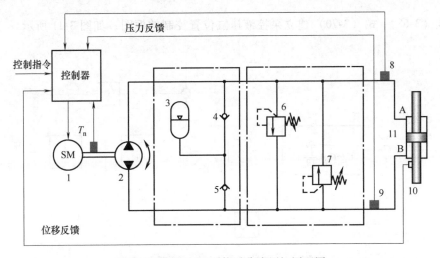

图 3-10　伺服电机泵控对称液压缸原理图

1—伺服电机　2—定量泵　3—蓄能器　4—A 腔单向阀　5—B 腔单向阀　6—A 腔直动溢流阀　7—B 腔直动溢流阀
8—A 腔压力传感器　9—B 腔压力传感器　10—位移传感器　11—对称液压缸

在推导泵控对称液压缸系统的传递函数时，假设：

1）连接管道较短，可以忽略管道中的压力损失和管道动态。并设两根管道完全相同，液压泵和液压马达的容积为常数。

2）液压泵和液压马达的泄漏为层流，壳体内压力为大气压，忽略低压腔向壳体内的外泄漏。

3）每个腔室内的压力是均匀相等的，液体刚度和密度为常数。

4）输入信号较小，不发生压力饱和现象。

5）液压泵转速恒定。

3.3.1 基本方程

1. 定量泵的流量方程

液压泵为液压缸运动提供液压动力输入。定量泵的流量方程为式（3-64）与式（3-65），其中，式（3-64）经过拉普拉斯变换得

$$Q_p = D_p N_p - C_{tp} P_L \tag{3-68}$$

2. 液压缸的流量连续性方程

液压缸为执行元件，是与负载作用的执行终端，其数学模型描述同 3.1 节阀控液压缸系统基本方程中的式（3-8），经拉普拉斯变换可得

$$Q_L = A_p s X_p + C_{tp} P_L + \frac{V_t}{4\beta_e} s P_L \tag{3-69}$$

3. 液压缸和负载的力平衡方程

其数学模型描述同 3.1 节阀控液压缸系统基本方程中的式（3-9），经拉普拉斯变换可得

$$A_p P_L = m_t s^2 X_p + B_p s X_p + K X_p + F_L \tag{3-70}$$

3.3.2 框图与传递函数

由式（3-68）~式（3-70）建立泵控液压缸位置控制的框图，如图 3-11 所示。

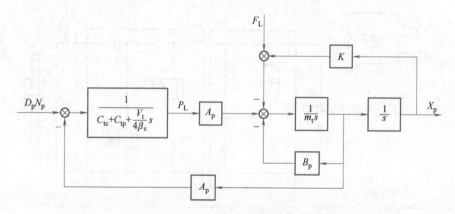

图 3-11　泵控对称液压缸位置控制框图

根据图 3-11，可写出泵控对称液压缸的开环位置传递函数为

$$X_p = \frac{\dfrac{D_p N_p}{A_p} - \dfrac{1}{A_p^2}\left(C_t + \dfrac{V_t}{4\beta_e}s\right)F_L}{\dfrac{m_t V_t}{4\beta_e A_p^2}s^3 + \left(\dfrac{m_t C_t}{A_p^2} + \dfrac{B_p V_t}{4\beta_e A_p^2}\right)s^2 + \left(1 + \dfrac{B_p V_t}{A_p^2} + \dfrac{K V_t}{4\beta_e A_p^2}\right)s + \dfrac{C_t K}{A_p^2}} \tag{3-71}$$

$$C_t = C_{tp} + C_{tc} \tag{3-72}$$

3.3.3 传递函数的简化

不计黏性阻尼和负载的弹性，即 $B_p = 0$，$K = 0$ 时，式（3-71）可简化为

$$X_p = \frac{\dfrac{D_p N_p}{A_p} - \dfrac{1}{A_p^2}\left(C_t + \dfrac{V_t}{4\beta_e}s\right)F_L}{\dfrac{m_t V_t}{4\beta_e A_p^2}s^3 + \dfrac{m_t C_t}{A_p^2}s^2 + s} \tag{3-73}$$

即

$$X_p = \frac{\dfrac{D_p N_p}{A_p} - \dfrac{1}{A_p^2}\left(C_t + \dfrac{V_t}{4\beta_e}s\right)F_L}{s\left(\dfrac{s^2}{\omega_h^2} + \dfrac{2\zeta_h}{\omega_h}s + 1\right)} \tag{3-74}$$

当惯性负载为外界负载干扰力的主要组成部分时,液压系统动态响应特性变化机理可由式(3-74)分析得到。

液压缸活塞输出位移对电机转速输入的传递函数为

$$\frac{X_p}{N_p} = \frac{\dfrac{D_p}{A_p}}{s\left(\dfrac{s^2}{\omega_h^2} + \dfrac{2\zeta_h}{\omega_h}s + 1\right)} \tag{3-75}$$

液压缸活塞输出位移对干扰输入的传递函数为

$$\frac{X_p}{F_L} = \frac{-\dfrac{1}{A_p^2}\left(C_t + \dfrac{V_t}{4\beta_e}s\right)}{s\left(\dfrac{s^2}{\omega_h^2} + \dfrac{2\zeta_h}{\omega_h}s + 1\right)} \tag{3-76}$$

3.4 泵控液压马达动力组件

泵控液压马达动力组件可由变量泵和定量液压马达组成,如图3-12所示。变量泵1以恒定转速旋转,通过改变变量泵的排量来控制液压马达2的转速和旋转方向。补油系统是一个小流量的恒压源,补油泵9的压力由补油溢流阀8调定。补油泵通过单向阀5、6向低压管道补油,用以补偿变量泵1和液压马达2的泄漏,并保证低压管道有一个恒定的压力值,以防止出现气穴现象或空气渗入系统,同时也能帮助系统散热。补油泵通常也可作为液压泵变量控制机构的液压源。

在正常工作时,低压管道的压力等于补油压力,高压管道的压力由负载决定,反向时两根管道的压力随之转换。为了保证液压元件不受压力冲击而损坏,在两根管道之间跨接了安全阀3、4。安全阀的规格要足够大,响应速度要足够快,以便在过载时能够使液压泵的最大流量从高压管道迅速泄入低压管道。

在泵控液压马达系统中,液压泵的输出流量和工作压力与负载相适应,因此工作效率高,适用于大功率液压伺服系统。

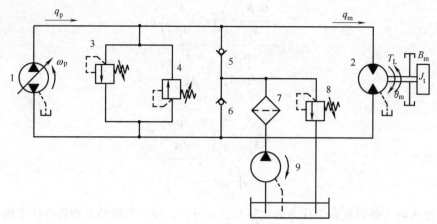

图 3-12　泵控液压马达系统

1—变量泵　2—液压马达　3、4—安全阀　5、6—单向阀　7—过滤器　8—补油溢流阀　9—补油泵

3.4.1　基本方程

在推导液压马达转角与液压泵摆角的传递函数时，需进行条件假设，同 3.3 节泵控液压缸系统推导传递函数的假设。需要注意，在本系统中，补充假设：补油系统工作无滞后，补油压力为常数。在工作中低压管道压力不变，等于补油压力，只有高压管道有压力变化。

1）变量泵的流量方程：将式（3-66）代入式（3-67），其增量方程的拉氏变化为

$$Q_p = K_{qp}\gamma - C_{tp}P_1 \tag{3-77}$$

式中　K_{qp}——变量泵的流量增益，$K_{qp} = K_p\omega_p$；

　　　C_{tp}——变量泵的总泄漏系数，$C_{tp} = C_{ip} + C_{ep}$。

2）液压马达高压腔的流量连续性方程为

$$q_p = C_{im}(p_1 - p_r) + C_{em}p_1 + D_m\frac{\mathrm{d}\theta_m}{\mathrm{d}t} + \frac{V_0}{\beta_e}\frac{\mathrm{d}p_1}{\mathrm{d}t} \tag{3-78}$$

式中　C_{im}——液压马达的内泄漏系数〔$\mathrm{m^3/(Pa \cdot s)}$〕；

　　　C_{em}——液压马达的外泄漏系数〔$\mathrm{m^3/(Pa \cdot s)}$〕；

　　　D_m——液压马达的排量（$\mathrm{m^3/rad}$）；

　　　V_0——一个腔室的总容积（$\mathrm{m^3}$）。

一个腔室的总容积包括液压泵和液压马达的一个工作腔、一根连接管道及与此相连的非工作容积。

式（3-78）增量方程的拉普拉斯变化为

$$Q_p = C_{tm}P_1 + D_m s\Theta_m + \frac{V_0}{\beta_e}sP_1 \tag{3-79}$$

式中　C_{tm}——液压马达的总泄漏系数，$C_{tm} = C_{im} + C_{em}$。

3）液压马达和负载的力矩平衡方程为

$$D_m(p_1 - p_r) = J_t\frac{\mathrm{d}^2\theta_m}{\mathrm{d}t^2} + B_m\frac{\mathrm{d}\theta_m}{\mathrm{d}t} + G\theta_m + T_L \tag{3-80}$$

式中　J_t——液压马达和负载的总惯量（$\mathrm{kg \cdot m^2}$）；

　　　B_m——黏性阻尼系数〔$\mathrm{N/(m/s)}$〕；

　　　G——负载的扭转弹簧刚度（$\mathrm{N/m}$）；

　　　T_L——作用在液压马达轴上的任意外负载力矩（$\mathrm{N \cdot m}$）。

其增量方程的拉普拉斯变换式为

$$D_m P_1 = J_t s^2 \Theta_m + B_m s \Theta_m + G\Theta_m + T_L \tag{3-81}$$

3.4.2　框图与传递函数

由式（3-77）、式（3-79）和式（3-81）这三个基本方程可以画出泵控液压马达的框图，如图 3-13 所示。

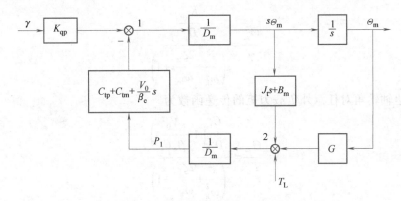

图 3-13　泵控液压马达的框图

由基本方程式（3-77）、式（3-79）、式（3-81）消去中间变量 Q_p、P_1，可得

$$\Theta_m = \frac{\dfrac{K_{qp}}{D_m}\gamma - \dfrac{C_t}{D_m^2}\left(1+\dfrac{V_0}{\beta_e C_t}s\right)T_L}{\dfrac{V_0 J_t}{\beta_e D_m^2}s^3 + \left(\dfrac{C_t J_t}{D_m^2}+\dfrac{B_m V_0}{\beta_e D_m^2}\right)s^2 + \left(1+\dfrac{C_t B_m}{D_m^2}+\dfrac{G V_0}{\beta_e D_m^2}\right)s + \dfrac{G C_t}{D_m^2}} \tag{3-82}$$

式中　C_t——总泄漏系数，$C_t = C_{tp}+C_{tm}$。

式（3-82）中变量机构的摆角 γ 是指令信号，外负载力矩 T_L 是干扰信号，进而可以求出液压马达轴转角对变量泵摆角的传递函数 $\dfrac{\Theta_m}{\gamma}$ 和对外负载力矩的传递函数 $\dfrac{\Theta_m}{T_L}$。

3.4.3　传递函数的简化

在动态方程式（3-82）中，考虑了负载惯性、黏性摩擦负载、弹性负载，以及油液的压缩性和泄漏等影响因素，是一个通用的形式。实际系统的负载往往比较简单，而且可以根据具体使用情况忽略一些影响因素，对传递函数进行简化。

当 $\dfrac{C_t B_m}{D_m^2} \ll 1$ 和 $G=0$ 时，式（3-82）可简化成

$$\Theta_m = \frac{\dfrac{K_{qp}}{D_m}\gamma - \dfrac{C_t}{D_m^2}\left(1+\dfrac{V_0}{\beta_e C_t}s\right)T_L}{s\left(\dfrac{s^2}{\omega_h^2}+\dfrac{2\zeta_h}{\omega_h}s+1\right)} \tag{3-83}$$

$$\omega_h = \sqrt{\frac{\beta_e D_m^2}{V_0 J_t}} \tag{3-84}$$

$$\zeta_h = \frac{C_t}{2D_m}\sqrt{\frac{\beta_e J_t}{V_0}}+\frac{B_m}{2D_m}\sqrt{\frac{V_0}{\beta_e J_t}} \tag{3-85}$$

液压马达轴转角对变量泵摆角的传递函数为

$$\frac{\Theta_m}{\gamma} = \frac{\dfrac{K_{qp}}{D_m}}{s\left(\dfrac{s^2}{\omega_h^2}+\dfrac{2\zeta_h}{\omega_h}s+1\right)} \tag{3-86}$$

液压马达轴转角对任意外负载力矩的传递函数为

$$\frac{\Theta_m}{T_L} = \frac{-\dfrac{C_t}{D_m^2}\left(1+\dfrac{V_0}{\beta_e C_t}s\right)}{s\left(\dfrac{s^2}{\omega_h^2}+\dfrac{2\zeta_h}{\omega_h}s+1\right)} \tag{3-87}$$

3.4.4　泵控液压马达与阀控液压马达的比较

泵控液压马达与阀控液压马达这两种动力组件的动态特性没有根本差别，但相应参数的数值及变化范围却有很大的不同。

1）泵控液压马达的液压固有频率较低。在一根管道的压力等于常数时，因为只有一个控制管道压力发生变化，所以液压弹簧刚度为阀控液压马达的一半，液压固有频率是阀控液压马达的$1/\sqrt{2}$。另外，液压泵的工作腔容积较大，这使液压固有频率进一步降低。

2）泵控液压马达的阻尼比较小，但较恒定。泵控液压马达的总泄漏系数 C_t 比阀控液压马达的总流量-压力系数 K_{ce} 小，因此其阻尼比小于阀控液压马达的阻尼比。泵控液压马达几乎总是欠阻尼的，为达到满意的阻尼比，往往有意地设置旁路泄漏通道或内部压力反馈回路。泵控液压马达的总泄漏系数基本上是恒定的，因此阻尼比也比较恒定。

3）泵控液压马达的增益 K_{qp}/D_m 和静态速度刚度 D_m^2/C_t 是比较恒定的。

4）动态柔度或由其倒数所确定的动态刚度特性也可用 3.1 节的方法求出，由于泵控液压马达的液压固有频率和阻尼比较低，因此动态刚度不如阀控液压马达好。但由于 C_t 较小，故静态速度刚度很好。

总之，泵控液压马达是相当线性的组件，其增益和阻尼比都是比较恒定的，固有频率的变化与阀控液压马达相似。所以泵控液压马达的动态特性比阀控液压马达更加可以预测，计算出的性能和实测的性能比较接近，而且受工作点变化的影响也较小。但是，由于液压固有频率较低，还要附加一个变量控制伺服机构，因此总的响应特性不如阀控液压马达好。

3.4.5 几个关键参数对系统性能的影响

1. 液压流体压缩率和体积弹性模量

液压流体压缩率用来表示其可压缩性，其定义式为

$$K = -\frac{\Delta V/V_0}{\Delta p} \tag{3-88}$$

式中 ΔV——液压介质的体积变化量（m^3）；

      V_0——常温下的液压介质初始体积（m^3）；

      Δp——压力变化量（Pa）。

对于未混入空气的矿物性液压油，其流体压缩率 $K = (5 \sim 7) \times 10^{-10} m^2/N$。液压流体压缩率的倒数称为体积弹性模量（Pa），用 β_e 表示，即

$$\beta_e = 1/K \tag{3-89}$$

液压油有效体积弹性模量作为反映油液压缩性的主要指标，随外界环境及工况变化而变化。液压介质的流体压缩率很小，因而工程上可以认为液压介质是不可压缩的。然而，在高压液压系统中，或者研究系统动态特性、分析远距离操纵的液压机构时，必须考虑工作介质压缩性的影响。

对于未混入空气的矿物型液压油，$\beta_e = 1.4 \sim 2 GPa$；油包水乳化液为 $\beta_e = 2.3 GPa$；水乙二醇为 $\beta_e = 3.45 GPa$。一般而言，液压系统中所用的液压介质均混有一定的空气。液压介质混入空气后，会显著地降低介质的体积弹性模量。

2. 液压油黏度

液压油黏度受压力、混入气体量和温度影响。

液压油黏度过高，便会增加液压元件的摩擦和发热，使液压元件动作不灵敏，系统内压力损失增大；液压油黏度过低，会导致系统内部泄漏损失增大，液压泵的工作效率降低。

黏度包括动力黏度和运动黏度。在通常情况下，压力对动力黏度的影响很小。在实际工程中，在压力小于 5MPa 的情况下，一般不需要考虑液体压力对于动力黏度的影响。液压油黏度与含气量之间存在非线性关系，在不考虑温度等环境因素影响的情况下，液压油黏度随含气量的增加而增加。温度对动力黏度的影响比较大，温度升高，液体的内聚力减小，因此液压油动力黏度在温度升高时反而减小。

液压油温度升高造成液压油黏度降低，会使液压伺服系统的泄漏增加、容积效率降低。液压油温度的升高通过对流换热将热量传递给液压伺服元件的金属表面，会造成液压伺服系统元件温度的升高，并使液压元件处于低性能和低效率的工作状态。液压元件的低效率工作使其能量损失转化为液压油的内能，使液压油温度升高，由此形成恶性循环，因此一定要做好液压系统的冷却降温工作。

3. 泄漏系数

泄漏是内泄漏和外泄漏两者共同作用的结果，对于液压系统而言都会带来能量的损失。泄漏对系统响应时间影响不大，但往往对响应输出的超调量有显著的影响。随着泄漏系数增大，响应输出的超调量和稳定输出值会减小。在无负载时，由于液压系统压力较低，泄漏不明显，即对无负载情况下的稳态输出影响不大。当系统有负载时，液压系统压力上升，泄漏会明显增加。

4. 效率

液压泵的功率损失有容积损失和机械损失两部分，分别用容积效率与机械效率来描述。

液压泵的容积效率为泵的实际输出流量与理论流量的比值，即

$$\eta_V = \frac{Q}{Q_0}$$

式中 Q——实际输出流量（L/min）；

       Q_0——理论流量（L/min）。

液压泵的容积效率随着液压泵工作压力的增大而减小，且因液压泵的结构类型不同而异。

液压泵的机械效率为泵理论转矩（由压力作用于转子产生的液压转矩）与泵轴上实际输入转矩之比，即

$$\eta_m = \frac{pq_0}{2\pi T_i}$$

式中 p——工作压力（MPa）

       q_0——排量（mL/r）；

       T_i——实际输入转矩（N·m）。

机械损失是指液压泵在转矩上的损失，液压泵的实际输入转矩总是大于理论上所需要的转矩，主要原因是液压泵体内相对运动部件之间存在机械摩擦，因而产生摩擦转矩损失，此外，还存在液压油黏度引起的摩擦损失。

液压泵总效率 η 为泵的容积效率与机械效率之积，即

$$\eta = \eta_V \eta_m$$

3.5   液压动力组件与负载的匹配

液压动力组件要拖动负载运动，因此就存在液压动力组件的输出特性与负载特性的配合问题，即负载匹配问题。在研究负载匹配问题之前，首先应该了解负载特性。

3.5.1   负载特性

负载是指液压执行元件运动时所遇到的各种阻力（或阻力矩）。负载的种类有惯性负载、弹性负载、黏性阻尼负载、摩擦负载和合成负载等。

负载力与负载速度之间的关系称为负载特性。以负载力为横坐标，负载速度为纵坐标所画出的曲线称为负载轨迹，其方程即为负载轨迹方程。负载特性不但与负载的类型有关，而且与负载的运动规律有关，采用频率法设计系统时，可以认为输入信号是正弦信号，负载是在做正弦响应。下面介绍几种典型的负载特性。

1. 惯性负载特性

惯性负载力可表示为

$$F_I = m\ddot{x}$$

设惯性负载的位移 x 为正弦运动，即

$$x = x_0 \sin\omega t$$

式中 x_0——正弦运动的振幅（mm）；

ω——正弦运动的角频率（rad/s）。

则负载轨迹方程为

$$\dot{x} = x_0\omega\cos\omega t$$

$$F_{\mathrm{I}} = -mx_0\omega^2\sin\omega t$$

联立上两式可得

$$\left(\frac{\dot{x}}{x_0\omega}\right)^2 + \left(\frac{F_{\mathrm{I}}}{x_0 m\omega^2}\right)^2 = 1 \tag{3-90}$$

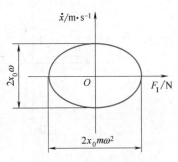

负载轨迹为一正椭圆，如图 3-14 所示。其中，最大负载速度 $\dot{x}_{\max} = x_0\omega$ 与 ω 成正比，最大负载力 $F_{\mathrm{Imax}} = mx_0\omega^2$ 与 ω^2 成正比，故 ω 增加时椭圆横轴增加比纵轴快。由于惯性力随速度增大而减小，所以负载轨迹点的旋转方向是逆时针方向。

图 3-14 惯性负载轨迹

2. 黏性阻尼负载特性

黏性阻尼力为

$$F_{\mathrm{v}} = B\dot{x}$$

设负载的位移为 $x = x_0\sin\omega t$，则得负载轨迹方程为

$$\dot{x} = x_0\omega\cos\omega t$$

$$F_{\mathrm{v}} = Bx_0\omega\cos\omega t$$

或者写成

$$\dot{x} = \frac{F_{\mathrm{v}}}{B} \tag{3-91}$$

负载轨迹为一直线，如图 3-15 所示。其斜率为 $\tan\alpha = \dfrac{1}{B}$，与频率无关。

3. 弹性负载特性

弹性负载力为

$$F_{\mathrm{p}} = Kx$$

设 $x = x_0\sin\omega t$，则负载轨迹方程为

$$\dot{x} = x_0\omega\cos\omega t$$

$$F_{\mathrm{p}} = Kx_0\sin\omega t$$

或者写成

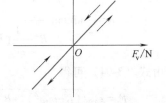

图 3-15 黏性阻尼负载轨迹

$$\left(\frac{F_{\mathrm{p}}}{Kx_0}\right)^2 + \left(\frac{\dot{x}}{x_0\omega}\right)^2 = 1 \tag{3-92}$$

负载轨迹也是一个正椭圆，如图 3-16 所示。其中，最大负载力 $F_{\mathrm{pmax}} = Kx_0$ 与 ω 无关，而最

大负载速度 $\dot{x}_{\max}=x_0\omega$ 与 ω 成正比，故 ω 增加时椭圆横轴不变，纵轴与 ω 成比例增加。因为弹簧变形速度减小时弹簧力增大，所以负载轨迹上的点是沿顺时针方向变化的。

4. 摩擦负载特性

摩擦力包括静摩擦力和动摩擦力两部分，其相应的负载轨迹如图 3-17 所示。静摩擦力与动摩擦力之和构成干摩擦力。当静摩擦力与动摩擦力近似相等时的干摩擦力称为库伦摩擦力。

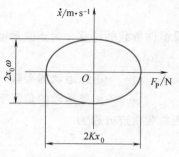

图 3-16　弹性负载轨迹

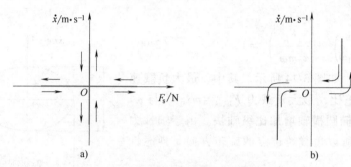

图 3-17　摩擦负载轨迹

a）静摩擦负载轨迹　b）动摩擦负载轨迹

5. 合成负载特性

实际系统的负载常常是上述若干负载的组合，如惯性负载、黏性阻尼负载与弹性负载的组合。此时负载力为

$$F_t = m\ddot{x} + B\dot{x} + Kx$$

若设负载位移 $x=x_0\sin\omega t$，则负载轨迹为

$$\dot{x} = x_0\omega\cos\omega t$$

$$F_t = (K-m\omega^2)x_0\sin\omega t + Bx_0\omega\cos\omega t \tag{3-93}$$

联立上两式可得

$$\left[\frac{F_t - B\dot{x}}{(K-m\omega^2)x_0}\right]^2 + \left(\frac{\dot{x}}{x_0\omega}\right)^2 = 1 \tag{3-94}$$

这是个斜椭圆方程，负载轨迹如图 3-18 所示。椭圆轴线与坐标系横轴的夹角为

$$\alpha = \frac{1}{2}\arctan\frac{2B}{B^2 - \dfrac{1}{\omega^2}(K-m\omega^2)^2 - 1}$$

由式（3-94）可得

$$F_t = x_0\sqrt{(K-m\omega^2)^2 + B^2\omega^2}\sin(\omega t + \varphi)$$

则

$$F_{t\max} = x_0\sqrt{(K-m\omega^2)^2 + B^2\omega^2}$$

式中，

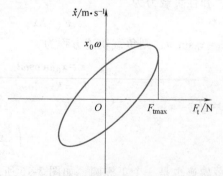

图 3-18　惯性、黏性阻尼和弹性组合负载轨迹

$$\varphi = \arctan \frac{B\omega}{K - m\omega^2}$$

对惯性负载加弹性负载的情况或惯性负载加黏性阻尼负载的情况,负载轨迹方程可由式 (3-94) 简化得到。

对惯性负载、弹性负载、黏性阻尼负载或由它们组合形成的负载,随频率增加,负载轨迹变大,在设计时应考虑取最大工作频率时的负载轨迹。

当存在外干扰力或负载运动规律不是正弦形式时,负载轨迹就复杂了,有时只能知道部分工况点的情况。在负载轨迹上,对设计最有用的工况点是:最大功率、最大速度和最大负载力工况点。一般来说,对功率的要求最难满足,因此它也是最重要的要求。

3.5.2 等效负载的计算

液压执行元件有时通过机械传动装置与负载相连,如齿轮传动装置、滚珠丝杠等。为了便于分析和计算,需要将负载惯量、负载阻尼、负载刚度等折算到液压执行元件的输出端,或者相反地将液压执行元件的惯量、阻尼等折算到负载端。如果还要考虑结构柔度的影响,其负载模型则为二自由度或多自由度系统。

图 3-19a 所示为液压马达负载原理图,用惯量为 J_m 的液压马达驱动惯量为 J_L 的负载,两者之间的齿轮传动比为 i,轴 1 (液压马达轴) 的刚度为 K_{s1},轴 2 (负载轴) 的刚度为

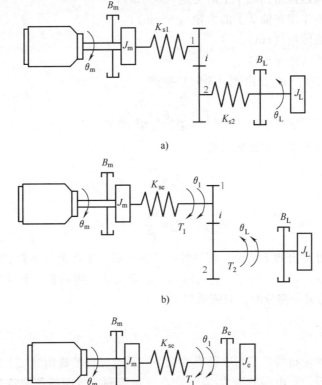

图 3-19 负载的简化模型

K_{s2}。假设齿轮是绝对刚性的，齿轮的惯量和游隙为零。

图 3-19a 所示的系统可简化成图 3-19c 所示的等效系统。其方法如下：

1) 将挠性轴转换成绝对刚性轴，并通过改变轴 1 的刚度来等效原系统，如图 3-19b 所示。对图 3-19a 所示系统，首先把惯量 J_L 刚性地固定起来，并对惯量 J_m 施加一个 T_m 的力矩，由此在大齿轮 2 上产生一个 iT_m/K_{s2} 的偏转角。大齿轮 2 的转动使小齿轮 1 转过 $i^2 T_m/K_{s2}$ 角度。在力矩 T_m 作用下轴 1 转过的角度为 T_m/K_{s1}，则惯量 J_m 的总偏角为 $T_m\left(\dfrac{1}{K_{s1}}+\dfrac{i^2}{K_{s2}}\right)$。由此得出，对轴 1 系统的等效刚度为 K_{se}，则

$$\frac{1}{K_{se}}=\frac{1}{K_{s1}}+\frac{i^2}{K_{s2}} \tag{3-95}$$

刚度的倒数为柔度，因此系统的总柔度等于轴 1 的柔度加轴 2 的柔度与传动比的平方的乘积。

2) 将轴 2 上的负载惯量 J_L 和黏性阻尼系数 B_L 折算到轴 1 上。假设 J_L 折算到轴 1 上的等效惯量为 J_e，B_L 折算到轴 1 上的等效黏性阻尼系数为 B_e。由图 3-19b 和图 3-19c 可写出

$$T_1=J_e\ddot{\theta}_1+B_e\dot{\theta}_1 \tag{3-96}$$

$$T_2=J_L\ddot{\theta}_L+B_L\dot{\theta}_L \tag{3-97}$$

式中　T_1——液压马达作用在轴 1 上的力矩（N·m）；

T_2——齿轮 1 作用在轴 2 上的力矩（N·m）；

θ_1——轴 1 的转角（rad）；

θ_L——轴 2 的转角（rad）。

考虑到 $T_2=iT_1$，$\theta_1=i\theta_L$，由式（3-97）得到

$$T_1=\frac{J_L}{i^2}\ddot{\theta}_1+\frac{B_L}{i^2}\dot{\theta}_1 \tag{3-98}$$

将式（3-96）与式（3-98）做比较可得

$$J_e=\frac{J_L}{i^2} \tag{3-99}$$

$$B_e=\frac{B_L}{i^2} \tag{3-100}$$

根据以上分析可得出如下结论：将系统一部分惯量、黏性阻尼系数和刚度折算到转速为本部分 i 倍的另一部分上时，只需将它们除以 i^2。相反地，将惯量、黏性阻尼系数和刚度折算到转速为其 $1/i$ 的另一部分时，只需乘以 i^2。

3.5.3　输出特性

液压动力组件的输出特性是指在稳态情况下，执行元件的输出速度、输出力与阀的输入位移三者之间的关系，可由阀的压力-流量特性变换得到。将阀的负载流量除以液压缸活塞有效面积（或液压马达排量），负载压力乘以液压缸活塞有效面积（或液压马达排量），就可以得到动力组件的输出特性，如图 3-20 所示，具体可见如下性质：

1) 提高供油压力会使整个抛物线右移，输出功率增大，如图 3-20a 所示。

2）增大阀的最大开口面积会使抛物线开口变宽，但顶点不动，输出功率增大，如图 3-20b 所示。

3）增大液压缸活塞有效面积会使抛物线顶点右移，同时使抛物线开口变窄，但输出功率不变，如图 3-20c 所示。

这样，可以调整 p_s、Wx_{vmax}、A_p 三个参数，使之与负载匹配。

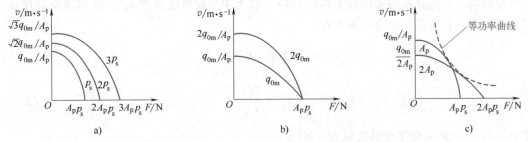

图 3-20　液压动力组件输出特性的变化

a）改变供油压力　b）改变阀口最大面积　c）改变液压缸活塞有效面积

3.5.4　负载匹配

根据负载轨迹来进行负载匹配时，只要使动力组件的输出特性曲线能够包围负载轨迹，同时使输出特性曲线与负载轨迹之间的区域尽量小，便可认为液压动力组件与负载相匹配了。输出特性曲线能够包围负载轨迹，动力组件便能够满足负载的需要，尽量减小输出特性曲线与负载轨迹之间的区域，便能减小功率损失，提高效率。如果动力组件的输出特性曲线不但包围负载轨迹，而且最大输出功率点与负载的最大功率点相重合，就可认为动力组件与负载处于最佳匹配状态。此时，功率利用最好。

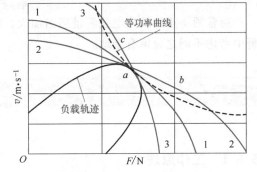

图 3-21　动力元件与负载的匹配

如图 3-21 所示，输出特性曲线 1、2、3 均包围负载轨迹，都能够拖动负载。

1）曲线 1 的最大输出功率点（a 点）与负载的最大功率点相重合，满足最佳匹配的条件。

2）曲线 2 表明，液压缸活塞有效面积太大，或者控制阀小而供油压力过高。该曲线斜率小，动力组件静态速度刚度大，线性好，响应速度快。但动力组件的最大输出功率（b 点）大于负载的最大功率（a 点），动力组件的功率没有得到充分利用。

3）曲线 3 表明，液压缸活塞有效面积太小，或者控制阀大而供油压力低。该曲线斜率大，静态速度刚度小，线性和响应速度都差。动力组件的最大输出功率（c 点）仍大于负载的最大功率。

采用作图法求动力组件参数，需要作许多抛物线与负载轨迹相切，是比较麻烦的。为了简化作图，可以采用坐标变换的方法将输出特性曲线变为直线，为此只要将纵坐标取成速度的平方就可以了。

负载匹配也可以在压力-流量坐标体系中进行，将负载力（或负载力矩）变成负载压力，负载速度变成负载流量，负载轨迹用负载压力和负载流量表示，与阀的压力-流量特性曲线匹配。

3.5.5　利用最佳匹配原则确定参数

对某些比较简单的负载轨迹（如4.5.1小节介绍的各种典型的负载轨迹），可以利用最佳匹配原则，采用解析法求出最大功率点的负载力 F_L^* 和负载速度 v_L^*，进而确定液压动力组件的参数。在阀最大输出功率点有

$$F_L^* = \frac{2}{3} A_p p_s \tag{3-101}$$

$$v_L^* = \frac{q_{0m}}{\sqrt{3} A_p} \tag{3-102}$$

式中　F_L^*——最大功率点的负载力（N）；

　　　v_L^*——最大功率点的负载速度（m/s）；

　　　q_{0m}——阀的最大空载流量（m^3/s）。

在供油压力一定的情况下，可由式（3-101）求出液压缸活塞有效面积为

$$A_p = \frac{3}{2} \frac{F_L^*}{p_s} \tag{3-103}$$

由式（3-102）求出阀的最大空载流量为

$$q_{0m} = \sqrt{3} v_L^* A_p \tag{3-104}$$

通常须将阀的最大空载流量适当加大，以补偿泄漏、改善系统的控制性能，并为负载分析中考虑不周之处留有余地。

3.6　负载敏感系统

3.6.1　工作原理

负载敏感系统是一种可以感知系统的压力流量需求，并且仅提供系统所需的流量和压力的液压回路系统。负载敏感系统具有效率高、寿命长且节能的显著优势。负载敏感系统按照控制类型可分为阀控负载敏感系统和泵控负载敏感系统，其中，泵控负载敏感系统工作原理图如图3-22所示。

在图3-22所示系统中，p_L 为负载所需压力，q_L 为负载所需流量。当阀5的阀口开度减小，表明负载所需流量减小，此时泵输出的流量大于负载所需流量，则阀5的进出口压降 Δp 增大，推动负载敏感阀1的阀芯向右运动，使泵出口通过阀1左位通变量缸大腔，由于变量缸大腔、小腔之间的面积差，推动变量泵斜盘角减小，使泵的流量减小，直到达到负载所需求的流量为止。反之，阀5的阀口开度增大，泵输出流量小于负载所需流量，则阀5的进出口压降 Δp 减小，推动负载敏感阀1的阀芯向左运动，变量缸大腔通过阀1右位通油箱，泵的斜盘角增大，流量增大。如此正常工作状态称为一般工作状态。

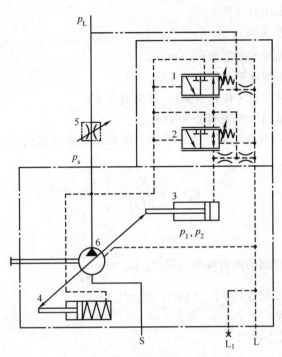

图 3-22 泵控负载敏感系统工作原理图

1—负载敏感阀 2—恒压阀 3—变量缸大腔 4—变量缸小腔 5—外接流量控制阀 6—液压泵

当执行元件停止工作或仅有微小位移，而系统压力基本保持不变，即处于保压状态时，$p_s = p_L$，这时负载敏感阀 1 无法开启，p_s 推动恒压阀 2 的阀芯向右运动，油液通过阀 2 左位进入变量缸大腔，使泵的流量减小到仅能维持系统压力，斜盘角接近零偏角，泵的功耗最小。

当外接流量控制阀 5 关死，即负载停止工作，泵出口压力仅需为阀 1 弹簧设置压力，一般只有 1.4MPa 左右，流量接近于零，为空转状态。

以上的分析说明：

1）一般工作状态下，该泵控系统的输出压力和流量完全根据负载的要求变化。

2）保压状态下，泵的输出流量仅维持系统的压力。

3）空转状态下，泵的流量在低压、零偏角状态下运转。

3.6.2 数学建模

从上述分析可知，泵控负载敏感系统有三种状态，即一般工作状态、保压状态和空转状态。其中，一般工作状态和空转状态由负载敏感阀感应负载需求产生。下面将只建立负载敏感阀运动时的数学模型。

1. 阀芯的动态方程

负载敏感阀阀芯的运动微分方程为

$$(p_s - p_L)A_v - F_0 = m_v \frac{\mathrm{d}^2 x_v}{\mathrm{d}t^2} + K_s x_v \tag{3-105}$$

式中 m_v ——负载敏感阀阀芯质量加弹簧质量的 1/3（kg）；

p_s——泵的输出压力（Pa）；

p_L——负载压力（Pa）；

A_v——负载敏感阀的控制面积（m^2）；

F_0——负载敏感阀弹簧预调力（N）；

x_v——负载敏感阀阀芯位移（m），设向右为正；

K_s——负载敏感阀的弹簧刚度（N/m）。

对式（3-105）进行拉普拉斯变换并整理，得到负载敏感阀阀芯位移对压力偏差信号的传递函数为

$$G_1(s) = \frac{X_v}{E(s)} = \frac{1/K_s}{\dfrac{s^2}{\omega_{nv}^2} + 1} \tag{3-106}$$

式中 ω_{nv}——负载敏感阀的固有频率（Hz），$\omega_{nv} = \sqrt{\dfrac{K_s}{m_v}}$；

$E(s)$——压力偏差信号（N），$E(s) = (P_s - P_L)A_v$。

2. 斜盘的动态方程

负载敏感阀的流量方程为

$$q_v = C_d W x_v \sqrt{\frac{2\Delta p}{\rho}} \tag{3-107}$$

式中 C_d——负载敏感阀的流量系数；

W——负载敏感阀的开口面积梯度；

ρ——工作介质密度（kg/m^3）；

Δp——阀口前后压降（Pa）。

故负载敏感阀的流量增益为

$$\begin{cases} K_q = \dfrac{\partial q_v}{\partial x_v} = C_d W x_v \sqrt{\dfrac{2(p_s - p_1)}{\rho}} & (x_v \geq 0) \\[4mm] K_q = C_d W x_v \sqrt{\dfrac{2p_2}{\rho}} & (x_v < 0) \end{cases} \tag{3-108}$$

负载敏感阀的流量-压力系数为

$$\begin{cases} K_c = -\dfrac{\partial q_v}{\partial p} = \dfrac{C_d W x_v}{\sqrt{2(p_s - p_1)\rho}} & (x_v \leq 0) \\[4mm] K_c = \dfrac{C_d W x_v}{\sqrt{2p_2\rho}} & (x_v > 0) \end{cases} \tag{3-109}$$

式中 p_1、p_2——变量缸活塞左移和右移时大腔压力（Pa）。

下面对负载敏感阀的流量方程进行线性化。当负载需要流量减小时，有

$$q_{v1} = K_q x_v - K_p p_1 \tag{3-110}$$

当负载需要流量增大时，有

$$q_{v1} = K_q x_v + K_p p_2 \tag{3-111}$$

斜盘的运动微分方程分斜盘偏角减小和偏角增大两种情况。偏角减小时，有

$$(p_1 A_1 - p_s A_2) r_0 = J \frac{1}{r_0} \frac{\mathrm{d}^2 x_p}{\mathrm{d}t^2} \tag{3-112}$$

偏角增大时，有

$$(p_s A_1 - p_2 A_2) r_0 = J \frac{1}{r_0} \frac{\mathrm{d}^2 x_p}{\mathrm{d}t^2} \tag{3-113}$$

式中　J——斜盘和变量缸活塞绕斜盘中心的转动惯量（$\mathrm{kg \cdot m^2}$）；

　　　r_0——变量缸活塞中心至斜盘旋转中心的距离（m）；

　　　A_1——变量缸大腔的面积（$\mathrm{m^2}$）；

　　　A_2——变量缸小腔的面积（$\mathrm{m^2}$）；

　　　x_p——变量缸活塞的位移（m），向左为正。

流量连续性方程也分斜盘偏角减小和偏角增大两种情况。斜盘偏角减小时，有

$$q_{v1} = A_1 \frac{\mathrm{d}x_p}{\mathrm{d}t} + \frac{V}{\beta_e} \frac{\mathrm{d}p_1}{\mathrm{d}t} + C_0 p_1 = K_q x_v - K_p p_1 \tag{3-114}$$

偏角增大时，有

$$q_{v2} = A_1 \frac{\mathrm{d}x_p}{\mathrm{d}t} - \frac{V}{\beta_e} \frac{\mathrm{d}p_2}{\mathrm{d}t} - C_0 p_2 \tag{3-115}$$

式中　V——变量缸大腔的容积（$\mathrm{m^3}$）；

　　　β_e——有效体积弹性模量（MPa）；

　　　C_0——变量缸大腔的泄漏系数［$\mathrm{m^3/(MPa \cdot s)}$］。

联立式（3-107）~式（3-109）、式（3-113）及式（3-114）得

$$K_q x_v = A_1 \frac{\mathrm{d}x_p}{\mathrm{d}t} + \frac{V}{\beta_e} \frac{J}{A_1 r_0^2} \frac{\mathrm{d}^3 x_p}{\mathrm{d}t^3} + (K_p + C_0) \frac{J}{A_1 r_0^2} \frac{\mathrm{d}^2 x_p}{\mathrm{d}t^2} \tag{3-116}$$

进行拉普拉斯变换并整理，得到斜盘运动的传递函数为

$$G_2(s) = \frac{X_p(s)}{X_v(s)} = \frac{K_q/A_1}{s \left(\dfrac{s^2}{\omega_n^2} + \dfrac{2\zeta_n}{\omega_n} s + 1 \right)} \tag{3-117}$$

式中　ω_n——斜盘的固有频率（Hz），$\omega_n = \sqrt{\dfrac{A_1^2 \beta_e r_0^2}{VJ}}$；

　　　ζ_n——阻尼系数，$\zeta_n = \dfrac{\omega_n (K_p + C_0) J}{2 A_1^2 r_0^2}$。

3. 泵的流量和压力输出特性

泵的流量方程为

$$q_p = K_Q n x_p \tag{3-118}$$

式中　n——泵的转速（r/min）；

　　　K_Q——泵的排量梯度（$\mathrm{m^3/rad}$）。

对式（3-118）进行拉普拉斯变换并整理，得到泵输出流量对变量缸活塞位移的传递函

数为

$$G_3(s) = \frac{Q_p(s)}{X_p(s)} = K_Q n \tag{3-119}$$

泵的流量输出引起压力变化，可用微分方程表示为

$$-q_p + q_L - C_1 p_s = \frac{V_t}{\beta} \frac{\mathrm{d}p_s}{\mathrm{d}t} \tag{3-120}$$

式中 V_t——泵输出端容腔体积（m^3）。

对式（3-120）进行拉普拉斯变换并整理，得到泵输出压力对流量偏差信号的传递函数为

$$G_4(s) = \frac{P_s(s)}{I_s(s)} = \frac{1/C_1}{1 + s/\omega_T} \tag{3-121}$$

式中 $I_s(s)$——流量偏差信号，$I(s) = -Q_p(s) + Q_L(s)$；

C_1——变量缸小腔的泄漏系数 $[\mathrm{m}^3/(\mathrm{Pa} \cdot \mathrm{s})]$；

ω_T——惯性环节的转折频率（Hz），$\omega_T = \dfrac{\beta C_1}{V_t}$。

3.6.3　框图与传递函数

1. 框图

由式（3-106）、式（3-117）、式（3-119）及式（3-121），得到泵控负载敏感系统的框图如图 3-23 所示。

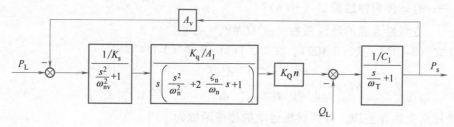

图 3-23　泵控负载敏感系统的框图

2. 传递函数

根据图 3-23 所示系统框图，得到系统的开环传递函数为

$$G_K(s) = \frac{\dfrac{K_q K_Q n A_v}{K_s A_1 C_1}}{s\left(\dfrac{s}{\omega_T} + 1\right)\left(\dfrac{s^2}{\omega_{nv}^2} + 1\right)\left(\dfrac{s^2}{\omega_n^2} + 2\dfrac{\zeta_n}{\omega_n}s + 1\right)} \tag{3-122}$$

系统的开环增益为

$$K = K_Q n A_v \frac{1}{K_s} \frac{K_q}{A_1} \frac{1}{C_1} \tag{3-123}$$

增加或减小系统的开环增益会对系统的稳定性和快速性产生重要影响。其中，负载敏感阀的弹簧刚度 K_s 越大，系统响应越快，超调量越小，稳定性越好，但是系统的稳态误差越大。负载敏感阀的控制面积 A_v 越大，系统响应越慢，超调量越大。

本章小结

液压动力组件是液压伺服控制系统中的关键部分，本章介绍了常用液压动力组件的建模分析方法，推导了阀控液压缸、阀控液压马达、泵控液压缸和泵控液压马达的基本方程和传递函数，在进行频率响应分析的基础上加入了对阀控非对称液压缸、泵控非对称液压缸的分析，同时还对液压动力组件与负载的匹配问题进行了详细介绍，最后简述了负载敏感系统的相关知识，为后面章节的学习奠定基础。

习题

3-1 解释式 $X_p = \dfrac{\dfrac{K_q}{A_p}X_v - \dfrac{K_{ce}}{A_p^2}\left(1+\dfrac{V_t}{4\beta_e K_{ce}}s\right)F_L}{\dfrac{m_t V_t}{4\beta_e A_p^2}s^3 + \left(\dfrac{m_t K_{ce}}{A_p^2}+\dfrac{B_p V_t}{4\beta_e A_p^2}\right)s^2 + \left(1+\dfrac{B_p K_{ce}}{A_p^2}+\dfrac{KV_t}{4\beta_e A_p^2}\right)s + \dfrac{KK_{ce}}{A_p^2}}$ 中等号右侧各项分母乘以 X_p 后所代表的意义。

3-2 液压固有频率和液压缸活塞位置有关，在计算系统稳定性时，四边滑阀控制液压缸应取活塞的什么位置，为什么？

3-3 何谓液压弹簧刚度？为什么要把液压弹簧刚度理解为动态刚度？

3-4 为什么液压动力元件可以得到较大的固有频率？

3-5 为什么说液压阻尼比 ζ_h 是一个软量？提高阻尼比的方法有哪些？它们有什么特点？

3-6 简述泵控对称液压缸系统原理。

3-7 何谓负载匹配？满足什么条件才算最佳匹配？

3-8 满足什么条件才能得到泵控液压马达的最佳匹配？

3-9 有一四边滑阀控制的双作用液压缸，直接拖动负载做简谐运动。已知：供油压力 $p_s = 140 \times 10^5 \text{Pa}$，负载质量 $m_t = 300 \text{kg}$，负载位移规律为 $x_p = x_m \sin\omega t$，负载移动的最大振幅 $x_m = 8 \times 10^{-2} \text{m}$，角频率 $\omega = 30 \text{rad/s}$。试根据最佳负载匹配原则求液压缸面积和四边滑阀的最大开口面积 Wx_{vmax}。计算时，取流量系数 $C_d = 0.62$，工作介质密度 $\rho = 870 \text{kg/m}^3$。

拓展阅读

[1] 乔舒斐，郝云晓，权龙，等. 机电液混合驱动直线执行器构型设计与性能测试 [J]. 机械工程学报，2022，58（5）：212-222.

[2] 张立杰，王力航，李玉昆，等. 液压伺服系统闭环刚度特性分析与试验研究 [J]. 机械工程学报，2018，54（16）：170-177.

[3] 柏艳红，权龙，郝小星，等. 基于流量近似的阀控液压缸动力机构建模 [J]. 机械工程学报，2014，50（24）：179-185.

[4] 姚静，王佩，董兆胜，等. 开式泵控非对称缸负载容腔独立控制耦合特性 [J]. 中国机械工程，2017，28（14）：1639-1645.

［5］　郝云晓，夏连鹏，权龙，等．闭式泵控液气储能重载举升机构特性研究［J］．机械工程学报，2019，55（16）：213-219．

［6］　王翔宇，张红娟，杨敬，等．非对称泵控装载机动臂特性研究［J］．机械工程学报，2021，57（12）：258-266，284．

［7］　赵虎，张红娟，权龙，等．非对称泵控差动缸速度伺服系统特性［J］．机械工程学报，2013，49（22）：170-176．

［8］　王玄，陶建峰，张峰榕，等．泵控非对称液压缸系统高精度位置控制方法［J］．浙江大学学报（工学版），2016，50（4）：597-602．

［9］　田晴晴，谷立臣．变转速变排量复合调速液压系统监控平台设计［J］．中国机械工程，2016，27（16）：2225-2229，2266．

［10］　权龙．泵控缸电液技术研究现状、存在问题及创新解决方案［J］．机械工程学报，2008，44（11）：87-92．

［11］　彭天好，乐南更．变转速泵控马达系统转速降落补偿试验研究［J］．机械工程学报，2012，48（4）：175-181．

［12］　彭天好，徐兵，杨华勇．变频泵控马达调速系统单神经元自适应 PID 控制［J］．中国机械工程，2003（20）：1780-1783．

［13］　QUAN Z Y，QUAN L，ZHANG J M．Review of energy efficient direct pump controlled cylinder electro-hydraulic technology［J］．Renewable and Sustainable Energy Reviews，2014，35：336-346．

［14］　HUANG H H，ZOU X，LI L，et al．Energy-saving design method for hydraulic press drive system with multi motor-pumps［J］．International Journal of Precision Engineering and Manufacturing-Green Technology，2019，6（2）：223-234．

［15］　吴刚，曾国强，严磊，等．IEEE 电脑鼠直流伺服电机控制建模与研究［J］．微电机，2014，47（5）：41-45．

［16］　刘亚静，范瑜，吕刚．全数字伺服电机轴角转换单元建模与分析［J］．中国电机工程学报，2013，33（3）：148-154．

✂ 思政拓展：安全阀是启闭件，在外力作用下处于常闭状态，当设备或管道内的介质压力升高超过规定值时，通过向系统外排放介质来防止管道或设备内介质压力超过规定数值。扫描下方二维码观看新中国第一台煤矿液压支架及其中的安全阀相关视频，了解该安全阀的制造过程和结构特点。

信物百年
新中国第一台煤
矿液压支架

第**4**章 机液控制系统建模与分析

知识导图

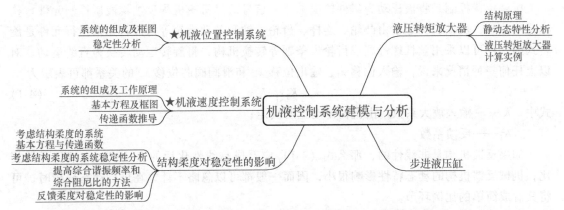

在飞机发展的初始阶段，驾驶员通常通过机械式操纵系统使舵面偏转，但随着飞机速度及载荷的提高，铰链力矩随之增加，因此驾驶员靠自身的力已很难带动舵面偏转。所以为了减小驾驶员的操纵力，飞机开始采用助力操纵，驾驶员通过液压助力器操纵水平尾翼。但是助力器可能会发生抖动，严重的助力器抖动将引起飞机的纵向飘摆，给飞机的操纵带来严重问题，甚至酿成事故；而轻微的助力器抖动虽然不易发现，但会对高速飞机的稳定性及军用飞机操纵的准确性造成影响。因此，液压助力器的性能对飞机纵向稳定性有较大影响。液压助力器就是典型的机液控制系统，因其结构简单、工作可靠、容易维护，广泛应用于飞机舵面控制、火炮瞄准机构操纵、车辆转向控制，以及仿形机床、闭式泵等的控制系统中。其主要缺点是系统中没有伺服放大器，增益调整不方便。在设计时，对系统的开环增益要求非常严格。

由液压控制元件和液压执行元件所组成的液压动力组件，实际上是一种开环控制。例如阀控液压缸动力组件，它是通过滑阀阀芯移动把液压油引入液压缸，使活塞产生运动。如果用活塞产生的输出位移量与阀芯的输入位移量比较后的偏差信号再去控制放大元件，就形成液压闭环位置控制系统。通过某种机械装置接收液压动力组件输出的运动作为反馈信号，并将其与输入的控制指令信号进行比较得到偏差信号，以减小阀芯输入所产生的误差，就形成由机械反馈装置和液压动力组件所组成的液压控制系统，称为机液控制系统。

机液控制系统主要用来控制位置，也可以用来控制其他物理量，如原动机的转速控制和拖拉机牵引阻力的自动调节等。机液控制系统可以按不同的方法来分类：按反馈方式的不同可以分为内反馈控制系统、外反馈控制系统；按动力机构的不同可以分为阀控控制（阀控液压缸或阀控液压马达）、泵控控制（泵控液压缸或泵控液压马达）。

本章主要对机液位置控制系统、机液速度控制系统的特性进行分析，讨论结构柔度等因素对稳定性的影响，并介绍液压转矩放大器和步进液压缸，为实际的工程设计和应用奠定基础。

4.1 机液位置控制系统

4.1.1 系统的组成及框图

机液位置控制是将液压动力组件输出的位置信号通过机械机构反馈给液压控制元件，构成闭环控制，反馈机构通常由凸轮、连杆、齿轮、轴和差动齿轮等构成；如果执行元件是旋转式的，还可以采用丝杠螺母副或齿轮齿条副等转换机构，将旋转运动转换为直线运动。对以上任何一种情况来说，输入位移 x_i、输出位移 x_p 和滑阀阀芯位移 x_v 的关系都可表示为

$$x_v = K_i x_i - K_f x_p \tag{4-1}$$

式中　K_i——输入放大系数，由机构传动比所决定；

　　　K_f——反馈系数。

如果反馈机构是非线性的，那么式（4-1）应看成是线性化后的表达式。与液压元件相比，机械反馈机构的动态特性影响很小，因而一般都可以忽略不计，在进行动态分析时，可将其看成简单的比例环节。

下面分析图 4-1 所示的机液位置控制系统。其动力组件由四边滑阀和液压缸组成，反馈是利用连杆来实现的，虚线表示连杆的初始位置。

输入位移 x_i 和输出位移 x_p 通过连杆进行比较，在 B 点给出偏差信号（阀芯位移）x_v。当差动杆位移较小时，令 BE 与 DF 的交点为 G，由 $\triangle BCE$ 和 $\triangle ACD$ 相似以及 $\triangle DEG$ 和 $\triangle DCF$ 相似（见图 4-2），可以忽略杆长度影响，得出阀芯的位移 x_v 的拉普拉斯变换式为

$$X_v = \frac{b}{a+b} X_i - \frac{a}{a+b} X_p = K_i X_i - K_f X_p \tag{4-2}$$

式中

$$K_i = \frac{b}{a+b}, K_f = \frac{a}{a+b}$$

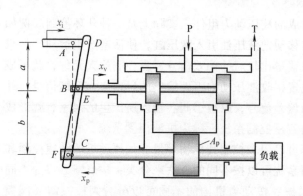

图 4-1 机液位置控制系统原理图

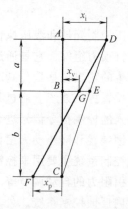

图 4-2 差动杆运动示意图

假定动力组件的负载为惯性负载和黏性负载，并考虑外负载力 F_L，根据式（3-15），液压缸的输出位移为

$$X_p = \frac{\dfrac{K_q}{A_p}X_v - \dfrac{K_{ce}}{A_p^2}\left(1+\dfrac{V_t}{4\beta_e K_{ce}}s\right)F_L}{s\left(\dfrac{s^2}{\omega_h^2}+2\dfrac{\zeta_h}{\omega_h}s+1\right)} \tag{4-3}$$

根据式（4-2）和式（4-3）可画出系统的框图，如图4-3所示。为便于分析，将框图经过结构变换为单位负反馈的形式，如图4-4所示。根据系统框图可以进行系统的动态特性分析。

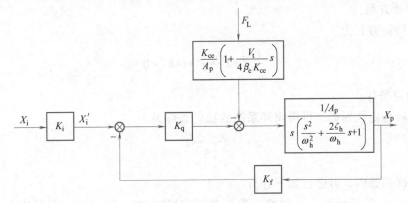

图 4-3　机液位置控制系统框图

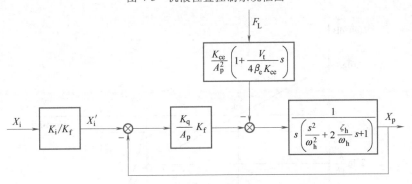

图 4-4　机液位置控制系统变换成单位负反馈的框图

4.1.2　稳定性分析

系统的稳定性是系统能够可靠工作的保证，所以它是控制系统最重要的特性。为保证稳定性，有时要牺牲一些响应速度。

（1）开环传递函数

由图4-4所示的框图可得在不考虑外干扰力 F_L 的影响时，系统的开环传递函数为

$$G_K(s)=\frac{X_p(s)}{X_i'(s)}=\frac{K_v}{s\left(\dfrac{s^2}{\omega_h^2}+2\dfrac{\zeta_h}{\omega_h}s+1\right)} \tag{4-4}$$

式中 K_v——开环增益，$K_v = \dfrac{K_q}{A_p}K_f$。

（2）闭环传递函数

系统的闭环传递函数为

$$G_B(s) = \frac{G_K(s)}{1 + G_K(s)H(s)} = \frac{K_v}{\dfrac{1}{\omega_h^2}s^3 + 2\dfrac{\zeta_h}{\omega_h}s^2 + s + K_v} \tag{4-5}$$

进而可绘制出系统伯德图如图 4-5 所示。

（3）特征方程

系统的特征方程为

$$\frac{1}{\omega_h^2}s^3 + 2\frac{\zeta_h}{\omega_h}s^2 + s + K_v = 0 \tag{4-6}$$

（4）稳定条件

根据劳斯稳定性判据，可得闭环系统的稳定条件为

$$\frac{K_v}{\omega_h^2} < \frac{2\zeta_h}{\omega_h} \tag{4-7}$$

根据系统伯德图，可进行如下分析。

1）在 $\omega < \omega_h$ 的低频段上（忽略二阶振荡环节影响时），积分环节是斜率为 $-20\ \mathrm{dB/dec}$ 的直线。

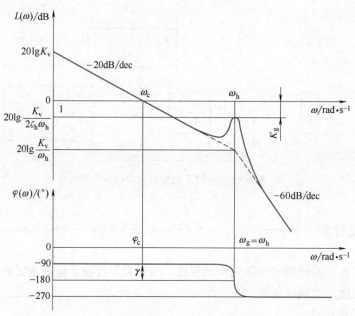

图 4-5   机液位置控制系统伯德图

根据斜率为 $-20\mathrm{dB/dec}$，可求得开环增益 K_v 和穿越频率 ω_c 的关系式，即

$$\frac{20\lg K_v}{\lg 1 - \lg \omega_c} = -20$$

则
$$20\lg K_v = -20\lg 1 + 20\lg \omega_c$$

故
$$K_v = \omega_c \qquad (4\text{-}8)$$

考虑二阶振荡环节的影响时，实际上穿越频率 ω_c 稍大于开环增益 K_v，而系统的频宽又稍大于 ω_c。

2）在高频段 $\omega > \omega_h$ 时，其振荡环节的渐近线是一条斜率为 -60dB/dec 的直线。两条渐近线相交处的频率 ω_h 称为转折频率，此处即液压固有频率。此时的对数幅值为 $20\lg \dfrac{K_v}{\omega_h}$。当液压阻尼比较小时，产生一个谐振峰值，其幅值为 $20\lg \dfrac{K_v}{2\zeta_h \omega_h}$。由奈奎斯特稳定性判据可知，当谐振峰值到达零分贝线以上时，系统就不稳定。因此系统的稳定条件就是

$$20\lg \frac{K_v}{2\zeta_h \omega_h} < 0 \qquad 即 \qquad \frac{K_v}{2\zeta_h \omega_h} < 1$$

或
$$K_v < 2\zeta_h \omega_h \qquad (4\text{-}9)$$

式（4-9）与式（4-7）一致，给出了系统在稳定条件下，允许的最大 K_v 值。又因为 $K_v = \omega_c$，故稳定条件也限制了系统允许的穿越频率。因 ζ_h 和 ω_h 是由动力组件决定的，ω_h 容易计算，ζ_h 值则不易算出，一般取 $\zeta_h = 0.1 \sim 0.2$。这时位置控制的稳定条件是

$$K_v < (0.2 \sim 0.4)\omega_h \qquad (4\text{-}10)$$

就是说，为了保证稳定性，将 K_v 限制在 ω_h 的 $20\% \sim 40\%$ 之内作为工程设计的经验法则。因此机液位置控制系统的精度不会太高。

（5）稳定裕度

为了防止系统中元件参数变化造成的影响，应保证稳定性有一定的储备，称为稳定裕度。它又分为幅值裕度和相位裕度，可以利用伯德图求得。已知伯德图曲线穿越频率的相位角与 $180°$ 之和称为相位裕度，即

$$\gamma = 180° + \varphi(\omega) \qquad (4\text{-}11)$$

式中　$\varphi(\omega)$——开环频率特性在穿越频率处的相位角（°）。

在相位等于 $-180°$ 时，开环频率特性 $|G(j\omega_h)|$ 的倒数称为幅值裕度，用 K_g 表示。则

$$K_g = \frac{1}{|G(j\omega_h)|} = -20\lg \frac{K_v}{2\zeta_h \omega_h} \qquad (4\text{-}12)$$

对于一般液压控制系统来说，相位裕度为 $40° \sim 60°$，幅值裕度要大于 6dB，即可保证系统稳定工作。

（6）幅值比

用开环传递函数，可以求出在液压固有频率 ω_h 处的渐近线幅值比为 $\dfrac{K_v}{\omega_h}$，而精确的频率特性幅值比为 $\dfrac{K_v}{2\zeta_h \omega_h}$，如图 4-5 所示。

判据式（4-9）对所有未加校正的机液位置控制系统都适用，所以式（4-9）可以作为这类系统设计的一个准则。从式（4-8）、式（4-9）及图4-5可以看出，ω_c越大（即K_v越大），频带越宽，响应速度越快。对 I 型系统来说，当跟随单位斜坡输入时，其稳态速度误差与K_v成反比。因此，开环增益K_v越大，系统稳态精度越高。总之，要想得到高稳态精度和响应速度，K_v就应大些。但从稳定性考虑，因K_v受ω_h、ζ_h的限制，故K_v不能太大。

4.2 机液速度控制系统

各种原动机的转速调节广泛地采用机液控制系统，如水轮机、汽轮机、柴油机、涡轮喷气发动机的转速调节系统。

4.2.1 系统的组成及工作原理

本小节以图4-6所示水轮机速度调节系统为例，介绍机液速度控制系统的组成及工作原理。水轮机是靠水能工作的原动机，它将水能转换为机械能带动发电机发出电能。调节的目的有两个：一是维持转速（发电频率不变），二是合理地分配负载。

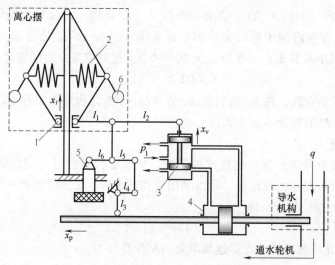

图 4-6   水轮机速度调节系统原理图

1—离心摆滑块   2—离心摆   3—滑阀   4—液压缸   5—调节螺钉   6—离心摆重锤

当水轮机负载（发电机作用在水轮机上的阻力矩）发生变化时，其转速将发生变化。转速的变化由离心摆2感受，并经杠杆传至滑阀3，控制液压缸4动作，改变水轮机导水机构的开度，从而改变进入水轮机的流量q。流量q变化引起水轮机水力转矩（主转矩）变化，以便与阻力转矩相平衡，达到维持转速恒定的目的。为了提高调节系统的稳定性，在滑阀和液压缸之间设置了杠杆$l_1 \sim l_6$以进行局部反馈。因为原动机惯性大，从导水机构动作到水轮机转速达到相应的给定值有一段时间滞后，时间滞后将造成系统产生速度波动，甚至不稳定。局部反馈的时间滞后小，它能及时地把导水机构的开度情况送回滑阀，使阀门不发生严重的过调节，减小了速度波动，增加了调节系统工作稳定性。因为采用的是杠杆式反馈机构，所以这种调节方式称为硬反馈。

水轮机速度调节系统框图如图 4-7 所示。

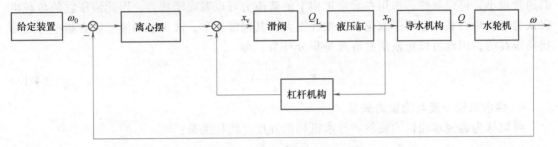

图 4-7　水轮机速度调节系统框图

系统的变速机构可以改变转速的给定值。在液压缸不动时，变速机构的调节螺钉 5 上升时，离心摆滑块 1 将上移，使离心摆弹簧预紧力增大。换句话说，在负载不变时，将使水轮机系统静特性上移，如图 4-8 所示。其中 N 代表负载的大小，ω 代表水轮机机组转速。

水轮机带动发电机发电后，在并网运行时，要求水轮机转速保持不变（电网频率不变），因此通过特性平移就可以改变水轮机的负载，使水轮机在最佳状态下运行。

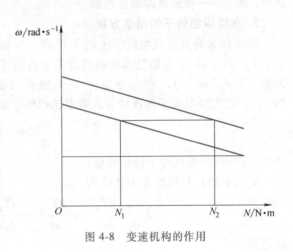

图 4-8　变速机构的作用

4.2.2　基本方程及框图

1. 离心摆的运动方程

忽略离心摆重锤质量（包括滑阀折算质量）和阻尼（包括滑阀折算阻尼），则滑环位移 H 和转速变化量 $\Delta\omega = \omega_0 - \omega$ 之间的关系为

$$H = K_\omega \Delta\omega = K_\omega(\omega_0 - \omega) \tag{4-13}$$

式中　K_ω——离心摆增益；

　　　ω_0——转速指令值；

　　　ω——转速实际值。

2. 滑阀的运动方程

参照式（4-1），滑阀位移 x_v 拉普拉斯变换式可写作

$$X_v = K_i X_i - K_f X_p \tag{4-14}$$

根据 4-6 图中杠杆结构，输入放大系数 K_i 为

$$K_i = \frac{l_2}{l_1} \tag{4-15}$$

反馈系数 K_f 为

$$K_f = \frac{l_4 l_6 (l_1 + l_2)}{l_1 l_3 (l_5 + l_6)} \tag{4-16}$$

3. 液压缸运动方程

液压缸的负载包括导水机构质量、黏性阻尼和液流作用在导水机构上的力。黏性阻尼负载通常很小，可以忽略，作用在导水机构上的液流力可以看成干扰力，因此液压缸的负载可以认为是质量负载。但由于水轮机的惯性很大，其频带很窄，液压缸的液压固有频率与之相比是很高的，因此可以把液压缸看成是积分环节，即

$$X_p = \frac{K_q / A_p}{s} X_v \tag{4-17}$$

4. 导水机构开度与流量的关系

可以认为通过水轮机的流量和导水机构的开度呈线性关系：

$$Q = K_{DQ} X_p \tag{4-18}$$

式中 K_{DQ}——导水机构增益系数。

5. 水轮机组转子的运动方程

作用在水轮发电机组转子上的力矩有：液流流过水轮机叶片所产生的水力转矩（主转矩）$T_g(\omega, q)$，它与通过水轮机的流量 q 及转子角速度 ω 有关；发电机电磁反力转矩（阻力转矩）$T_L(\omega, t)$，它与角速度 ω 及负载有关，而负载又是时间的函数；摩擦力转矩 $T_f(\omega)$，它主要取决于角速度 ω。则水轮机转子运动方程为

$$J \frac{d\omega}{dt} = T_g - T_L - T_f \tag{4-19}$$

式中 J——水轮机转子转动惯量。

式（4-19）的线性化表达式为

$$J \frac{d\omega}{dt} = \frac{\partial T_g}{\partial \omega}\bigg|_0 \omega + \frac{\partial T_g}{\partial q}\bigg|_0 q - \frac{\partial T_L}{\partial \omega}\bigg|_0 \omega - \frac{\partial T_L}{\partial t}\bigg|_0 t - \frac{\partial T_f}{\partial \omega}\bigg|_0 \omega$$

整理得

$$J \frac{d\omega}{dt} + \left(\frac{\partial T_L}{\partial \omega}\bigg|_0 + \frac{\partial T_f}{\partial \omega}\bigg|_0 - \frac{\partial T_g}{\partial \omega}\bigg|_0 \right) \omega = \frac{\partial T_g}{\partial q}\bigg|_0 q - \frac{\partial T_L}{\partial t}\bigg|_0 t \tag{4-20}$$

令

$$B_f = \frac{\partial T_L}{\partial \omega}\bigg|_0 + \frac{\partial T_f}{\partial \omega}\bigg|_0 - \frac{\partial T_g}{\partial \omega}\bigg|_0 \tag{4-21}$$

$$K_M = \frac{\partial T_g}{\partial Q}\bigg|_0 \tag{4-22}$$

$$K_L = \frac{\partial T_L}{\partial t}\bigg|_0 \tag{4-23}$$

则式（4-20）的拉普拉斯变换可写成

$$Js\omega + B_f \omega = K_M Q - K_L t \tag{4-24}$$

式（4-24）中左边第一项是惯性力矩，第二项是黏性阻尼力矩；右边第一项是液流流量变化引起的主力矩变化，第二项是负载力矩的变化。

根据式（4-13）~式（4-18）和式（4-24），可画出速度调节系统框图，如图4-9所示。可以看出，由于引入了硬反馈装置，消除了阀控缸的积分环节，所以系统是零型的，即有静差。如果去掉硬反馈装置，当 B_f 趋近于零时，系统稳定性和动态品质变坏，当 $B_f = 0$ 时，开环系统含有两个积分环节，系统是结构不稳定的。

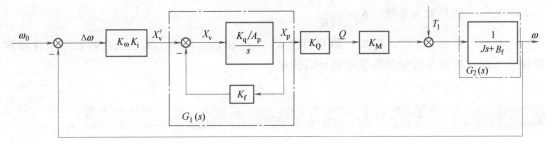

图 4-9　速度调节系统框图

4.2.3　传递函数推导

在图 4-9 所示系统中，局部反馈回路的传递函数为

$$G_1(s) = \frac{1/K_f}{T_1 s + 1} \qquad (4-25)$$

式中　T_1——局部反馈回路的时间常数，$T_1 = \dfrac{A_p}{K_q K_f}$。

水轮机负载的传递函数为

$$G_2(s) = \frac{1/B_f}{T_2 s + 1} \qquad (4-26)$$

式中　T_2——水轮机负载时间常数，$T_2 = \dfrac{J}{B_f}$。

系统的开环传递函数可写为

$$G(s) = \frac{\omega}{\Delta \omega} = \frac{K}{(T_1 s + 1)(T_2 s + 1)} \qquad (4-27)$$

式中　$K = \dfrac{K_\omega K_i K_Q K_M}{K_f B_f}$。

系统的闭环传递函数为

$$\Phi(s) = \frac{\omega}{\omega_0} = \frac{\dfrac{K}{1+K}}{\dfrac{T_1 T_2}{1+K} s^2 + \dfrac{T_1 + T_2}{1+K} s + 1} \qquad (4-28)$$

化为标准形式得

$$\Phi(s) = \frac{K_c}{\dfrac{s^2}{\omega_0^2} + \dfrac{2\zeta_0}{\omega_0} s + 1}$$

式中　ω_0——无阻尼自然频率，$\omega_0 = \sqrt{\dfrac{1+K}{T_1 T_2}}$；

ζ_0——阻尼比，$\zeta_0 = \dfrac{\omega_0 (T_1 + T_2)}{2(1+K)}$；

K_c——闭环放大系数，$K_c = \dfrac{K}{1+K}$。

已知开环参数 K、T_1、T_2 时，即可算出 K_c、ω_0 和 ζ_0，从而二阶系统在零初始条件和阶跃输入下的各项动态指标都能准确地计算出来。

4.3 结构柔度对稳定性的影响

执行元件的固定结构柔度、执行元件与负载间的连接机构的柔度或传动机构的柔度，以及反馈机构的柔度等称为结构柔度。前面讨论系统的稳定性时，为了简便都将结构柔度忽略了，把动力组件的负载看成是集中参数表示的单质量、单弹簧系统。实际中所碰到的大多数负载都可以很好地近似看成这种简单的情况。但是在某些情况下，负载为二自由度或多自由度的弹簧质量谐振系统，由质量块用弹簧以柔性结构连接而成。根据柔度的倒数就是刚度的定义，结构刚度与液压弹簧刚度相当或者结构刚度比液压弹簧刚度还要小时，将使系统的稳定性变坏，此时必须考虑结构柔度的影响。结构柔度的提高不仅可以提高系统的稳定性，还可以提高系统的工作精度，因此下面对结构柔度进行讨论和分析。

4.3.1 考虑结构柔度的系统基本方程与传递函数

图 4-10 所示为考虑液压缸缸体固定结构柔度和活塞与负载间连接结构柔度后的液压缸-负载系统简化模型图。液压缸缸体的固定结构刚度用 K_{s1} 表示，活塞与负载间连接结构刚度用 K_{s2} 表示。缸体、活塞和负载的受力简图如图 4-11 所示。

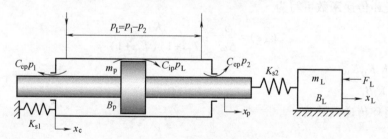

图 4-10　液压缸-负载系统简化模型

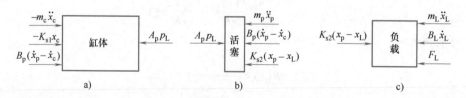

图 4-11　缸体、活塞、负载受力图

阀的线性化流量方程为

$$q_L = K_q x_v - K_c p_L \qquad (4\text{-}29)$$

在（4-29）基础上，油缸容积项采用相对速度变化，液压缸流量连续性方程为

$$q_L = A_p \left(\frac{dx_p}{dt} - \frac{dx_c}{dt} \right) + C_{tp}p_L + \frac{V_t}{4\beta_e} \frac{dp_L}{dt} \tag{4-30}$$

合并式（4-29）及式（4-30），拉普拉斯变换后得

$$K_q X_v = A_p s(X_p - X_c) + \left(K_{ce} + \frac{V_t}{4\beta_e} s \right) P_L \tag{4-31}$$

活塞的力平衡方程为

$$p_L A_p = m_p \frac{d^2 x_p}{dt^2} + B_p \left(\frac{dx_p}{dt} - \frac{dx_c}{dt} \right) + K_{s2}(x_p - x_L) \tag{4-32}$$

负载的力平衡方程

$$p_L A_p = m_L \frac{d^2 x_L}{dt^2} + B_L \frac{dx_L}{dt} + F_L = K_{s2}(x_p - x_L) \tag{4-33}$$

液压缸缸体的力平衡方程为

$$p_L A_p = -m_c \frac{d^2 x_c}{dt^2} + B_p \left(\frac{dx_p}{dt} - \frac{dx_c}{dt} \right) - K_{s1}x_c \tag{4-34}$$

式（4-29）~式（4-34）中，x 表示位移，m 表示质量，B 表示黏性阻尼系数。角标 p 表示活塞，c 表示缸体，L 表示负载。其他符号意义同前。

通常在大惯量的控制系统中，结构柔度的影响比较突出，在这种情况下，活塞质量 m_p 及缸体质量 m_c 可以忽略，而活塞的黏性阻尼系数 B_p 和负载的黏性阻尼系数 B_c 也较小，为了突出结构柔度的影响也可以忽略。如此简化后，结构柔度的影响就变得更加清楚。

由式（4-32）~式（4-34）简化后可写成

$$\begin{cases} p_L A_p = K_{s2}(x_p - x_L) \\ K_{s2}(x_p - x_L) = m_L \dfrac{d^2 x_L}{dt^2} + F_L \\ p_L A_p = -K_{s1}x_c \end{cases} \tag{4-35}$$

由式（4-35）拉普拉斯变换后可得

$$\begin{cases} P_L = \dfrac{1}{A_p} m_L s^2 X_L + \dfrac{F_L}{A_p} \\ X_p = \left(\dfrac{m_L}{K_{s2}} s^2 + 1 \right) X_L + \dfrac{F_L}{K_{s2}} \\ -X_c = \dfrac{m_L}{K_{s1}} s^2 X_L + \dfrac{F_L}{K_{s1}} \end{cases} \tag{4-36}$$

将式（4-36）代入式（4-34），整理得

$$\frac{K_q}{A_p} X_v = \left[\left(\frac{V_t m_L}{4\beta_e A_p^2} + \frac{m_L}{K_{s1}} + \frac{m_L}{K_{s2}} \right) s^2 + \frac{K_{ce} m_L}{A_p^2} s + 1 \right] s X_L + \left[\frac{K_{ce}}{A_p^2} + \left(\frac{V_t}{4\beta_e A_p^2} + \frac{1}{K_{s1}} + \frac{1}{K_{s2}} \right) s \right] F_L \tag{4-37}$$

由式（4-37）可以得到滑阀输入位移 X_v 至负载输出位移 X_L 的传递函数为

$$\frac{X_L}{X_v} = \frac{K_q/A_p}{s\left(\dfrac{s^2}{\omega_n^2} + \dfrac{2\zeta_n}{\omega_n}s + 1\right)} \tag{4-38}$$

由式（4-36）第二式可得活塞位移 X_p 至负载输出位移 X_L 的传递函数为

$$\frac{X_L}{X_p} = \frac{1}{\dfrac{s^2}{\omega_{s2}^2} + 1} \tag{4-39}$$

根据式（4-38）和式（4-39）可求得滑阀位移 X_v 至活塞位移 X_p 的传递函数为

$$\frac{X_p}{X_v} = \frac{\dfrac{K_q}{A_p}\left(\dfrac{s^2}{\omega_{s2}^2} + 1\right)}{s\left(\dfrac{s^2}{\omega_n^2} + \dfrac{2\zeta_n}{\omega_n}s + 1\right)} \tag{4-40}$$

式中　ζ_n——综合阻尼比，$\zeta_n = \dfrac{K_{ce}m_L}{2A_p^2}$；

ω_n——综合谐振频率，$\omega_n = \dfrac{\omega_h\omega_s}{\sqrt{\omega_h^2 + \omega_s^2}} = \sqrt{\dfrac{1}{\dfrac{m_L}{K_h} + \dfrac{m_L}{K_{s1}} + \dfrac{m_L}{K_{s2}}}} = \sqrt{\dfrac{K_n}{m_L}}$；

K_n——综合刚度，$\dfrac{1}{K_n} = \dfrac{1}{K_h} + \dfrac{1}{K_{s1}} + \dfrac{1}{K_{s2}}$；

ω_h——液压固有频率，$\omega_h = \sqrt{\dfrac{4\beta_e A_p^2}{V_t m_L}} = \sqrt{\dfrac{K_h}{m_L}}$；

K_h——液压弹簧刚度，$K_h = \dfrac{4\beta_e A_p^2}{V_t}$；

ω_{s1}——固定结构的固有频率，$\omega_{s1} = \sqrt{\dfrac{K_{s1}}{m_L}}$；

ω_{s2}——连接结构的固有频率，$\omega_{s2} = \sqrt{\dfrac{K_{s2}}{m_L}}$；

ω_s——结构谐振频率，$\omega_s = \dfrac{\omega_{s1}\omega_{s2}}{\sqrt{\omega_{s1}^2 + \omega_{s2}^2}} = \sqrt{\dfrac{1}{\dfrac{m_L}{K_{s1}} + \dfrac{m_L}{K_{s2}}}} = \sqrt{\dfrac{K_s}{m_L}}$；

K_s——结构刚度，$\dfrac{1}{K_s} = \dfrac{1}{K_{s1}} + \dfrac{1}{K_{s2}}$。

根据上述分析可以看到，结构刚度 K_s 与负载质量 m_L 相当于弹簧和质量块，组成一个结构谐振系统。而结构谐振与液压谐振相耦合，又形成一个液压-机械谐振系统。该系统的综合刚度 K_n 是液压弹簧刚度 K_h 和结构刚度 K_{s1}、K_{s2} 串联后的刚度，它小于液压弹簧刚度和结构刚度。所以综合谐振频率 ω_n 要比液压固有频率 ω_h 和结构谐振频率 ω_s 都低，从而限制了整个液压控制的频带宽度。

4.3.2 考虑结构柔度的系统稳定性分析

4.3.1 小节讨论的是液压动力组件传递函数，需要一个反馈比较环节构成闭环控制系统。一般情况下，给定 X_i 是负载位移信号，但是反馈信号由于工作条件限制，有时在负载端，有时在油缸活塞上，从式（4-38）~式（4-40）看出，反馈信号从负载端 X_L 取出或从活塞杆端 X_p 取出，其反馈所包围的环节是不同的，故反馈连接点与系统的性能有很大的关系。

1. 全闭环系统的稳定性

假定反馈从负载端 X_L 取出，与给定信号一致，则构成全闭环系统，如图 4-12 所示。开环系统的幅频特性曲线图见图 4-13 中的曲线 a，此时系统的稳定条件为

$$K_v < 2\zeta_n\omega_n \tag{4-41}$$

系统的稳定性和频宽受综合谐振频率 ω_n 和综合阻尼比 ζ_n 所限制。

对于负载质量 m_L 比较小、结构刚度比较大的小功率控制，往往结构谐振频率 ω_s 远大于液压固有频率 ω_h，因此可以认为综合谐振频率 ω_n 就是液压固有频率 ω_h。此时系统的稳定性由液压固有频率 ω_h 和综合阻尼比 ζ_h 所限制；对于负载质量 m_L 比较大、结构刚度小的系统来说，往往结构

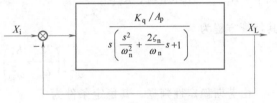

图 4-12 反馈从负载端取出的全闭环系统框图

谐振频率 ω_s 远小于液压固有频率 ω_h，甚至综合谐振频率 ω_n 近似等于结构谐振频率 ω_s，就是说结构谐振频率成为限制整个液压控制频宽的主要因素。这时继续提高液压固有频率 ω_h 对提高综合谐振频率没有显著效果，而必须提高结构刚度；当结构谐振频率 ω_s 能和液压固有频率 ω_h 相近时，结构谐振的影响就不能忽略了，此时，为了提高系统的稳定性，必须设法提高综合谐振频率和综合阻尼比。

2. 半闭环系统的稳定性

如果由于工作条件限制，反馈信号由活塞杆端取出，相当于系统给定信号是负载位移，而反馈信号只能由活塞杆信号替代，把这种情况定义为半闭环系统，其框图如图 4-14 所示。$\dfrac{X_p}{X_i}$ 系统开环传递函数中有一个二阶微分环节。当谐振频率 ω_{s2} 与综合谐振频率 ω_n 靠得很近时，反谐振（二阶微分环节的向下振荡作用）

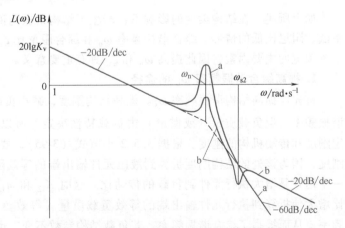

图 4-13 不同反馈连接的系统幅频特性曲线图

对综合谐振有一个对消作用，如图 4-13 曲线 b 所示，使综合谐振峰值减小，从而改善系统的稳定性。

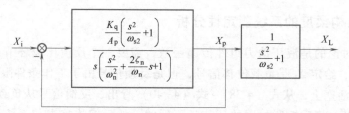

图 4-14　反馈从活塞杆端取出的半闭环系统框图

这时系统的闭环传递函数为

$$\frac{X_{\mathrm{p}}}{X_{\mathrm{i}}}=\frac{K_{\mathrm{v}}\left(\dfrac{s^2}{\omega_{\mathrm{s}2}^2}+1\right)}{\dfrac{s^3}{\omega_{\mathrm{n}}^2}+\left(\dfrac{2\zeta_{\mathrm{n}}}{\omega_{\mathrm{n}}}+\dfrac{K_{\mathrm{v}}}{\omega_{\mathrm{s}2}^2}\right)s^2+s+K_{\mathrm{v}}} \tag{4-42}$$

式中　K_{v}——开环增益，$K_{\mathrm{v}}=\dfrac{K_{\mathrm{q}}}{A_{\mathrm{p}}}$。

其特征方程为

$$\frac{s^3}{\omega_{\mathrm{n}}^2}+\left(\frac{2\zeta_{\mathrm{n}}}{\omega_{\mathrm{n}}}+\frac{K_{\mathrm{v}}}{\omega_{\mathrm{s}2}^2}\right)s^2+s+K_{\mathrm{v}}=0$$

由劳斯稳定性判据，其稳定条件为

$$K_{\mathrm{v}}<2\zeta_{\mathrm{n}}\omega_{\mathrm{n}}\frac{1}{1-\left(\dfrac{\omega_{\mathrm{n}}}{\omega_{\mathrm{s}2}}\right)^2} \tag{4-43}$$

可以看出，在考虑到连接刚度（$K_{\mathrm{s}1}$、$K_{\mathrm{s}2}$）影响时，半闭环系统的稳定性要比全闭环系统的稳定性好很多。但是半闭环系统的精度一般要比全闭环系统的低。

4.3.3　提高综合谐振频率和综合阻尼比的方法

如上所述，在结构柔度的影响下，产生了结构谐振与液压谐振的耦合，使系统出现了频率低、阻尼比低的情形。综合谐振频率 ω_{n} 和综合阻尼比 ζ_{n} 常常成为影响系统稳定性和限制系统频宽的主要因素，因此提高 ω_{n} 和 ζ_{n} 具有重要意义。

1. 提高综合谐振频率 ω_{n} 的途径

首先应提高结构谐振频率 ω_{s}。提高结构刚度，减小负载质量（或惯量），可以提高结构谐振频率。但负载质量（或惯量）由负载特性决定，所以要提高结构刚度，即提高安装固定刚度和传动机构的刚度。根据 3.5.2 小节式（3-95），要特别注意提高靠近负载处的结构刚度，因为该处的结构刚度折算到液压元件输出端的等效刚度的传动比最大。提高 ω_{n} 的另一个途径是增大执行元件到负载的传动比。这时 $K_{\mathrm{s}2}$ 和 m_{L} 同时降低，使 $\omega_{\mathrm{s}2}$ 不变。但传动比增大使折算到执行元件输出端的等效负载质量（等效负载惯量）减小，提高了液压固有频率，从而提高了综合谐振频率。若负载结构参数不变，也可以通过提高液压弹簧刚度的办法来提高液压固有频率。

2. 提高综合阻尼比 ζ_{n} 的途径

综合阻尼比 ζ_{n} 主要是由阀提供，可以采用增大 K_{ce} 的办法提高 ζ_{n}。对于考虑结构柔度

影响的共振性的负载，更常用的办法是在液压缸两腔之间连接一个机液瞬态压力反馈网络，或采用压力反馈或动压反馈伺服阀。在系统中附加电的压力反馈或压力微分反馈网络也可起到同样的作用。

4.3.1 和 4.3.2 小节讨论了安装固定刚度和连接刚度对系统稳定性的影响。在机液控制中反馈机构的刚度不够也会降低系统的稳定性，下面加以讨论。

4.3.4 反馈柔度对稳定性的影响

图 4-15 所示为内反馈机液控制。内反馈的反馈系数 $K_f = 1$，故它又称单位反馈系统。其工作原理是：当阀芯输入位移 x_i，阀口开口量 $x_v = x_i$，液压油推动液压缸右移 x_p，阀体位移 x_f，当 $x_p = x_i = x_v = x_f$ 时即将阀口关闭，这时液压缸停止运动；当阀芯反向输入 $-x_i$ 时，液压缸和阀体也随之反向，直到阀口完全关闭时液压缸停止运动。因该系统的阀体、缸体为一体，阀口启闭靠缸体运动直接进行，故称之为内反馈的系统。

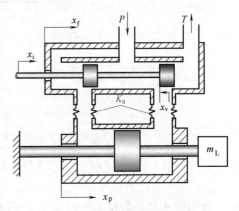

图 4-15 考虑反馈刚度的内
反馈机液控制原理图

现将阀体与缸体之间机械反馈机构的刚度用 K_a 表示，则阀体的力平衡方程为

$$K_a(x_p - x_f) = m_a \frac{\mathrm{d}^2 x_f}{\mathrm{d}t^2} + B_a \frac{\mathrm{d}x_f}{\mathrm{d}t} \tag{4-44}$$

式中 x_p——缸体位移；

x_f——阀体位移；

m_a——阀体质量；

B_a——阀体运动时的黏性阻尼系数。

将式（4-44）加以整理并进行拉普拉斯变换，得

$$\frac{X_f}{X_p} = \frac{1}{\dfrac{s^2}{\omega_f^2} + \dfrac{2\zeta_f}{\omega_f} + 1} \tag{4-45}$$

式中 ω_f——反馈部分的固有频率，$\omega_f = \sqrt{\dfrac{K_a}{M_a}}$；

ζ_f——反馈部分的阻尼比，$\zeta_f = \dfrac{B_a}{2K_a}\omega_f$。

阀芯相对阀体的位移为

$$X_v = X_i - X_f \tag{4-46}$$

由式（3-20）可知，X_p 与 X_v 间的传递函数为

$$\frac{X_{\mathrm{p}}}{X_{\mathrm{v}}} = \frac{K_{\mathrm{q}}/A_{\mathrm{p}}}{s\left(\dfrac{s^2}{\omega_{\mathrm{h}}^2} + \dfrac{2\zeta_{\mathrm{h}}}{\omega_{\mathrm{h}}}s + 1\right)} \tag{4-47}$$

由式（4-45）、式（4-46）和式（4-47）得到图 4-16 所示的框图。

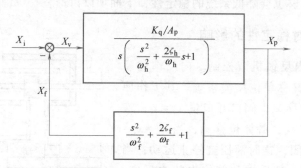

图 4-16　考虑反馈柔度的系统框图

按照图 4-16，假设 $\zeta_{\mathrm{f}} \approx 0$，$s^5$、$s^4$ 的系数很小而忽略，开环增益 $K_{\mathrm{v}} = \dfrac{K_{\mathrm{q}}}{A_{\mathrm{p}}}$，则有系统特征方程式为

$$\frac{1}{\omega_{\mathrm{h}}^2}s^3 + \frac{2\zeta_{\mathrm{h}}}{\omega_{\mathrm{h}}}s^2 + s + \frac{K_{\mathrm{q}}}{A_{\mathrm{p}}} = 0 \tag{4-48}$$

令 $\dfrac{1}{\omega_{\mathrm{n}}^2} = \dfrac{1}{\omega_{\mathrm{h}}^2} + \dfrac{1}{\omega_{\mathrm{f}}^2}$，根据劳斯稳定性判据，系统稳定条件为

$$K_{\mathrm{v}} < 2\zeta_{\mathrm{h}}\omega_{\mathrm{h}}\left(\frac{\omega_{\mathrm{n}}}{\omega_{\mathrm{h}}}\right)^2 \tag{4-49}$$

式（4-49）中的 $\left(\dfrac{\omega_{\mathrm{n}}}{\omega_{\mathrm{h}}}\right)^2$ 项反映了反馈柔度对系统稳定性的影响。由于 ω_{n} 是液压固有频率 ω_{h} 和反馈部分固有频率 ω_{f} 耦合形成的谐振频率，因此 ω_{n} 总低于 ω_{h}，并且 ω_{n} 随反馈刚度 K_{a} 的降低而降低，因此 K_{a} 下降会导致式（4-49）右侧项的值下降，致使系统稳定性变差。由此可见，为增加稳定性就要尽可能增大反馈刚度 K_{a} 值。内反馈在 $K_{\mathrm{a}} = \infty$ 时，$\omega_{\mathrm{n}} = \omega_{\mathrm{h}}$，式（4-49）就变成不考虑反馈刚度影响时的稳定判据。

4.4　液压转矩放大器

4.4.1　液压转矩放大器的结构原理

如图 4-17 所示，液压转矩放大器是一种带机械反馈的液压伺服机构，由四通滑阀、液压马达，以及阀芯端部上的螺杆和液压马达输出轴上的螺母组合起来的反馈机构组成。

由图 4-17 可知，当步进电机在输入脉冲作用下转过一定角度时，经过一对减速齿轮传

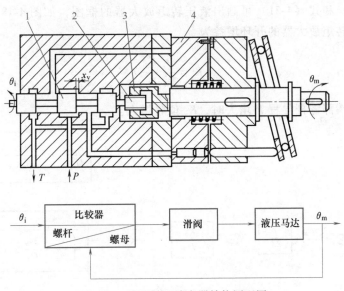

图 4-17 液压转矩放大器结构原理图
1—滑阀 2—螺杆 3—反馈螺母 4—液压马达

至四通滑阀 1，由于滑阀端部的螺杆 2 与液压马达轴上的反馈螺母 3 相配合，引起阀芯轴向移动，使阀芯与阀套间形成开口，液压油经阀口进入液压马达 4，使之旋转。液压马达输出轴的转动又通过螺母使阀芯恢复原位，关闭阀口，液压马达停止转动。当步进电机在反向脉冲作用下反向旋转时，液压马达也做反向运动。因此，液压马达总是跟随步进电机运动。液压马达的转角与输入脉冲数成正比，而其转速与输入脉冲频率成比例。

4.4.2 液压转矩放大器的静动态特性分析

（1）结构框图

液压转矩放大器输入轴转角 θ_v、输出轴转角 θ_m 和滑阀位移 x_v 之间的关系为

$$x_v = \frac{P}{2\pi}(\theta_v - \theta_m) \tag{4-50}$$

式中 P——阀芯端部螺杆的导程。

假定液压马达负载为惯量和外加负载力矩，根据式（3-57）阀控马达在阀芯位移 X_v 和外负载力矩 T_L 同时输入时的总输出为

$$\Theta_m = \frac{\dfrac{K_q}{D_m}X_v - \dfrac{K_{ce}}{D_m^2}\left(1 + \dfrac{V_t}{4\beta_e K_{ce}}s\right)T_L}{s\left(\dfrac{s^2}{\omega_h^2} + \dfrac{2\zeta_h}{\omega_h}s + 1\right)} \tag{4-51}$$

式中 ω_h——无阻尼液压固有频率，$\omega_h = \sqrt{\dfrac{4\beta_e D_m^2}{V_t J_t}}$；

ζ_h——液压阻尼比，$\zeta_h = \dfrac{K_{ce}}{D_m}\sqrt{\dfrac{\beta_e J_t}{V_t}}$。

由式（4-50）和式（4-51）可画出液压转矩放大器的框图，如图 4-18 所示。由图 4-18 框图可知，液压转矩放大器的开环增益为

$$K_v = \frac{P}{2\pi}\frac{K_q}{D_m} \tag{4-52}$$

该式表明，阀芯端部螺杆导程 P 增大时，K_v 值将增大。

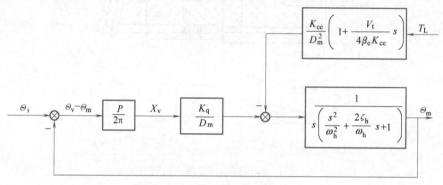

图 4-18   液压转矩放大器框图

（2）稳定性分析

根据式（4-9），液压转矩放大器稳定条件为

$$K_v < 2\zeta_h\omega_h \tag{4-53}$$

在零位时 $\zeta_h = 0.1 \sim 0.2$，取平均值 $2\zeta_h = 0.3$，则稳定条件为

$$K_v < 0.3\omega_h \tag{4-54}$$

对液压转矩放大器来说，通常取 $K_v = 40 \sim 100\mathrm{s}^{-1}$。

为了设计方便，根据式（4-54）计算出对应不同的排量 D_m，在不同的惯性负载 J_L 下所允许的开环增益曲线，如图 4-19 所示。由图看到，系统允许的开环增益随着液压马达惯性负载的增加而减小。在机床液压传动中，考虑到负载惯量不会很大，一般取 J_L 为 $4J_m$，J_m 为液压马达的固有惯量。

（3）静特性分析

系统的静态品质可用开环增益、负载刚度（闭环刚度）和死区（静不灵敏区）来表示。在液压转矩放大器中，通常采用零开口四边滑阀，此时 $K_q = C_d W\sqrt{p_s/\rho}$，因此

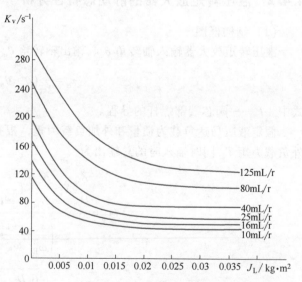

图 4-19   允许开环增益 K_v 随惯性负载 J_L 变化曲线

$$K_v = \frac{P}{2\pi}C_d W\sqrt{\frac{p_s}{\rho}}\frac{1}{D_m} \tag{4-55}$$

依据公式（3-47），液压转矩放大器的负载刚度为

$$\left|-\frac{T_{\mathrm{L}}}{\theta_{\mathrm{m}}}\right|_{\omega=0}=\frac{K_{\mathrm{v}}D_{\mathrm{m}}^{2}}{K_{\mathrm{ce}}} \tag{4-56}$$

死区是由液压马达上的摩擦转矩引起的，将摩擦转矩除以负载刚度，即得一个方向上的死区，总的死区为其二倍。这个死区是负载误差的特殊情况。

4.4.3 液压转矩放大器计算实例

数字程序控制铣床采用液压转矩放大器并通过滚珠丝杠驱动工作台。其传动简图如图 4-20 所示。工件质量 $m_1=1.5\times10^3\mathrm{kg}$，工作台质量 $m_2=1.35\times10^3\mathrm{kg}$，工作台与工作面之间的摩擦系数 $f=0.015$，最大切削力 $F=3\times10^4\mathrm{N}$，丝杠的转动惯量 $J_3=7.3\times10^{-3}\mathrm{kg\cdot m^2}$，大齿轮的转动惯量 $J_2=3.7\times10^{-3}\mathrm{kg\cdot m^2}$，小齿轮的转动惯量 $J_1=2.62\times10^{-5}\mathrm{kg\cdot m^2}$，阀杆直径 $d=10\mathrm{mm}$，反馈螺母导程 $P_{\mathrm{t1}}=3\mathrm{mm}$，供油压力选定 $p_{\mathrm{s}}=50\times10^5\mathrm{Pa}$，要求工作台快速进给速度 $v_{\text{快}}=1.67\times10^{-2}\mathrm{m/s}$，齿轮减速比 $n=15/4$，丝杠导程 $P_{\mathrm{t2}}=10\mathrm{mm}$，所用液压转矩放大器的最高转速 $\omega_{\max}=50\mathrm{rad/s}$ 取 $g=9.81\mathrm{m/s^2}$。问：

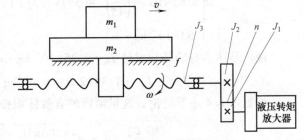

图 4-20 数控机床传动示意图

（1）选取马达排量为 $4\mathrm{cm^3/rad}$ 的液压转矩放大器是否满足要求？（2）假定马达受控腔总容积 $v_{\mathrm{t}}=42\times10^{-6}\mathrm{m^3}$，试校验其稳定性。

（1）校核最大伺服速度

$$v_{\max}=\frac{\omega_{\max}nt'}{2\pi}=\frac{50}{2\pi}\times\frac{4}{15}\times0.01\mathrm{m/s}=2.12\times10^{-2}\mathrm{m/s}$$

最大伺服速度大于要求工作台快速进给速度 $v_{\text{快}}$，满足快速进给要求。

确定液压转矩放大器排量：

折算到液压转矩放大器轴上的切削转矩和摩擦转矩为

$$T_{\text{折}}=\frac{n\left[F+f(m_1+m_2)g\right]P_{\mathrm{t2}}}{2\pi} \tag{4-57}$$

代入数值，则有

$$T_{\text{折}}=\frac{4}{15}\frac{(3.0\times10^4+0.015\times(1.5+1.35)\times10^3\times9.81)\times10\times10^{-3}}{2\times3.14}\mathrm{N\cdot m}=12.9\mathrm{N\cdot m}$$

根据第 2 章 2.7 节分析可知，要求 $T_{\text{折}}\leqslant\frac{2}{3}D_{\mathrm{m}}p_{\mathrm{s}}$，$D_{\mathrm{m}}$ 为液压转矩放大器，即液压马达排量，则

$$D_{\mathrm{m}}\geqslant\frac{3T_{\text{折}}}{2p_{\mathrm{s}}}=\frac{3\times12.9}{2\times50\times10^5}\mathrm{m^3/rad}=0.387\times10^{-5}\mathrm{m^3/rad}=3.87\mathrm{cm^3/rad}$$

故选用液压马达排量为 $6\text{cm}^3/\text{rad}$ 的液压转矩放大器满足要求。

（2）校核稳定性

根据式（4-54）给出马达液压固有频率计算式，按

$$K_v < 0.3\sqrt{\frac{4\beta_e D_m^2}{V_t J_t}}$$

进行校验。

计算工作台、齿轮系折算到液压转矩放大器轴上的转动惯量，有

$$J = J_t + n^2(J_2 + J_3) + n^2\frac{(m_1 + m_2)P_{t2}^2}{(2\pi)^2}$$

$$= \left[2.62\times10^{-5} + \left(\frac{4}{15}\right)^2\times(3.7+7.3)\times10^{-3} + \left(\frac{4}{15}\right)^2\times\frac{2.85\times10^3\times(10^{-2})^2}{(2\pi)^2}\right]\text{kg}\cdot\text{m}^2$$

$$= 1.33\times10^{-3}\text{kg}\cdot\text{m}^2$$

液压马达本身的转动惯量 $J_m = 2.95\times10^{-3}\text{kg}\cdot\text{m}^2$，所以负载惯量

$$J_t = J + J_m = (1.33+2.95)\times10^{-3}\text{kg}\cdot\text{m}^2 = 4.28\times10^{-3}\text{kg}\cdot\text{m}^2$$

根据 3.1.4 小节讨论，这里油液的有效体积弹性模量取 $\beta_e = 700\text{MPa}$，故

$$0.3\sqrt{\frac{4\beta_e D_m^2}{V_t J_t}} = 0.3\sqrt{\frac{4\times700\times10^6\times(5.58\times10^{-6})^2}{42\times10^{-6}\times4.28\times10^{-3}}}\text{s}^{-1} = 209\text{s}^{-1}$$

根据式（4-55）可计算放大系数为

$$K_v = \frac{P_{t1}}{2\pi}\frac{C_d W}{D_m}\sqrt{\frac{p_s}{\rho}} = \frac{0.3\times10^{-2}}{2\pi}\frac{0.65\pi\times10^{-2}}{5.58\times10^{-6}}\sqrt{\frac{50\times10^5}{900}}\text{s}^{-1} = 130\text{s}^{-1}$$

故该控制系统是稳定的。

4.5 步进液压缸

电液步进液压缸是由步进电机和带机械反馈的阀控液压缸组成的，可直接用于进行直线运动的控制，定位精度可达微米级。步进液压缸的分析方法与液压转矩放大器相同。下面仅介绍两种步进液压缸的结构原理。

图 4-21a 所示步进液压缸由三通阀和单活塞杆液压缸组成，反馈机构由与三通阀阀芯相连的螺杆和与活塞相连的螺母组成。其特点是结构简单，能获得高精度定位。

工作原理如下：活塞 4 的杆侧有效面积为头侧的 1/2，始终向杆侧输入供油压力 p_s。头侧的压力由三通阀控制在 $0\sim p_s$，活塞静止时，头侧压力为 $p_s/2$。如果沿头侧看沿顺时针方向转动滑阀，则固定于活塞 4 上的螺母 5 与连接着阀芯 7 的螺杆 3 相互作用使阀芯 7 右移，B 口经三通阀与压力源相通，头侧压力高于 $p_s/2$，于是活塞 4 向左运动，直到阀芯 7 回到原始平衡位置为止。滑阀沿逆时针方向旋转时，动作相反，B 口通油箱，活塞 4 向右运动。平衡活塞 6 用来防止活塞杆 1 内腔的压力把螺杆 3 向右推，平衡活塞 6 右侧引入 B 口压力，左侧通回油管。

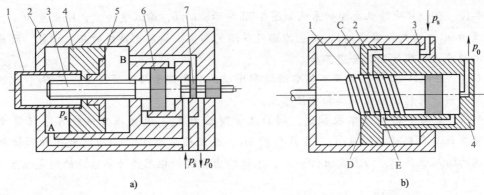

图 4-21 两种型式步进液压缸结构简图

图 4-21b 表示另一种结构型式的液压步进缸。由步进电机带动具有梯形螺纹的螺杆 1 转动。液压油经过缸体 3 上部油口，进入到液压缸右腔，再通过液压缸活塞 2 上端内部通道到达由螺杆来控制的油口 C，在静止状态下，此油口是关闭的。如果螺杆 1 旋转，螺纹顶部向右移动，则液压油通过油口 C 和螺杆槽道 D 进入液压缸左腔，推动活塞 2 向右移动，直到油口 C 关闭。反之，如果螺杆反向旋转，螺纹顶部左移，油口 C 关闭而油口 E 开启，液压缸左腔内的油液经螺旋槽道 D、油口 E、活塞杆下部和右端油口回油箱。结果液压缸左腔的油压降低，右腔的压力会推动活塞 2 向左移动，直到油口 E 关闭，于是，活塞 2 跟随螺杆螺纹顶部位置而运动。这里螺杆 1 相当于一个三通滑阀。这种结构省略了把阀芯旋转运动变成直线运动的机构，如螺杆、螺母等。但由于起滑阀作用的螺杆 1 变长，且要求螺纹顶部有很高的精度，因此加工困难。另外，由于控制油口不对称，因此螺杆受到径向不平衡液压力，为此须沿螺纹升程在圆周几个位置等距离地布置油口，但增加了制造的困难。

本章小结

在液压动力组件的基础上，本章给出了机液控制系统的定义，分析了机液位置控制系统的构成及其框图，重点分析了稳定性；介绍了水轮机速度控制系统组成并建立起基本方程，得到系统传递函数；分析了结构柔度对稳定性的影响；介绍了液压转矩放大器的工作原理等内容。

习题

4-1 什么是机液控制系统？机液控制系统有什么优缺点？

4-2 为什么常把机液位置控制称为力放大器或助力器？

4-3 为什么机液位置控制系统的稳定性、响应速度和控制精度由液压动力组件的特性所决定？

4-4 为什么在机液位置控制系统中，阀流量增益很重要？

4-5 低阻尼对液压控制系统的动态特性有什么影响？

4-6 考虑结构刚度的影响时，如何从物理意义上理解综合刚度？

4-7 考虑连接刚度时，反馈连接点对系统的稳定性有什么影响？

4-8 反馈刚度和反馈机构中的间隙对系统稳定性有什么影响？

4-9 为什么机液控制系统多用在精度和响应速度要求不高的场合？

4-10   有一外反馈机液控制系统如图 4-22 所示，$a=b$，输入量为 x_i，输出量为 x_t，负载质量为 m_L，反馈系数 $K_f=1$，略去泄漏及压缩的影响。请写出系统的基本方程，画出框图，并推导出系统的闭环传递函数。

4-11   在题 4-10 中，如果不忽略泄漏和压缩，而负载除质量外还有阻尼 B_L。试绘出系统伯德图，并标出幅值裕度和相位裕度。

4-12   如图 4-23 所示机液控制，阀的流量增益为 K_q，流量压力系数 K_c，活塞面积 A_p，活塞杆与负载连接刚度 K_s，负载质量 m_L，总压缩容积 V_t，油的有效体积弹性模数 β_e，阀的输入位移 x_i，活塞输出位移 x_p，求试绘出系统的框图并计算系统的稳定性条件。

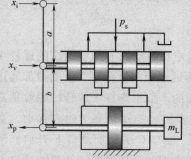

图 4-22   外反馈机液控制系统原理图

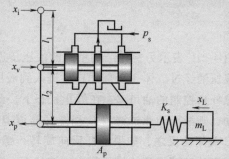

图 4-23   考虑连接刚度时的机液控制系统原理图

4-13   如图 4-24 所示的机液控制系统，$a=b$，不计各种负载，假设油液是不可压缩的，液压缸有效面积 $A_p=6\times10^{-4}\,\mathrm{m}^2$，行程 $L=0.1\,\mathrm{m}$，负载质量 $m_L=100\,\mathrm{kg}$，节流口面积梯度 $W=0.15\times10^{-2}\,\mathrm{m}$，连接刚度 $K_f=4\times10^6\,\mathrm{N/m}^2$，供油压力 $p_s=14\,\mathrm{MPa}$，节流口流量系数 $C_d=0.62$，油液密度 $\rho=870\,\mathrm{kg/m}^3$。完成以下任务：（1）绘制系统框图；（2）计算系统的液压固有频率；（3）计算闭环幅值比下降到 0.7 时的工作频率及相位滞后。

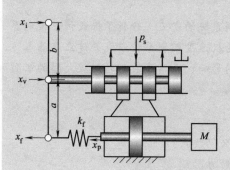

图 4-24   考虑反馈刚度的机液控制系统

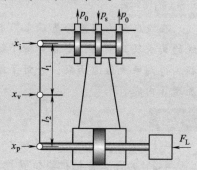

图 4-25   机液位置控制系统

4-14   如图 4-25 所示的机液位置控制系统，供油压力 $p_s=2\,\mathrm{MPa}$，节流口面积梯度 $W=2\times10^{-2}\,\mathrm{m}$，液压缸活塞有效面积 $A_p=20\times10^{-4}\,\mathrm{m}^2$，液压固有频率 $\omega_h=320\,\mathrm{rad/s}$，液压阻尼比 $\zeta_h=0.2$。完成以下任务：（1）试求幅值裕度为 6dB 时，反馈杠杆比 $K_f=\dfrac{l_1}{l_2}$ 的值。

（2）若幅值裕度为 6dB，总流量-压力系数 $K_{ce}=4\times10^{-12}\,\mathrm{m}^3/(\mathrm{Pa\cdot s})$，外负载力 $F_L=1.6\times10^3\,\mathrm{N}$，由此引起的位置误差（计算时，取 $C_d=0.62$，$\rho=870\,\mathrm{kg/m}^3$）。

拓展阅读

[1] 王占林, 陈斌, 裘丽华. 飞机液压系统的主要发展趋势 [J]. 液压气动与密封, 2000, 2: 14-18.

[2] 于黎明, 王占林, 裘丽华. 飞机操纵系统建模及降阶仿真研究 [J]. 计算机仿真, 2000, 17 (3): 15-18.

[3] 陈剑, 邓支强, 乔晋红. 飞机舵面液压助力器及舵面系统建模与性能仿真 [J]. 中国机械工程, 2017, 28 (7): 800-805.

[4] 陈佳, 邢继峰, 彭利坤. 基于传递函数的数字液压缸建模与分析 [J]. 中国机械工程, 2014, 15 (1): 66-70.

[5] HABIBI S, GOLDENBERG A. Design of a New High Performance Electrohydraulic Actuator [J]. IEEE/ASME Transactions on Mechatronics, 2000, 5 (2): 158-164.

[6] 王永宾, 林辉. 基于滑模控制的机载作动器摩擦转矩补偿研究 [J]. 中国机械工程, 2010, 21 (7): 809-814.

[7] TAN Y, CHANG J, TAN H. A AdaptiveBackstepping Control and Friction Compensation for AC Servo with Inertia and Load Uncertainties [J]. IEEE Transactions on Industrial Electronics, 2003, 50 (5): 944-952.

[8] LIU Y, YANG Y, LI Z. Research on the flow and cavitation characteristics of multi-stage throttle in water-hydraulics. Proceedings of the Institution of Mechanical Engineers, Part E: Journal of Process Mechanical Engineering, 2006, 220 (2): 99-108.

[9] 马纪明, 付永领, 李军, 等. 一体化电动静液作动器 (EHA) 的设计与仿真分析 [J]. 航空学报, 2005. 26 (1): 79-83.

[10] 王艺兵, 冯亚昌, 王占林. 飞机机械操纵与舵机操纵耦合干扰研究 [J]. 航空学报, 1994. 15 (2): 212-218.

思政拓展: 六面顶压机是利用机械压力将物体压缩成六面形状的一种机械设备, 其主要工作部件是压力头和压力板, 通过电动机带动液压系统, 将压力头压在物体上, 使其受到均匀的压力, 从而实现六面顶压的目的。扫描下方二维码观看相关视频, 感受我国第一台具有完全自主知识产权的人造金刚石合成装备——功勋压机的"功勋"之所在。

信物百年
揽下瓷器活的金刚钻
——功勋压机

第5章 电液控制元件基本原理

知识导图

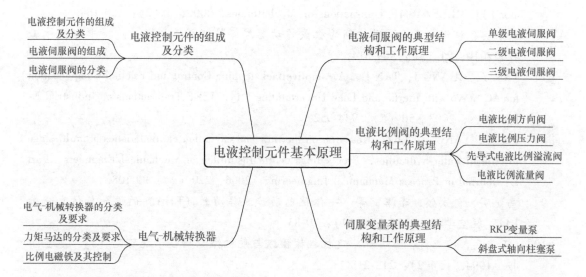

液压技术具有高速、高效及高功重比等优势，能很好地适应工程过程需要，因此广泛应用于各类工程领域。随着现代科学技术与工业的发展，液压技术与微电子技术紧密结合，形成了电液一体化的元件，即电液控制元件。电液控制元件作为液压系统中的重要组成部分，是液压控制的基础。学习电液控制元件的结构和基本原理，为深入理解液压控制系统打好基础。

5.1 电液控制元件的组成及分类

5.1.1 电液控制元件的组成

电液控制元件是一种以电气信号为输入，然后输出机械信号，进而控制流体动力的元件。在液压伺服系统中，电液控制元件将输入的电气信号（如电流、电压）转换为液压信号（如流量、压力）输出，并进行功率放大，因此也是一种功率放大器。电液控制元件可以是电液伺服阀、电液比例阀、伺服变量泵等。

5.1.2 电液伺服阀的组成

电液伺服阀通常由电气-机械转换器、液压放大器、反馈机构三部分组成。**液压放大器**具有信号放大作用，电液伺服阀按液压放大器可分为单级、两级和三级电液伺服阀。最后一级液压放大器又称为功率级或主级。

电液伺服阀的电气-机械转换器通常为力矩马达或力马达，它们的作用是把输入的电气控制信号转换为力矩或力，控制液压放大器运动，而液压放大器的运动又去控制液压能源流向液压执行机构的流量或压力。当力矩马达或力马达的输出力矩或力很小，而电液伺服阀的输入流量又较大时，力矩马达或力马达的输出力矩或力不足以直接驱动功率级阀的阀芯运动，此时需要增加液压前置级（第一级），将力矩马达或力马达的输出加以放大，再去控制功率级阀，这就构成二级或三级电液伺服阀。前置级（第一级）可采用嘴挡板阀、滑阀、射流管阀等，功率级通常采用滑阀结构。

在两级或三级电液伺服阀中，通常采用反馈机构将功率级的阀芯位移或输出流量、输出压力以位移、力或电信号的形式反馈到第一级或第二级的输入端。一种采用了反馈机构的力反馈二级电液伺服阀结构如图 5-1 所示。

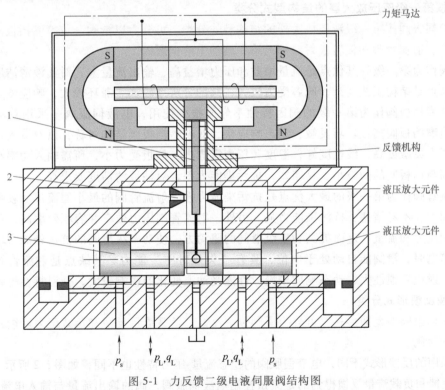

图 5-1 力反馈二级电液伺服阀结构图

1—挡板 2—喷嘴 3—滑阀阀芯

单级电液伺服阀或二级弹簧对中式电液伺服阀也会采用反馈到力矩马达衔铁组件或力矩马达输入端的平衡机构，平衡机构通常采用各种弹性元件，是一种力-位移转换元件。电液伺服阀输出级所采用的反馈机构或平衡机构是为了使电液伺服阀的输出流量或输出压力获得与输入电气控制信号成比例的特性。由于反馈机构的存在，使电液伺服阀本身成为一个闭环控制系统，提高了电液伺服阀的控制性能。

5.1.3　电液伺服阀的分类

电液伺服阀的结构型式很多，可按不同的分类方法进行分类。

1. 按液压放大器的级数分类

如前所述，电液伺服阀按液压放大器的级数，可分为单级、二级和三级电液伺服阀。

单级电液伺服阀结构简单，价格低廉，但由于力矩马达或力马达输出力矩或力小、定位刚度低，故阀的输出流量有限，对负载动态变化敏感，阀的稳定性在很大程度上取决于负载动态，容易产生不稳定状态。单级电液伺服阀只适用于低压、小流量和负载动态变化不大的场合。

二级电液伺服阀由二级液压放大器组成，第一级液压放大器可采用喷嘴挡板、射流偏转板等，第二级液压放大器通常为滑阀。二级电液伺服阀克服了单级电液伺服阀缺点，是最常用的型式。

三级电液伺服阀通常是由一个二级电液伺服阀作为前置级控制第三级（功率级）滑阀，功率级滑阀阀芯位移通过电气反馈形成闭环控制，实现阀芯定位。三级电液伺服阀通常只用在大流量（200L/min 以上）的场合。

2. 按第一级液压放大器的结构型式分类

电液伺服阀按第一级液压放大器的结构型式分类，可分为以滑阀、单喷嘴挡板阀、双喷嘴挡板阀、射流管阀和偏转板射流阀为第一级的电液伺服阀。

滑阀作为第一级，其优点是流量增益和压力增益高，输出流量大，对油液清洁度要求较低。其缺点是结构工艺复杂，阀芯受力较大，阀的分辨率较低，滞环较大，响应慢。

单喷嘴挡板阀作为第一级的阀因特性不好而很少使用，电液伺服阀多采用双喷嘴挡板阀。双喷嘴挡板阀挡板轻巧灵敏，动态响应快，双喷嘴挡板阀结构对称，以双输入差动方式工作，压力灵敏度高，线性度好，温度和压力零漂小，挡板受力小，所需输入功率小。其缺点是喷嘴与挡板间的间隙小、易堵塞，抗污染能力差，对油液清洁度要求高。

射流管阀作为第一级的最大优点是抗污染能力强。射流管阀的最小通流尺寸较喷嘴挡板阀和滑阀大，不易堵塞，抗污染能力强。另外，射流管阀压力效率和容积效率高，可产生较大的控制压力和流量，进而提高功率级滑阀的驱动力，使功率级滑阀的抗污染能力增强。射流喷嘴堵塞时，滑阀能自动处于中位，具有"失效对中"能力。其缺点是射流管阀特性不易预测，射流管惯性大、动态响应较慢，性能受油温变化的影响较大，低温特性稍差。

3. 按反馈形式分类

电液伺服阀按反馈形式，可分为滑阀位置反馈、负载流量反馈和负载压力反馈三种形式的电液伺服阀。

所采用的反馈形式不同，电液伺服阀的稳态流量-压力特性也不同，如图 5-2 所示。利用滑阀位置反馈和负载流量反馈得到的是流量控制电液伺服阀，阀的输出流量与输入电流成比例，如图 5-2a 所示。利用负载压力反馈得到的是压力控制电液伺服阀，阀的输出压力与输入电流成比例，如图 5-2b 所示。负载流量反馈（其流量-压力特性曲线如图 5-2c 所示）与负载压力反馈伺服阀由于结构比较复杂而使用得比较少，滑阀位置反馈电液伺服阀用得最多。

滑阀位置反馈可分为位置力反馈、直接位置反馈、机械位置反馈、位置电反馈和弹簧对

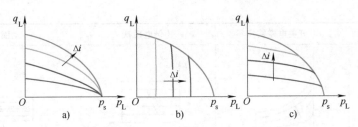

图 5-2 不同反馈形式伺服阀的流量-压力特性曲线

a) 滑阀位置反馈 b) 负载压力反馈 c) 负载流量反馈

中式。机械位置反馈是将功率级滑阀的阀芯位移通过机械机构反馈到前置级。位置电反馈是通过位移传感器将功率级滑阀的阀芯位移反馈到第一级或第二级液压放大器（也称为伺服放大器）的输入端，实现功率级滑阀阀芯定位。

弹簧对中式是靠功率级滑阀阀芯两端的对中弹簧与前置级产生的液压控制力相平衡，实现滑阀阀芯的定位，阀芯位置控制属于开环控制。这种电液伺服阀结构简单，但精度较低。

负载压力反馈可分为静压反馈和动压反馈两种。通过静压反馈可以得到压力控制电液伺服阀和压力-流量电液伺服阀，通过动压反馈可以得到动压反馈电液伺服阀。

5.2 电气-机械转换器

在连续控制阀中电气-机械转换器的作用是将电信号转换为机械运动，是向阀芯提供输入信号的装置，用来控制阀芯在阀套（体）内的动作，阀芯的控制都是通过力或力矩、位移或角位移形式的机械量来实现的。最为常用的是利用电磁原理工作的电气-机械转换器，该类转换器是由永久磁铁或励磁线圈产生极化磁场，同时电气控制信号通过控制线圈产生控制磁场，两个磁场之间相互作用产生与控制信号成比例并能反映控制信号极性的力或力矩，从而使其运动部分产生直线位移或角位移的机械运动。

5.2.1 电气-机械转换器的分类及要求

电气-机械转换器用于产生改变液压阻力的力和（或）位移。常用的电气-机械转换器见表 5-1，表 5-2 所列为其图形符号。

表 5-1 常用的电气-机械转换器

电气-机械转换器	开关电磁铁	比例电磁铁	动圈力马达
执行示意图	1—线圈 2—铁心 3—衔铁	1—线圈 2—铁心 3—衔铁 4—控制锥 5—弹簧	1—永磁体 2—线圈

（续）

电气-机械转换器	开关电磁铁	比例电磁铁	动圈力马达
特征曲线			
可达到的行程/mm	3~8.5	2~4.5	>2
最大力/N	55~220	45~200	>100
输出力矩/N·mm	75~850	70~800	>300
输出力矩/体积 /(N·mm/cm³)	2.1~3.8	1.3~3.5	约1.2
磁滞现象	—	受控<4%	出色
线性度	需校正调节	出色	控制良好
可实现的动态特性/Hz	—	<200	350
输入功率/W	16~42	15~40	<100
抗压强度	一般	一般	高
特点	不适用于连续控制阀	无故障保险	低力密度

电气-机械转换器	线性力马达	力矩马达	压电转换器
执行示意图	 1—线圈　2—铁心　3—衔铁	 1—线圈　2—衔铁 3—永磁体	 a)堆栈转换器　b)碟片　c)弯曲转换器
特征曲线			
可达到的行程/mm	0.7~2	操纵杆:±(0.25~0.8) 碰撞:±0.035	<0.18,<0.2,<1
最大力/N	±(100~300)	<70	3500,35,50
输出力矩/N·mm	140~780	2~40	>400,7,50
输出力矩/体积 /(N·mm/cm³)	1.5~2.5	—	5,0.25,1
磁滞现象	—	受控<3%	仅在受控低的情况下

（续）

电气-机械转换器	线性力马达	力矩马达	压电转换器
线性度	无规则减弱	受控<5%	仅在受控好的情况下
可实现的动态特性/Hz	约260	100~1000	>2000,1100,100
输入功率/W	7.2~65	0.02~7.5	50
抗压强度	高	高	—
特点	弹簧居中	弹簧居中	昂贵且制作时间长

表 5-2　常用的电气-机械转换器图形符号

图形符号	描述
	带有一个线圈的电气-机械转换器（连续控制），包括单线圈比例电磁铁（动作指向阀芯）、单线圈线性力马达、单线圈力矩马达等
	单线圈比例电磁铁（动作背离阀芯）
	带有两个线圈的电气-机械转换器（连续控制），包括双线圈力矩马达等
	压电转换器（连续控制）

1. 电气-机械转换器的分类

（1）开关电磁铁

开关电磁铁具有结构简单的特点，一般由线圈、铁心和衔铁组成。铁心与衔铁一起形成磁路，在线圈不通电的状态下具有间隙。在线圈有电流流过时，磁力 F 将沿间隙闭合的方向作用在衔铁上。由于其设计具有强烈的双曲线特性，通常只适用于开关任务，因此不适用于稳态阀门。

（2）比例电磁铁

比例电磁铁是由开关电磁铁进一步发展而产生的电气-机械转换器。比例电磁铁具有线性化的电气控制特性，在控制锥和弹簧的共同作用下，在比例电磁铁的有效工作行程 s 内，当线圈电流一定时，其输出力 F 保持恒定。改变线圈电流 i 时，输出力 F 随之线性变化。比例电磁铁具有良好的动态特性，但线圈通常受到高电感和衔铁质量的限制。

（3）动圈力马达

动圈力马达的磁场由永磁体产生，动圈由中间位置的弹簧控制。其优点是相对于比例电磁铁的移动质量较低，动圈可以根据电流方向施加拉伸或压缩力，因此具有良好的动力学性能。

（4）线性力马达

线性力马达是一种永磁式差动马达。由永磁体提供部分所需磁力，因此即使在线圈不通电时，也会在两个衔铁端面之间产生磁力。衔铁在中间位置时，所受作用力为零，处于不稳定的平衡状态，当衔铁发生偏转时，磁力作用方向发生偏转。这种不稳定性可以通过具有刚性的定心弹簧来弥补。定心力必须大于线圈不通电状态下的磁力。若电流 i 流过线圈，线圈产生的磁场会影响永磁体产生的磁场。变化的磁通使衔铁处的力平衡改变，衔铁发生偏转。

（5）力矩马达

力矩马达在第二次世界大战期间被发明出来，如今已经发展成为非常重要的电气-机械转换器。力矩马达利用力矩电机原理，在衔铁上安装两个线圈，其两端位于永磁体的磁场中。永磁体的磁通在气隙上对称闭合。当没有驱动电流时，衔铁通过扭转弹簧固定在两极之间的中间位置，处于不稳定的平衡状态。始终同时通电的线圈通过衔铁产生磁通，从而导致现有四个工作气隙的磁通不均匀，由此产生的磁力在衔铁上的不对称性产生扭矩，使衔铁发生偏转，直到扭转弹簧的抵消力矩与磁力相平衡。

（6）压电转换器

压电效应描述了材料在受到机械应力时发生电荷转移的现象。这种效应是可逆的，当施加电场时，压电陶瓷会发生变形，通常，在 $2kV/mm$ 的电场强度下，其长度变化为 0% ~ 15%，因此，可将压电陶瓷作为堆栈转换器或弯曲转换器。与其他所有的电气-机械转换器不同，压电转换器不需要电能来保持位置，因此适用于低功耗的阀门控制。它的另一个优点是可实现高动态性。而其缺点是行程短，使得压电阀驱动只适用于气动阀门的预控动作。实现压电驱动液压阀是许多研究项目的一部分。因此，在可预见的将来，市场上会有相应的阀门。

2. 对电气-机械转换器的要求

作为阀的驱动装置，对电气-机械转换器提出以下要求：

1）能够产生足够的输出力和行程，同时体积小，重量轻。

2）动态性能好，响应速度快。

3）线性度好，死区小，灵敏度高且磁滞小。

4）在某些使用情况下，还要求它抗振、抗冲击、不受环境温度和压力等影响。

5.2.2　力矩马达的分类及要求

常见的力矩马达为动铁式力矩马达和动圈式力马达。

1. 动铁式力矩马达

图 5-3a 所示为永磁动铁式力矩马达实物图，图 5-3b 所示为一种常用的永磁动铁式力矩马达工作原理图，它由永久磁铁、上导磁体、下导磁体、衔铁、控制线圈、弹簧管等组成。衔铁固定在弹簧管上端，由弹簧管支承在上、下导磁体的中间位置，可绕弹簧管的转动中心做微小的转动。衔铁两端与上、下导磁体（磁极）形成①~④四个工作气隙。两个控制线圈套在衔铁上。上、下导磁体除作为磁极外，还为永久磁铁产生的极化磁通 Φ_s 和控制线圈 Φ_c 产生的控制磁通提供磁路。

永久磁铁将上、下导磁体磁化，一个为 N 极，另一个为 S 极。无信号电流，即 $i_1 = i_2$ 时，衔铁在上、下导磁体的中间位置，由于力矩马达结构是对称的，永久磁铁在四个工作气隙中所产生的极化磁通 Φ_g 是一样的，使衔铁两端所受的电磁吸力相同，力矩马达无力矩输出。当有信号电流通过线圈时，控制线圈产生控制磁通 Φ_c，其大小和方向取决于信号电流的大小和方向。假设 $i_1 > i_2$，如图 5-3b 所示，在气隙①、③中控制磁通 Φ_c 与极化磁通 Φ_g 方向相同，而在气隙②、④中控制磁通 Φ_c 与极化磁通 Φ_g 方向相反，因此气隙①、③中的合成磁通大于气隙②、④中的合成磁通，于是在衔铁上产生沿顺时针方向的电磁力矩，使衔铁绕弹簧管转动中心顺时针转动。当弹簧管变形产生的反力矩与电磁力矩相平衡时，衔铁停止转动。如果信号电流反向，则电磁力矩也反向，衔铁向反方向转动，电磁力矩的大小与信号电流的大小成比例，衔铁的转角也与信号电流成比例。

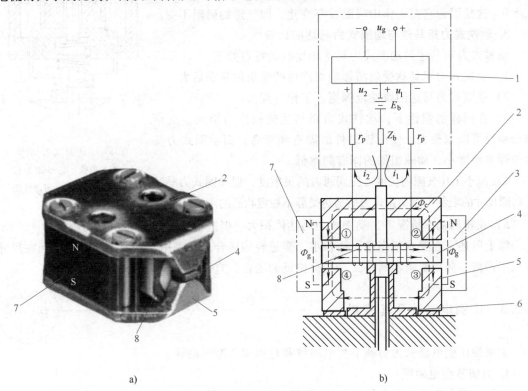

图 5-3　永磁动铁式力矩马达

a）实物图　b）原理图

1—放大器　2—上导磁体　3、7—永久磁铁　4—衔铁　5—下导磁体

6—弹簧管　8—控制线圈

2. 动圈式力马达

图 5-4 所示是一种常见的永磁动圈式力马达的结构原理图。力马达的可动线圈悬置于工作气隙中，永久磁铁在工作气隙中形成极化磁通 Φ_g，当控制电流加到线圈上时，线圈就会受到电磁力的作用而运动。线圈的运动方向可根据磁通方向和电流方向按左手定则判断，线圈上的电磁力克服弹簧力和负载力，使线圈产生一个与控制电流成比例的位移。

由于电流方向与磁通方向垂直，根据载流导体在均匀磁场中所受电磁力公式，可得力马达线圈所受电磁力为

$$F = B_g \pi D N_c i_c = K_t i_c \tag{5-1}$$

式中　F——线圈所受的电磁力（N）；

B_g——工作气隙中的磁感应强度（T）；

D——线圈的平均直径（m）；

N_c——控制线圈的匝数；

i_c——通过线圈的控制电流（A）；

K_t——电磁力系数，$K_t = B_g \pi D N_c$。

由式（5-1）可见，力马达的电磁力与控制电流成正比，具有线性特性。在动圈式力马达的力方程中没有磁弹簧刚度，即 $K_m = 0$。这是因为它在工作中气隙没有变化，即气隙的磁阻不变。

3. 动铁式力矩马达与动圈式力马达的比较

动铁式力矩马达与动圈式力马达相比较的特点如下：

1）动铁式力矩马达受磁滞影响而产生的输出位移滞后大。

2）动圈式力马达的线性范围宽，工作行程大。

3）在同样的惯性下，动铁式力矩马达的输出力矩大，支承弹簧刚度可以取很大，使衔铁组件的固有频率高；而动圈式力马达的弹簧刚度小，动圈组件的固有频率低。

4）减小工作气隙的长度可提高两者的灵敏度，但动圈式力马达受动圈尺寸的限制，而动铁式力矩马达受静不稳定状态的限制。

5）在相同功率情况下，动圈式力马达体积大，但造价低。

综上所述，在要求频率高、体积小、重量轻的场合，宜采用动铁式力矩马达；而在尺寸要求不严格、频率要求不高，又希望价格低的场合，宜采用动圈式力马达。

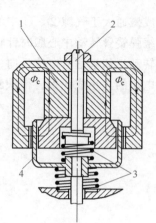

图 5-4　动圈式力马达
1—永久磁铁　2—调整螺钉
3—平衡弹簧　4—可动线圈

5.2.3　比例电磁铁及其控制

常见的比例电磁铁为力调节型电磁铁和行程调节型电磁铁。

1. 力调节型电磁铁

力调节型电磁铁的基本特性是力-行程特性。在力调节型电磁铁中，衔铁行程没有明显变化时，改变电流就可以调节其输出的电磁力。在电子放大器中设有电流反馈环节，在电流设定值恒定不变而磁阻变化时可使磁通量不变，进而使电磁力保持不变。

由于行程较小，力调节型电磁铁的结构很紧凑。正由于其行程小，可用于比例压力阀和比例方向阀的先导级，将电磁力转化为液压力。

这种比例电磁铁是一种可调节型直流电磁铁，在其衔铁腔中充满工作油液。力调节型比例电磁铁直接输出力，工作行程短，可直接与阀芯连接或通过传力弹簧与阀芯连接，如图 5-5 所示。位移-力特性如图 5-6 所示，比例电磁铁的整个行程区可以分为吸合区Ⅰ、工作

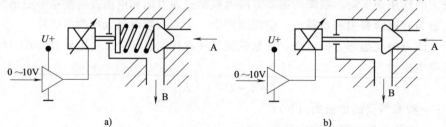

a)   b)

图 5-5　力调节型比例电磁铁与阀芯的连接方式
a）比例电磁铁通过传力弹簧作用在阀芯上　b）比例电磁铁直接作用在阀芯上

行程区Ⅱ和空行程区Ⅲ三个区段。在吸合区Ⅰ，工作气隙接近零时，电磁力急剧上升；在空行程区Ⅲ，工作气隙较大，电磁力明显下降；在工作行程区Ⅱ，比例电磁铁具有基本水平的位移动特性，工作行程区的长度与电磁铁的类型等有关。某力调节型比例电磁铁的控制特性如图5-7所示。

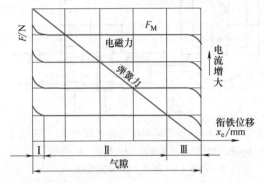

图5-6 力调节型比例电磁铁位移-力特性图

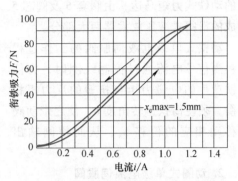

图5-7 某力调节型比例电磁铁的控制特性

2. 行程调节型电磁铁

行程调节型比例电磁铁是在力调节型比例电磁铁的基础上，将弹簧布置在阀芯的另一端得到的，如图5-8所示。其中弹簧是力-位移转换元件，电磁铁的输出力通过弹簧转换成阀芯位移，即行程调节型比例电磁铁实现了电流到力、再到位移的线性转换。

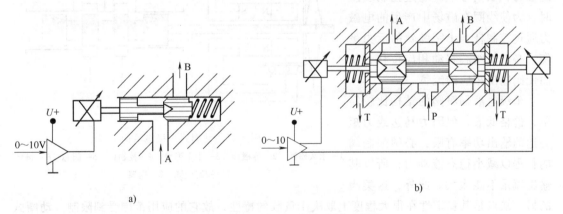

图5-8 行程调节型比例电磁铁示意图

a）单个使用的行程调节型比例电磁铁 b）成对使用的行程调节型比例电磁铁

5.3 电液伺服阀的典型结构和工作原理

5.3.1 单级电液伺服阀

由于电气-机械转换部分形式不同，单级电液伺服阀又分为动铁式单级电液伺服阀和动圈式单级电液伺服阀两种。

1. 动铁式单级电液伺服阀

动铁式单级电液伺服阀的结构原理如图 5-9 所示。它包括由永久磁铁 1、导磁体 2、扭簧 3、衔铁 4 及控制线圈 7 组成的动铁式力矩马达，由阀套 6 及阀芯 5 组成的滑阀式液压放大器两大部分。

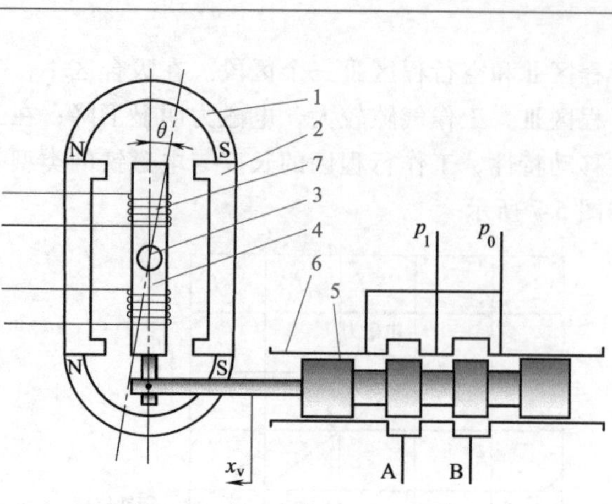

动铁式单级电液伺服阀的工作过程为：当信号电流通过控制线圈时，为使衔铁产生的电磁力矩与扭簧的反力矩相平衡，须使衔铁偏转角度 θ，使之带动阀芯移动相应的位移 x_v，从而使阀输出流量。

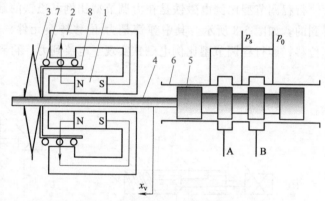

图 5-9　动铁式单级电液伺服阀

1—永久磁铁　2—导磁体　3—扭簧　4—衔铁
5—阀芯　6—阀套　7—控制线圈

2. 动圈式单级电液伺服阀

动圈式单级电液伺服阀的结构原理如图 5-10 所示。这种阀与动铁式阀的不同点是它的输入级是由永久磁铁 1、导磁体 2、十字弹簧 3、控制杆 4、控制线圈 7 及框架 8 组成的力马达。

动圈式单级电液伺服阀的工作过程为：当信号电流通过控制线圈时，为使线圈在磁场中产生的电磁力通过控制杆与十字弹簧的反力平衡，必然使阀芯移动相应位移，从而使阀输出相应的流量。

单级电液伺服阀的结构比较简单，价格低廉，但因力马达或力矩马达的输出功率有限，必须限制阀芯的行程以减小稳态液动力，所以其输出流量不能太大。此外，这类阀的另一缺点是其稳定性在很大程度上取决于负载的特性，故它的应用范围受到限制。动圈式单级伺服阀比动铁式阀的滑阀行程大，故其使用流量范围也稍大。

图 5-10　动圈式单级电液伺服阀

1—永久磁铁　2—导磁体　3—十字弹簧　4—控制杆　5—阀芯　6—阀套
7—控制线圈　8—框架

5.3.2　二级电液伺服阀

二级电液伺服阀比单级电液伺服阀多一级液压放大器和一个内部反馈元件。根据反馈元件所反馈的参量不同，二级电液伺服阀可分为滑阀位置反馈、负载压力反馈和负载流量反馈三类。

1. 滑阀位置反馈二级电液伺服阀

滑阀位置反馈二级电液伺服阀是二级电液伺服阀中最常见的一种。根据滑阀阀芯位置反馈方法的不同，这种阀又分以下五种：

（1）力反馈二级电液伺服阀

图 5-11 所示的力反馈二级电液伺服阀中，力矩马达由永久磁铁 1、导磁体 2、控制杆 4

和控制线圈 7 组成，前置级液压放大器由挡板 8、喷嘴 9 及固定节流孔 11 组成，而内部反馈元件为反馈弹簧杆 10。

力反馈二级电液伺服阀的工作过程为：当信号电流输入力矩马达时，控制杆 4 产生的力与扭簧 3 反力矩平衡，假设使挡板 8 向左偏离中位 x_f 距离，这时喷嘴 9 与挡板 8 构成的液压放大器便推动阀芯 5 产生位移 x_v，并带动反馈弹簧杆 10 的自由端一起向右运动。由于反馈弹簧杆 10 的恢复力矩直接参与了力矩马达的输入力矩和扭簧 3 的反力矩之间的平衡，使挡板 8 大致回到两喷嘴 9 的中间位置，即 $x_f \approx 0$，此时前置级液压放大器停止工作，而阀芯 5 则移动了相应的位移量 x_v，使阀输出流量。由此可见，这种阀是通过反馈弹簧杆 10 的力矩反馈来实现阀芯 5 的位置反馈作用的，故称为位置力反馈二级电液伺服阀，简称力反馈二级电液伺服阀。

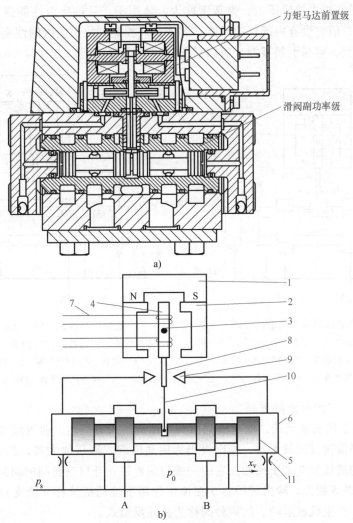

图 5-11 力反馈二级伺服阀

a）结构图 b）原理示意图

1—永久磁铁 2—导磁体 3—扭簧 4—控制杆 5—阀芯 6—阀套 7—控制线圈 8—挡板 9—喷嘴
10—反馈弹簧杆 11—节流孔

（2）直接反馈二级电液伺服阀

图 5-12 所示的直接反馈二级电液伺服阀与力反馈二级电液伺服阀的不同点是将喷嘴 9 与阀芯 5 做成一体，并将喷嘴挡板液压放大器的油路设置在阀芯 5 的内部。当力矩马达输入信号电流时，假设挡板向左偏离中位 x_f 距离，喷嘴挡板液压放大器便推动阀芯 5 向左运动，直到挡板 8 重新回到两喷嘴 9 的中间位置，喷嘴挡板液压放大器停止工作，此时阀芯 5 已移动了相应的位移 x_v，故阀输出相应流量。

（3）弹簧对中二级电液伺服阀

图 5-13 所示的弹簧对中二级电液伺服阀在阀芯 5 两端装设对中弹簧 10。对中弹簧 10 一方面起零位对中作用，另一方面它产生的弹簧力可以平衡喷嘴挡板液压放大器的输出液压力，使阀芯 5 移动相应的位移 x_v，使阀输出流量。这种伺服阀是最早采用的结构，但由于对中弹簧 10 需要平衡很大的液压力，弹簧刚度大、体积小，且抗疲劳性能强，故选用这种弹簧很困难；另外，因它设有内部反馈回路，属于开环控制，故伺服阀的性能受压力、温度等外界条件影响较大，容易引起零漂，所以目前已很少应用。

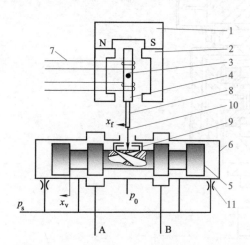

图 5-12　直接反馈二级电液伺服阀

1—永久磁铁　2—导磁体　3—扭簧　4—控制杆　5—阀芯
6—阀套　7—控制线圈　8—挡板　9—喷嘴
10—反馈弹簧杆　11—节流孔

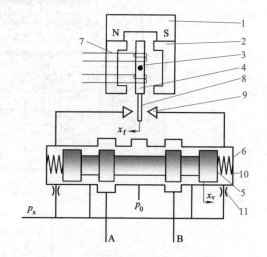

图 5-13　弹簧对中二级电液伺服阀

1—永久磁铁　2—导磁体　3—扭簧　4—控制杆　5—阀芯
6—阀套　7—控制线圈　8—挡板　9—喷嘴
10—对中弹簧　11—节流孔

（4）机械反馈二级电液伺服阀

如图 5-14 所示的机械反馈二级电液伺服阀采用动圈式力马达，前置级是由阀套 11 与阀芯 12 组成的三通滑阀液压放大器，输出级仍为四通滑阀式液压放大器，其位置反馈是由支撑在支点 10 上的机械杆 9 来实现的，它的一端与前置级正开口三通阀的阀套 11 相连接，另一端与输出级阀芯 5 相连。输出级阀芯 5 在油压作用下推动机械杆 9 绕支点 10 转动，并带动前置级阀套 11 产生机械运动，故该种阀称为机械反馈式。

机械反馈二级电液伺服阀的工作过程为：假设力马达在信号电流作用下所产生的电磁力与十字弹簧 3 平衡，并使阀芯 12 向右产生位移 x_{f1}，则阀芯 5 在前置级油压作用下向左运动的位移为 x_v，并通过机械杆 9 带动阀套 11 向右运动的位移为 x_{f2}，当 $x_{f1} = x_{f2}$ 时，前置级处于零位，而功率级阀芯移动了一个相应的位移 x_v，从而使阀输出流量。

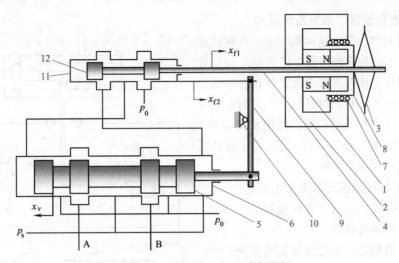

图 5-14 机械反馈二级电液伺服阀

1—永久磁铁 2—导磁体 3—十字弹簧 4—控制杆 5、12—阀芯 6、11—阀套

7—控制线圈 8—框架 9—机械杆 10—支点

（5）电气反馈二级电液伺服阀

图 5-15 所示的电气反馈两级电液伺服阀是用由检测阀芯 3 位移的位移传感器 2、伺服放大器 1 及加法器组成的电气反馈回路来实现位置反馈作用的。

电气反馈二级电液伺服阀的工作过程为：当伺服阀输入信号时，因阀芯 3 来不及运动，故加法器输出的偏差信号不为零，它通过伺服放大器 1 输给力矩马达信号电流，使其产生电磁力矩，带动挡板偏离中位并与扭簧的反力矩相平衡，此时，喷嘴挡板液压放大器推动阀芯 3 运动，并由位移传感器检测其位移而产生反馈电信号。当阀芯 3 具有一定位移时，输入信号与反馈信号相等，力矩马达的信号电流为零，消除了电磁力矩，挡板在扭簧的反力矩作用下回到两个喷嘴的中间位置，而阀芯 3 则移动了相应位移 x_v，故使阀输出流量。

上述五种位置反馈二级电液伺服阀的流量-压力曲线如图 5-16 所示。可以看出，这类阀负载流量 q_L 受负载压力 p_L 变化的影响较大。

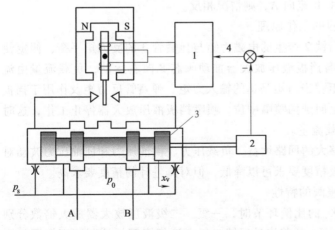

图 5-15 电气反馈二级电液伺服阀

1—伺服放大器 2—位移传感器 3—阀芯 4—加法器

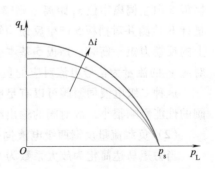

图 5-16 流量-压力曲线

2. 负载流量反馈二级电液伺服阀

负载流量反馈二级电液伺服阀采用负载流量作为反馈量，其结构原理如图 5-17 所示。与位置反馈两级阀相比，该阀在阀内通往负载的油路上装设反馈流量计 6，其由锥阀阀芯 12、阀板 13 及弹簧 10 和 11 等主要元件组成，并用反馈弹簧 9 将挡板 5 与锥阀阀芯 12 连接在一起。两个反馈流量计的位置完全对称于挡板。

反馈流量计必须满足以下要求：

1）能感受正、反两个方向流量。

2）输出量为机械量。

3）标定值稳定，不受流体黏度影响。

4）输出的机械位移应与流量成近似线性关系。

5）动态响应快，不灵敏区小。

图 5-17 所示反馈流量计 6 为面积式流量计，能满足上述五个要求，故可作为反馈流量计，其工作过程为：两个反馈流量计装在电液伺服阀输出级与液压执行元件之间，因此负载流量反馈二级电液伺服阀的两个输出口 A 和 B 分别由两个反馈流量计引出，如图 5-17 所示。

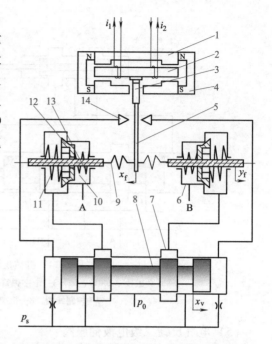

图 5-17　负载流量反馈二级电液伺服阀
1—导磁体　2—衔铁　3—弹簧管　4—永久磁铁
5—挡板　6—反馈流量计　7—阀套　8—阀芯
9—反馈弹簧　10、11—弹簧　12—锥阀阀芯
13—阀板　14—喷嘴

为了叙述方便，简称 A 口上的反馈流量计为流量计 A，另一个出口上的为流量计 B。

设负载流量由 A 流向 B，则回油路上流量计 B 中的阀板 13 将在弹簧 10 和回油压力作用下处于关闭状态，负载流量克服弹簧 11 作用力使锥阀阀芯 12 向右位移 y_f，同时位移 y_f 又使反馈弹簧 9 对挡板 5 作用一个反馈力矩，这表示流量计 B 起检测负载流量作用。而流量计 A 的锥阀阀芯 12 在油压作用下压在阀座上，液压油通过锥阀孔打开阀板 13 从 A 口流出，故流量计 A 不起检测作用。若负载流量由 B 流向 A，则情况相反。

（1）负载流量反馈二级电液伺服的工作原理

当力矩马达输入信号电流时，衔铁 2 产生的电磁力矩与弹簧管 3 的反力矩平衡，假定使挡板 5 向左偏离中位 x_f 距离，则喷嘴挡板液压放大器推动阀芯 8 向右运动，负载流量由流量计 B 检测并对挡板 5 产生反馈力矩。当力矩马达的输入力矩、弹簧管反力矩及作用于挡板上的反馈力矩平衡时，挡板 5 基本上回到两喷嘴中位，喷嘴挡板液压放大器停止工作，这时对应 y_f 的流量为信号电流对应的负载流量。

这种二级电液伺服阀可以有足够大的回路增益，负载压力、供油压力和回油压力波动对阀的性能影响很小，故对阀的输出级精度要求可以降低，但对流量计的精度要求高。

（2）负载流量反馈两级电液伺服阀的特性

当力矩马达简化为放大系数为 K_a 的比例环节时，一级、二级液压放大器放大倍数分别为 W_1、W_2，流量计反馈放大系数为 H，负载流量反馈二级电液伺服阀的控制原理框图如图 5-18 所示。通常在设计中使 $HW_1W_2 >> 1$，此时，流量与电流的关系可近似写成

$$Q_{\mathrm{L}} = \frac{K_{\mathrm{a}}}{H} I \tag{5-2}$$

式（5-2）表示反馈流量计特性完全决定了负载流量反馈二级伺服阀的特性。如果反馈流量计特性理想，负载流量只取决于输入电流 I 而不受其他参数影响。负载流量反馈二级电液伺服阀的流量-压力特性如图 5-19 所示。

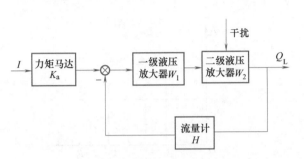

图 5-18　负载流量反馈二级电液伺服阀
的控制原理框图

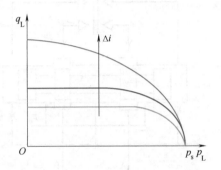

图 5-19　负载流量反馈二级电液伺服阀的
流量-压力特性曲线

3. 负载压力反馈二级电液伺服阀

负载压力反馈二级电液伺服阀的结构原理如图 5-20 所示。与力反馈二级电液伺服阀相比，它没有反馈弹簧杆，而是由反馈喷嘴 3、反馈节流孔 4 组成的反馈压力计代替，用于感受负载压力并对挡板产生反馈力矩。

负载压力反馈二级电液伺服阀的工作过程为：当力矩马达输入信号电流时，衔铁产生的电磁力矩与扭簧反力矩平衡，假设使挡板 1 向左偏离中位 x_{f} 距离，阀芯 5 在前置级喷嘴 2 作用下向右运动，供油路与 A 腔相通，回油路与 B 腔相通。与此同时，两个反馈喷嘴 3 分别与负载腔 A、B 相通并感受负载压力，对挡板 1 产生反馈力矩。当挡板 1 回到喷嘴中位时，前置级停止工作，而伺服阀输出的负载压力与信号电流相对应。如果负载压力受干扰作用而增大，那么，反馈喷嘴 3 对挡板 1 的反馈力矩也增大，破坏了力矩平衡，使挡板 1 又偏离中位向右移动，则阀芯 5 将在前置级作用下向左移动而减小阀口开度，增大节流损失，从而使负载压力降低并恢复到原值。同时，挡板 1 又处于喷嘴的中间位置。如果负载压力受扰动作用而减小，其调整过程与上述相反。该阀的流量-压力曲线如图 5-21 所示。

4. 动压反馈二级电液伺服阀

图 5-22 所示动压反馈二级电液伺服阀与力反馈二级电液伺服阀相比，增加了一个由弹簧 5、缸体 6 和活塞 7 组成的压力反馈回路和一对辅助喷嘴 3 所构成的液压高通滤波回路。动态负载压力通过辅助喷嘴 3 反馈给挡板 1。

动压反馈两级电液伺服阀的工作过程如下：当负载压力变化缓慢或处于稳态时，压力反馈回路不起作用，此时该电液伺服阀的特性与力反馈二级电液伺服阀特性一样。压力反馈回路相当于在系统内部引入了一个微分环节，增大了系统的阻尼，使得阀的谐振峰值减小，提高了系统的稳定性。当负载压力变化剧烈时，回路起压力微分反馈作用，并通过辅助喷嘴 3 使动态负载压力对挡板产生反馈力矩，与力矩马达产生的力矩作用相反，起到阻碍挡板 1 运动的作用，减小阀芯 4 的位移输出，抑制电液伺服阀输出负载急剧上升的趋势，对系统起到明显的阻尼作用。

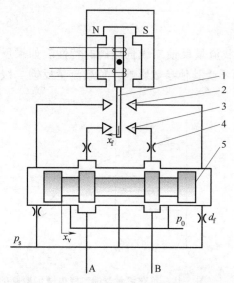

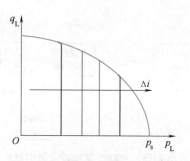

图 5-20 负载压力反馈二级电液伺服阀

1—挡板 2—前置级喷嘴 3—反馈喷嘴

4—反馈节流孔 5—阀芯

图 5-21 负载压力反馈二级电液伺

服阀的流量-压力曲线

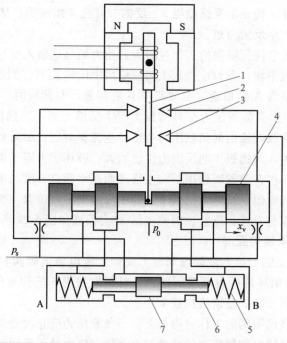

图 5-22 动压反馈二级电液伺服阀

1—挡板 2—前置级喷嘴 3—辅助喷嘴 4—阀芯 5—弹簧 6—缸体 7—活塞

5.3.3 三级电液伺服阀

图 5-23 所示三级电液伺服阀是由一个力反馈二级电液伺服阀拖动一个由阀套 2 和阀芯 1

组成的输出级组成的。3 为位移传感器，4 为伺服放大器。阀芯 1 通过电气反馈形成闭环控制，根据给定信号电流确定输出级阀芯 1 的位移 x_v，使阀输出相应的流量。

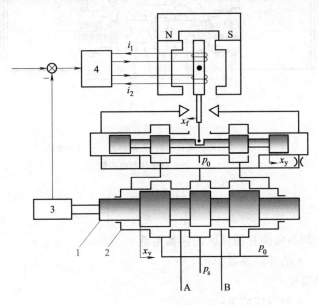

图 5-23　三级电液伺服阀

1—阀芯　2—阀套　3—位移传感器　4—伺服放大器

5.4　电液比例阀的典型结构和工作原理

电液比例阀按照所控制的参数分类，有电液比例方向阀、电液比例压力阀、电液比例溢流阀。

5.4.1　电液比例方向阀

单级电液比例方向阀也称为直动式比例方向阀，图 5-24 所示是最普通的单级电液比例方向阀的典型结构。该阀采用四边滑阀结构，按节流原理控制流量，比例电磁铁线圈可拆卸单独更换，可通过外部放大器或内置放大器控制，工作过程中只有一个比例电磁铁得电。

工作原理：电磁铁 5 和 6 不带电时，弹簧 3 和 4 使控制阀芯 2 保持在中位。比例电磁铁得电后，直接推动控制阀芯 2。例如，电磁铁 6 得电，控制阀芯 2 被推向左侧，压在弹簧 3 上，位移与输入电信号成比例。这时，P 口至 A 口及 B 口至 T 口通过阀芯与阀体形成的节流口接通。电磁铁 6 失电，控制阀芯 2 被弹簧 3 重新推回中位。弹簧 3、4 有两个任务：①电磁铁 5 和 6 不带电时，将控制阀芯 2 推回中位；②电磁铁 5 或 6 得电时，其中一个作为力-位移转换器，与输入电磁力相平衡，从而确定阀芯的轴向位置。

与电液伺服阀相比，它的四个控制边均有较大的正遮盖量 x_{v0}，且弹簧安装时产生一定的预压缩量 x_{s0}。如果忽略阀芯与衔铁的摩擦和比例电磁铁的死区电流，则从阀芯处于中位到阀口打开，比例电磁铁需要提供的起始电流为

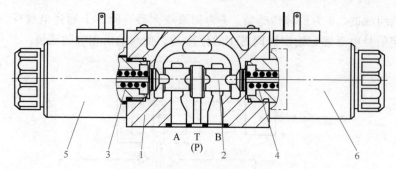

图 5-24 单级电液比例方向阀

1—带安装底面的阀体 2—控制阀芯 3、4—弹簧
5、6—带中心螺纹的电磁铁

$$i_0 = \pm\left[\frac{K_s(x_{v0}+x_{s0})}{K_e}\right] \tag{5-3}$$

式中 i_0——电液比例方向阀克服死区的起始电流；

K_s——弹簧 3、4 的弹性系数；

x_{v0}——阀口遮盖量；

x_{s0}——弹簧 3、4 的预压缩量；

K_e——电磁铁的电流-力增益。

测试表明，这种阀的起始电流可达额定电流的 20% 左右。x_{v0} 和 x_{s0} 是阀的稳态控制特性中存在较大零位死区的根本原因，其中，x_{v0} 又是最主要的因素。

正常工作时，这种阀的比例电磁铁输出的电磁力除必须克服弹簧力、摩擦力外，还必须克服阀口上的液动力，才能控制阀芯移动并保证阀芯可靠地定位。稳态液动力直接影响单级比例方向阀的阀芯位移，当输入电信号恒定，而阀口稳态液动力变化时，阀芯位移 x_v 出现的偏差为

$$\Delta x_v = -\frac{\Delta F_s}{K_{fs}} \tag{5-4}$$

式中 ΔF_s——稳态液动力变化量；

Δx_v——阀芯位移偏差；

K_{fs}——稳态液动力弹簧刚度。

式（5-4）表明，当稳态液动力增大，阀口会关小，这是液动力超过比例电磁铁驱动力的结果。表现在阀的压力-流量特性曲线上，就是阀口压差超过一定数值后，随着阀口压差的增大，流量反而减少，如图 5-25 所示。可由图 5-25 所示压差与流量相乘确定了方向阀的功率极限。

这种单级阀只能在流量不大、压差较小且流量控制精度要求不高的场合使用，阀芯的位移和阀的功率域分别受到比例电磁铁的

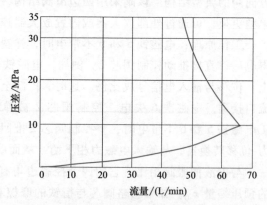

图 5-25 稳态液动力对阀芯位移的影响示意图

有效行程及电磁力的限制。

5.4.2 电液比例压力阀

直动式比例溢流阀属于单级控制电液比例压力阀。

1. 带力控制型比例电磁铁的直动式比例溢流阀

这种比例溢流阀用来限制系统压力或作为先导式压力阀的先导阀，或者作为比例泵的压力控制元件。不带集成放大器的阀的典型结构如图5-26所示（采用方向阀的阀体），主要由比例电磁铁1、阀体2、锥阀芯3和阀座4组成。锥阀芯的尾部有一段开有通油槽的导向圆柱。衔铁腔充满油液，实现了静压力平衡。

这种比例溢流阀的衔铁6和锥阀芯3之间无弹簧，推杆输出比例电磁铁的电磁力作为指令力，直接作用在锥阀芯上，电流增加使电磁铁输出的电磁力按比例相应增加。

P口压力根据给定电压值来设定，推杆输出的指令力推动锥阀芯3压紧阀座4。如果锥阀芯3上的液压力大于电磁力，则推开锥阀芯使其脱离阀座，这样油液将从P口流到T口，并限制液压力提高。零输入情况下，放大器输出最小控制电流并将锥阀芯3压紧到阀座上，P口输出最小开启压力。

调节螺钉5用于调节阀的最小开启压力（机械零点），一般由工厂设定或在试验台上调整。衔铁6尾部的推杆可在手动方式下调节系统压力，用于简单判断阀的故障。新阀使用前，用比例电磁铁上的排气螺钉排出衔铁腔中的空气。

带有集成放大器（图5-26中的双点画线所示）的阀，其功能与不带集成放大器的阀一样，只是放大器直接安装在比例电磁铁上，使用时按要求提供电源及控制电压即可。

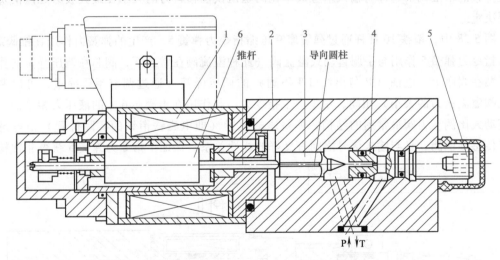

图5-26 带力控制型比例电磁铁的直动式比例溢流阀的典型结构
1—比例电磁铁 2—阀体 3—锥阀芯 4—阀座 5—调节螺钉 6—衔铁

2. 带行程控制型比例电磁铁的直动式比例溢流阀

带行程控制型比例电磁铁的直动式比例溢流阀是直动式比例压力阀最基本的结构。这种比例压力阀的结构如图5-27所示，与手调直动式溢流阀相比，相当于调节手柄换装上了比例电磁铁，弹簧2是个传力弹簧，只起传力作用。锥阀芯3与阀座5间的弹簧4用来防止锥阀芯 3 与阀座 5 之间发生撞击。

当控制电流输入比例电磁铁线圈时，衔铁 1 推杆输出的推力压缩传力弹簧 2，将比例电磁铁产生的指令力作用在锥阀芯 3 上，与作用在锥阀芯 3 上的液压力相比较。当液压力大于弹簧力时，锥阀芯 3 与阀座 5 之间出现开口。由于开口量变化很小，因而传力弹簧 2 的变形量也很小。若忽略液动力的影响，则可认为在平衡条件下这种直动式比例压力阀所控制的压力与比例电磁铁输出的电磁力成正比，从而也与输入比例电磁铁的控制电流成正比。

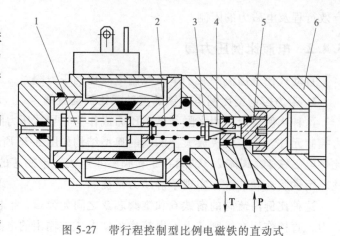

图 5-27　带行程控制型比例电磁铁的直动式
比例溢流阀的典型结构

1—衔铁　2—传力弹簧　3—锥阀芯　4—弹簧　5—阀座　6—阀体

3. 带位置调节型比例电磁铁的直动式比例溢流阀

这种阀的典型结构如图 5-28 所示，位移传感器为干式结构。与带力控制型比例电磁铁的直动式比例溢流阀不同的是，这种阀采用位置调节型比例电磁铁，衔铁的位移由电感式位移传感器检测并反馈至放大器，与给定信号 u_g 相比较，构成衔铁位移闭环控制系统，实现衔铁位移的精准调节，即与输入信号成正比的是衔铁位移，力的大小在最大吸力之内由负载需要决定。

图 5-28 中，衔铁 10 推杆通过弹簧座 9 压缩指令力弹簧 5，产生的弹簧力作用在锥阀芯 6 上。指令力弹簧 5 作用与手调直动式溢流阀（此种溢流阀在常态下，阀芯在调压弹簧的作用下紧贴在阀座上，进油口 P 与出油口 T 不通）的调压弹簧（通过调节预压缩量，可以调定溢流阀溢流压力的大小）相同，用于产生指令力，与作用在锥阀芯 6 上的液压力相平衡。这是直动式比例压力阀最常用的结构，弹簧座的位置（即电磁铁衔铁的实际位置）由电感式位移传感器检测，且与输入信号之间有良好的线性关系，保证了指令力弹簧 5 获得非常精确

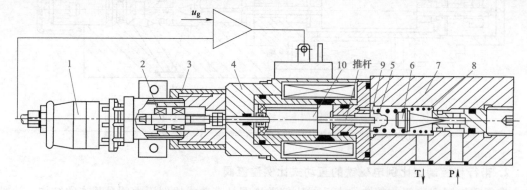

图 5-28　带位置调节型比例电磁铁的直动式比例溢流阀的典型结构 1

1—位移传感器插头　2—位移传感器铁心　3—夹紧螺母　4—比例电磁铁壳体　5—指令力弹簧
6—锥阀芯　7—阀体　8—弹簧（防撞击）　9—弹簧座　10—衔铁

的压缩量，从而得到精确的调定压力。锥阀芯6与阀座间的弹簧8用于防止阀芯与阀座之间发生撞击。

由于输入电压信号经放大器产生与设定值成比例的电磁铁衔铁位移，故该阀消除了衔铁的摩擦力和磁滞对阀特性的影响，阀的抗干扰能力强。在对重复精度、滞环等指标有较高要求时（如先导式电液比例溢流阀的先导阀），优先选用这种带电反馈的比例压力阀。

图 5-29 所示的直动式比例溢流阀粗略看很像是采用了行程控制型比例电磁铁，但认真分析可以发现，弹簧 2 也是作为指令力弹簧使用的，电磁铁将阀座 5 推向锥阀芯 3，锥阀芯 3 再将指令力弹簧 2 压紧在固定阀座 5 上。位移传感器 1 与锥阀芯 3 相连，当阀口未打开时，位移传感器 1 检测到的锥阀芯 3 的位移也是比例电磁铁衔铁 6 的位移。当液压力升高将锥阀口打开时，位移传感器 1 检测到锥阀芯 3 的位移量增加，通过负反馈的作用，增加的位移将用于调节比例电磁铁的线圈电流，以维持锥阀芯 3 的位置与控制电压相对应。同理，通过锥阀口的流量增加，阀口要开大，而锥阀芯 3 的位置要保持不变，也只有调节比例电磁铁的线圈电流使衔铁后移，这样，指令力弹簧 2 产生的指令力不变，溢流阀的调定压力就不会受到流量变化的影响。因此，这种阀可归入带位置调节型比例电磁铁的直动式比例溢流阀中，且没有因流量增加引起指令力弹簧 2 的压缩量增加，导致调压误差增大的问题，其线性好，滞环小，压力上升及下降时间短，是具有间隙自补偿能力的线性比例压力阀。图 5-29 中，指令力弹簧 2 的压缩量决定了作用在锥阀芯上的液压力，即溢流阀的开启压力。

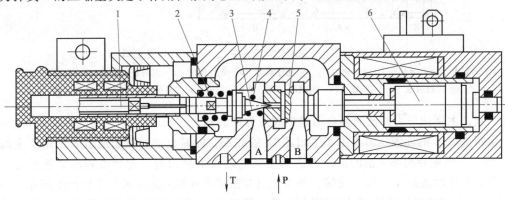

图 5-29　带位置调节型比例电磁铁的直动式比例溢流阀的典型结构 2
1—位移传感器　2—指令力弹簧　3—锥阀芯　4—弹簧（防撞击）　5—固定阀座　6—衔铁

5.4.3　先导式电液比例溢流阀

1. 带力控制型比例电磁铁的先导式比例溢流阀

这种形式的比例溢流阀是在二级同心式手调溢流阀（即溢流阀需要两个工作压力并有相同的阀芯）结构的基础上，将手调直动式溢流阀更换为带力控制型比例电磁铁的直动式比例溢流阀得到的，如图 5-30 所示。显然，除先导级采用比例压力阀之外，其余结构与二级同心式手调溢流阀相同，属于压力间接检测型的先导式比例溢流阀。

这种先导式比例溢流阀的主阀体 9 采用了二级同心式的锥阀结构，先导阀的回油必须通过泄油口 3（Y 口）单独直接引回油箱，以确保先导阀回油背压（指流体在密闭容器中沿其路径流动时，由于受到阻碍而被施加的与运动方向相反的力）为零。否则，如果先导阀的回油压力不为零（如与主回油口接在一起），该回油压力就会与比例电磁铁产生的指令力叠

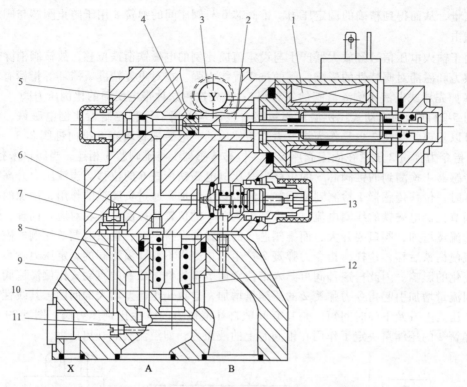

图 5-30　带力控制型比例电磁铁的先导式比例溢流阀

1—线圈　2—先导锥阀芯　3—泄油口　4—先导阀座　5—先导阀体　6—控制腔阻尼孔　7—固定节流孔
8—控制通道　9—主阀体　10—主阀芯　11—堵头　12—主阀芯复位弹簧　13—压力溢流阀

加在一起，主回油压力的波动就会引起主阀压力的波动。

主阀进口 A 的油液压力作用于主阀芯 10 的底部，同时也通过控制通道 8 作用于主阀芯 10 的顶部。当先导阀座 4 前的液压力达到比例电磁铁的推力时，先导锥阀芯 2 被推开，阀口打开，先导油通过 Y 口流回油箱，并在控制腔阻尼孔 6 和固定节流孔 7 处产生压降，主阀芯 10 克服主阀芯复位弹簧 12 的弹簧力上升，接通 A 口及 B 口的油路，系统多余流量通过主阀芯 10 与主阀体 9 之间的阀口流回油箱，压力因此不会继续升高。

这种比例溢流阀配置了压力溢流阀 13 用作手调限压安全阀，当电气或液压系统发生故障（如出现过大的电流或液压系统出现过高的压力）时，安全阀起作用，限制系统压力的上升。手调安全阀的设定压力比比例溢流阀调定的最大工作压力高 10% 以上。

2. 带行程控制型比例电磁铁的先导式比例溢流阀

如图 5-31 所示，这种阀的主阀采用方向阀的阀体，主阀芯 7 采用滑阀结构，P 口压力通过径向小孔引到主阀芯两端，其中，固定节流孔 6 在主阀芯 7 轴向小孔的左端，引到左端的压力作为 B 型半桥的输出压力，B 型半桥的特点为第一个液阻为固定液阻。第二个液阻为可变液阻，如图 5-32 所示。主阀芯 7 左移使主阀口打开后，P 口液压油通过 B 口到 T 口流回油箱。先导阀的回油与主回油接在一起。阀芯 4 构成的先导阀与主阀芯 7 构成的主阀布置在同一轴线上，结构紧凑，适用于流量不大的场合（120L/min 以下）。

3. 带位置调节型比例电磁铁的先导式比例溢流阀

如图 5-32 所示，这种阀的主阀采用方向阀的阀体，主阀芯 8 采用锥阀结构，A 口压力

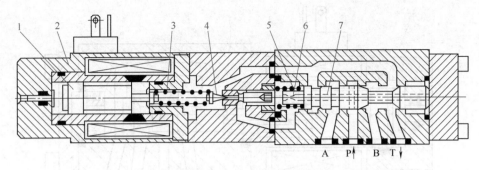

图 5-31 带行程控制型比例电磁铁的先导式比例溢流阀

1—衔铁 2—比例电磁铁壳体 3—传力弹簧 4—先导锥阀芯 5—复位弹簧

6—固定节流孔 7—主阀芯

通过轴向小孔引到主阀芯 8 右端，固定节流孔在主阀芯轴向小孔上，引到锥阀芯 5 右端的压力是 B 型半桥的输出压力。这种阀可通过 X、Y 口构成外控外泄式比例溢流阀。

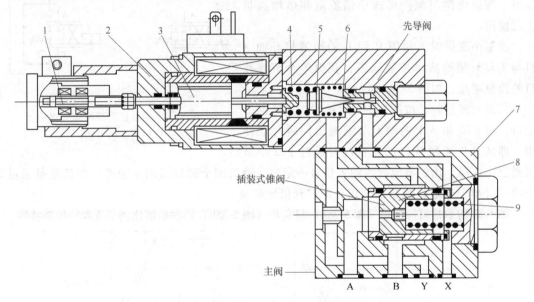

图 5-32 带位置调节型比例电磁铁的先导式比例溢流阀

1—铁心 2—比例电磁铁壳体 3—衔铁 4—传力弹簧 5—锥阀芯

6—弹簧 7—主阀体 8—主阀芯 9—主阀芯复位弹簧

5.4.4 电液比例流量阀

1. 单级电液比例节流阀

（1）带行程控制型比例电磁铁的单级比例节流阀（开环控制）

这是小通径的比例节流阀，与输入信号成比例的是阀芯 4 的轴向位移。由于没有阀口进、出口压差或其他形式的检测补偿，控制流量受阀进、出口压差变化的影响，其典型结构如图 5-33 所示。这种阀采用方向阀阀体的结构型式，配置 1 个比例电磁铁得到 2 个工作位置，配置 2 个比例电磁铁得到 3 个工作位置，有多种中位机能。

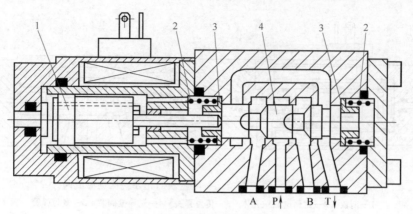

图 5-33   单级比例节流阀的典型结构

1—衔铁   2—对中弹簧   3—弹簧座   4—阀芯

单级电液比例节流阀其上有 P、T、A、B4 个油口。四通比例节流阀可按单倍流量和倍增流量工况使用。

控制小流量时，利用 P 到 B 的通道打开而 A 口与 T 口封闭形成单控制通道，获得单个节流孔口的流量增益，如图 5-34a 所示。

控制大流量时，按图 5-34b 所示方法连通四个油口，将 P-B 和 A-T 的两对节流通道同时并联使用，即从 P 口流到 B 口的流量同时通过了 2 个节流通道。这样，比例节流阀的输入信号一定时，通过四个油口（两个通道）的流量是通过 2 个油口（单个通道）流量的两倍，即得到倍增流量。

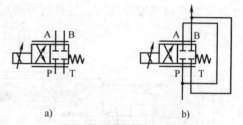

图 5-34   四通比例节流阀实现倍增流量的方法

图 5-35 所示是阀口常闭（图 5-35a）与常开（图 5-35b）两种机能比例节流阀的控制特性。

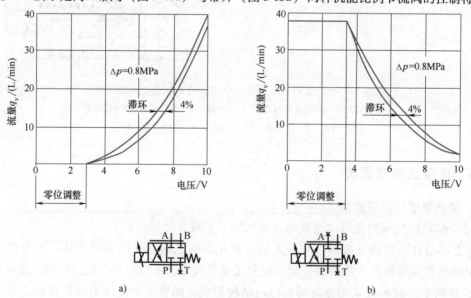

图 5-35   阀口常闭与常开比例节流阀的控制特性

（2）带位置调节型比例电磁铁的单级比例节流阀（闭环控制）

这种比例节流阀与带行程控制型比例电磁铁的单级比例节流阀的主要差别在于配置了位置调节型比例电磁铁，实现了阀芯位移的电反馈闭环，使阀芯 3 的轴向位移更精确地与输入信号成比例，其结构如图 5-36 所示。

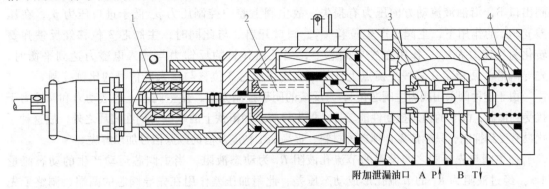

图 5-36 带位置调节型比例电磁铁的单级比例节流阀

1—位移传感器铁心 2—衔铁 3—阀芯 4—复位弹簧

2. 位移-力反馈型二级电液比例节流阀

位移-力反馈型二级电液比例节流阀的结构原理示意图如图 5-37a 所示。固定液阻（大小为 R_0）节流孔与先导阀口组成 B 型液压半桥，先导阀芯 2 与主阀芯 3 之间由弹性系数为 K_f 的反馈弹簧耦合。当阀的输入电信号为零时，先导阀芯 2 在反馈弹簧预压缩力的作用下处于图示位置，即先导控制阀口为负开口，控制油液不流动，主阀上腔的压力 p_c 与进口压

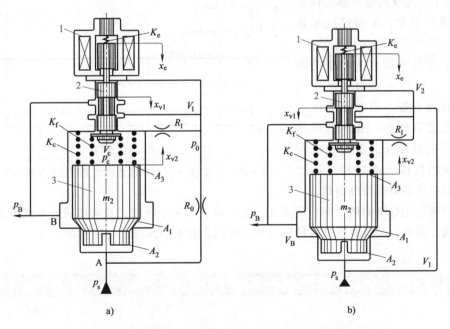

图 5-37 位移-力反馈型二级电液比例节流阀原理示意图

a）采用单控制边先导阀 b）采用双控制边先导阀

1—比例电磁铁 2—先导阀芯 3—主阀芯

力 p_s 相等。由于弹簧力和主阀芯上下面积差的原因，主阀口处于关闭状态，这时，无论进口压力 p_s 有多高，都没有流量从 A 口流向 B 口。

当输入足够大的电信号时，电磁力克服弹性系数为 K_f 的反馈弹簧的预压缩力，推动先导阀芯下移 x_{v1}，先导阀口打开，控制油经过固定液阻（大小为 R_0）节流孔→先导阀口→主阀出口 B，沿油液流动方向压力有损失，故主阀上腔的控制压力 p_c 低于进口压力 p_s，在压差 $p_s - p_c$ 的作用下，主阀芯产生位移 x_{v2}，阀口开启。与此同时，主阀芯 3 位移经反馈弹簧转化为反馈力 $K_f x_{v2}$，作用在先导阀芯上，当反馈弹簧的反馈力与输入电磁力达到平衡时，先导阀芯 2 便稳定在某一平衡点上，从而实现主阀芯 3 位移与输入电信号的比例控制。

由于这种阀采用阀内主阀芯位移-力反馈的闭环控制方案，使主阀芯上的液动力和摩擦力干扰受到抑制，故它的稳态控制性能较好。但先导阀芯和衔铁上的摩擦力仍在闭环之外，故这种干扰没有受到抑制，只能依靠合理选配材料、提高加工精度及借助颤振信号加以解决。

在主阀与先导阀之间设置的节流孔液阻 R_1 为动态液阻，当主阀芯运动产生的动态流量 $A_3 \dot{x}_{v2}$ 经过液阻为 R_1 的节流孔形成动态压差，此附加压差作用在先导阀芯的两端，调整了先导阀口的开度，改变控制压力 p_c，对主阀的运动产生明显的动态阻尼作用，构成级间速度动压反馈。改变 R_1 的阻值可以获得不同的动态特性，其最佳值可通过试验求得。R_1 不影响阀的稳态性能。

如果用双控制边滑阀来取代图 5-37a 中的单控制边先导阀，就可构成如图 5-37b 所示双控制边先导级的位移-力反馈型比例节流阀。图 5-37b 中，先导阀双控制边构成了 A 型液压半桥，A 型液压半桥的特点是两个液阻均为可变液阻，其压力增益为 B 型液压半桥的两倍，因此，包含 A 型液压半桥的比例节流阀的静、动态性能优于单控制边的节流阀。图 5-38 所示为出了采用单控制边滑阀和双控制边滑阀的位移-力反馈型二通比例节流阀的稳态负载特性曲线。

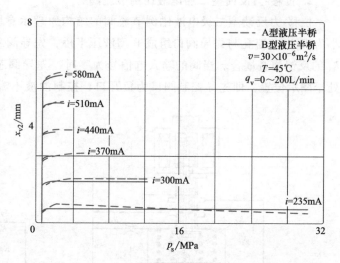

图 5-38　位移-力反馈型二通比例节流阀稳态负载特性曲线

双控制边先导阀的两个阀口均需要修磨，故它的先导级加工及调试的成本比单控制边先导级的高。另外，A 型液压半桥的压力增益较高，会影响到阀的稳定性。

5.5　伺服变量泵的典型结构和工作原理

伺服变量泵，即使用伺服阀来控制泵的变量机构。伺服变量泵由于使用伺服阀，实现了精确控制，可以按照需求来改变输出功率的大小。伺服变量泵具有动态响应快、自吸能力强、压力波动低、噪声小等优点。

1. RKP 变量泵

图 5-39 所示为 MOOG 公司 RKP 变量泵。驱动轴 1 通过十字盘 2 将驱动转矩传送至星形油缸块 3，柱塞 5 安装于油缸块 3 中，柱塞 5 通过流体静力学平衡的滑靴 6 与冲程环 7 保持接触，并由保持环 8 固定到位，柱塞 5 和滑靴 6 通过有锁定环的球状万向联轴器连接。当油缸块 3 转动时，滑靴 6 在离心力和油液压力的作用下紧贴冲程环 7，并在两条搭接的保持环 8 的约束下绕冲程环 7 转动。RKP 变量泵的排量由冲程环 7 的偏心量决定，通过两个直接相对的大小控制活塞 9、10 可调整冲程环 7 的偏心位置，先导伺服阀 12 与控制活塞 9、10 及位移传感器 11 一起组成阀控缸位置闭环变量机构，实现对冲程环 7 偏心位置的闭环控制，进而精确调整泵的排量。

RKP 泵的变量控制是借助于泵体内径向布置的两个相对的大、小变量控制活塞 9、10 来实现的，而大、小变量柱塞通过球铰滑块与定子外圆接触，从而根据控制腔和限位腔的作用控制定子的偏心量。从变量泵的出口引出部分控制油液作用在控制腔，并通过变量调节阀作用在限位腔。若限位腔直接与控制油连通，则变量泵的定子处于最大偏心处，排量也最大；当经调节阀口产生

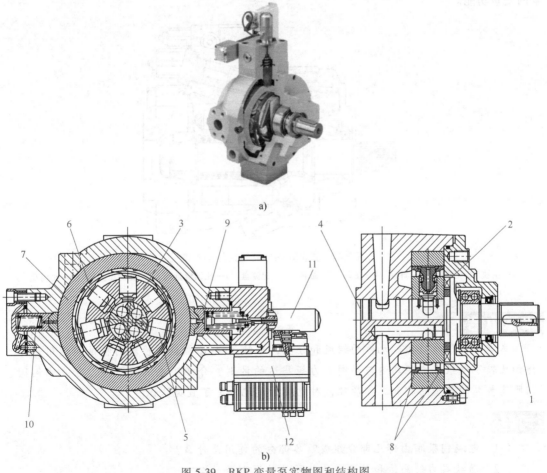

图 5-39　RKP 变量泵实物图和结构图

a）实物图　b）结构图

1—驱动轴　2—十字盘　3—星形油缸块　4—控制轴　5—柱塞　6—滑靴　7—冲程环

8—保持环　9、10—控制活塞　11—位移传感器　12—先导伺服阀

一定压降后再与限位腔连通时，则定子处于某一偏心位置，对应一个排量值。

2. 斜盘式轴向柱塞泵

斜盘式轴向柱塞泵与其他液压泵相比，斜盘式轴向柱塞泵能以小尺寸、小重量供给大动力，是一种效率很高的液压泵，但是其制造成本相对较高，适用于高压、大流量、大功率的场合，主要通过柱塞在缸体内的往复运动来实现吸油与排油的功能。图 5-40 所示为力士乐 A10VSO 斜盘式轴向柱塞泵。柱塞泵工作时，其斜盘 3 和配流盘 6 固定不动，主轴 1 带动缸体 5 和柱塞 4 一起转动，滑靴 2 靠回程盘 9 压紧在斜盘上。当主轴 1 转动，柱塞 4 完成一个周期的伸缩时，柱塞 4 和缸体 5 形成的密闭容积变化一个周期，当柱塞 4 伸出缸体 5 时，柱塞腔形成一个不断增大的、短暂真空的容积，腔体内部压力变小，外部油液压力高于腔体内压力，柱塞泵在配流盘 6 的作用下，完成吸油动作。当柱塞 4 缩回缸体 5 时，柱塞腔的容积不断减小，柱塞 4 对油液进行压缩，腔体压力升高且高于柱塞泵出口压力，在配流盘 6 的作用下，柱塞泵完成排油动作。缸体 5 每旋转一周，柱塞泵完成一次吸排油动作。改变斜盘 3 的倾角，就可以改变柱塞 4 的伸出长度，从而改变了密闭工作容积的有效变化量，实现柱塞泵的变量功能。

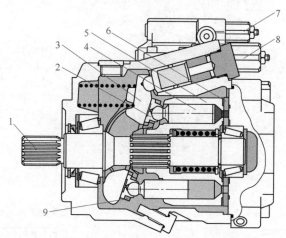

图 5-40   斜盘式轴向柱塞泵结构简图

1—主轴 2—滑靴 3—斜盘 4—柱塞 5—缸体 6—配流盘 7—比例流量阀 8—比例压力阀 9—回程盘

本章小结

本章介绍了电液控制元件的组成和分类，总结了电气-机械转换器的特性和适用范围，详细比较了动铁式力矩马达与动圈式力矩马达的区别，介绍了电液伺服阀、电液比例阀、伺服变量泵的典型结构和工作原理，对电液控制元件有了直观认识。

习题

5-1   电液伺服阀由哪几部分组成？各部分的作用是什么？

5-2   动铁式力矩马达和动圈式力矩马达的区别是什么？

5-3   电液比例阀与电液伺服阀的区别是什么？

5-4   伺服变量泵的优、缺点是什么？

拓展阅读

［1］ CHENG Y J, WANG S H, XU X Y, et al. Multidomain modeling of jet pipe electro-hydraulic servo valve ［J］. Applied Mechanics and Materials, 2012, 233：17-23.

［2］ CHEN H M, SHEN C S, LEE T E. Implementation of precision force control for an electro-hydraulic servo press system ［C］//2013 Third International Conference on Intelligent System Design and Engineering Applications. IEEE, 2013：854-857.

［3］ DINDORF R, WOS P. Force and position control of the integrated electro-hydraulic servo-drive ［C］//2019 20th International Carpathian Control Conference (ICCC). IEEE, 2019：1-6.

［4］ KÖVÁRI A. Real-time modeling of an electro-hydraulic servo system ［J］. Computational Intelligence in Engineering, 2010：301-311.

［5］ HUANG G, MI J, YANG C, et al. CFD-based physical failure modeling of direct-drive electro-hydraulic servo valve spool and sleeve ［J］. Sensors, 2022, 22 (19)：7559.

［6］ SU S, ZHU Y, LI C, et al. Dual-valve parallel prediction control for an electro-hydraulic servo system ［J］. Science Progress, 2020, 103 (1)：1-21.

［7］ JIN B Q, WANG Y K, MA Y L. Electro-hydraulic servo system controlled by index reaching law sliding mode ［J］. Advanced Materials Research, 2011, 317：1490-1494.

✂ 思政拓展：1977 年，我国第一台 108 吨电动轮自卸车在鞍钢大孤山矿厂投入使用，仅仅 1 个月的时间，这台车的运料总量是其他车辆的三倍以上。而在第一台国产电动轮自卸车的研制过程中，技术人员发现电动轮自卸车控制部分的核心部件就是磁放大器，湘电技术攻关组全力突破一个多月，技术人员制造出独创的磁放大器、桥式方向器等关键零部件，显著提高了对电动机转矩控制的动态性能。扫描下方二维码观看相关视频。

信物百年
第一台国产电动轮
自卸车

第 **6** 章　电液控制元件建模与分析

知识导图

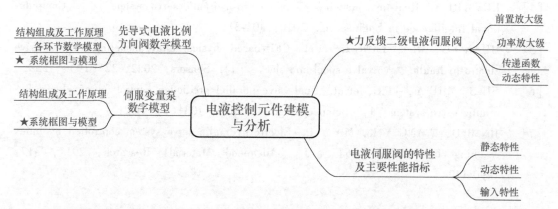

电液伺服阀和电液比例阀是电液控制系统中的控制元件，能精确控制流量、方向、压力，并将电信号转换成控制负载流量或负载压力的信号，使得系统输出更大的液压功率来驱动执行机构。电液伺服阀的性能直接影响到液压系统控制的稳定性、准确性、灵敏性，是系统中的核心元件。电液伺服阀在 20 世纪 40 年代已应用于飞机控制系统，有效地提高了飞机控制系统的灵活性，随着伺服控制技术的不断发展，电液伺服阀也应用到了更加广泛、更加复杂的环境中。有价格优势的电液比例阀异军突起，性能已接近电液伺服阀。由于液压伺服技术应用领域的持续扩张，其高精度、高效率的技术能力已经逐步成为一些设备的核心技术要求之一。

随着微电子技术、计算机技术的快速发展，出现了许多数字液压元件。传统的手动变量泵通过手轮对排量进行调节，不能实现复杂的控制，且在工业现场中不便于调节，自动化程度低。电液伺服变量泵通过内嵌的控制器和传感器，可方便地实现对排量的控制，自动化程度高，是液压泵的发展趋势之一。随着使用工况越来越复杂，对性能的要求越来越高，仅掌握阀、泵的工作原理不能解决根本问题，而需要对其内在的数学原理进行研究，进而有助于解决实际工作中遇到的问题。

建立数学模型就是将数学方法应用到解决实际问题中，根据建模的目的，对问题进行合理的简化，抓住主要矛盾提出合理的假设，然后将问题的内在规律用数字、公式、框图的形式表示出来，经过数学处理得到定量的结果，作为分析、预报和决策的依据，与实际的现象、数据对比验证模型的准确性，最后达到应用模型解决实际问题的目的。本章在介绍工作原理的基础上，对电液伺服阀、电液比例阀、伺服变量泵、推导各个环节的数学模型，建立框图，得到传递函数。

6.1 力反馈二级电液伺服阀

6.1.1 前置放大级

如图 6-1 所示，假定力矩马达的两个控制线圈由一个推挽放大器供电，放大器中的常值电压 E_b 在每个控制线圈中产生的常值电流大小相等、方向相反，因此在衔铁上不产生电磁力矩。当放大器有输入电压 u_g 时，将使一个控制线圈中的电流增大，另一个控制线圈中的电流减小，两个控制线圈中的电流分别为

$$i_1 = I_0 + i \tag{6-1}$$

$$i_2 = I_0 - i \tag{6-2}$$

式中　i_1、i_2——两个控制线圈中的电流（A）；

　　　　I_0——每个控制线圈中的常值电流（A）；

　　　　i——每个控制线圈中的信号电流（A）。

两个控制线圈中的差动电流为

$$\Delta i = i_1 - i_2 = 2i = i_c \tag{6-3}$$

差动电流 Δi 即为输入力矩马达的控制电流 i_c，与在衔铁中产生的控制磁通以及由此产生的电磁力矩成比例。

由式（6-3）看出，每个控制线圈中的信号电流是差动电流 Δi 的一半，而常值电流通常约为差

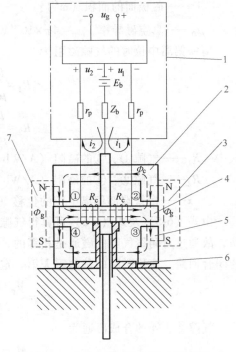

图 6-1　永磁动铁式力矩马达原理图
1—推挽放大器　2—上导磁体　3、7—永久磁铁
4—衔铁　5—下导磁体　6—弹簧管

动电流的最大值的一半。因此，当推挽放大器的输入信号最大时，在力矩马达的一个控制线圈中的电流将接近零，而另一个控制线圈中的电流将是最大的差动电流值。

图 6-2a 所示为力矩马达的磁路原理图。假定磁性材料和非工作气隙的磁阻可以忽略不计，只考虑①~④四个工作气隙的磁阻，则力矩马达的磁路可用图 6-2b 所示的等效磁路表示。

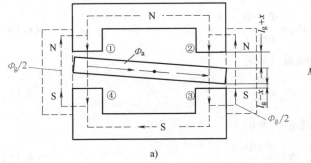
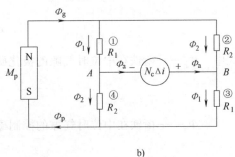

a)　　　　　　　　　　　　　　b)

图 6-2　力矩马达磁路原理图及等效磁路

当衔铁处于中位时，每个工作气隙的磁阻为

$$R_{\mathrm{g}} = \frac{l_{\mathrm{g}}}{\mu_0 A_{\mathrm{g}}} \tag{6-4}$$

式中　l_{g}——衔铁在中位时每个气隙的长度（m）；

　　　A_{g}——磁极面的面积（m^2）；

　　　μ_0——真空磁导率，$\mu_0 = 4\pi \times 10^{-7} \mathrm{Wb/mA}$。

衔铁偏离中位时的气隙磁阻为

$$R_1 = \frac{l_{\mathrm{g}} - x}{\mu_0 A_{\mathrm{g}}} = R_{\mathrm{g}} \left(1 - \frac{x}{l_{\mathrm{g}}} \right) \tag{6-5}$$

$$R_2 = \frac{l_{\mathrm{g}} + x}{\mu_0 A_{\mathrm{g}}} = R_{\mathrm{g}} \left(1 + \frac{x}{l_{\mathrm{g}}} \right) \tag{6-6}$$

式中　R_1——气隙①、③的磁阻（A/Wb）；

　　　R_2——气隙②、④的磁阻（A/Wb）；

　　　x——衔铁端部偏离中位的位移（m）。

由式（6-5）及式（6-6）可算得气隙磁阻及极化磁动势，画图可知磁路是对称的桥式磁路，故通过对角线气隙的磁通是相等的，对包含气隙①、③极化磁动势 M_{p} 和控制磁动势 Δi 的闭合回路，应用磁路的基尔霍夫第一定律可得气隙①、③的合成磁通为

$$\Phi_1 = \frac{M_{\mathrm{p}} + N_{\mathrm{c}} \Delta i}{2R_1} = \frac{M_{\mathrm{p}} + N_{\mathrm{c}} \Delta i}{2R_{\mathrm{g}}(1 - x/l_{\mathrm{g}})} \tag{6-7}$$

气隙②、④的合成磁通为

$$\Phi_2 = \frac{M_{\mathrm{p}} - N_{\mathrm{c}} \Delta i}{2R_2} = \frac{M_{\mathrm{p}} - N_{\mathrm{c}} \Delta i}{2R_{\mathrm{g}}(1 + x/l_{\mathrm{g}})} \tag{6-8}$$

式中　M_{p}——永久磁铁产生的极化磁动势（A）；

　　　Δi——控制电流产生的控制磁动势（A）；

　　　N_{c}——每个控制线圈的匝数。

利用衔铁在中位时的极化磁通 Φ_{g} 和控制磁通 Φ_{c} 来表示 Φ_1 和 Φ_2 更为方便，此时式（6-7）、式（6-8）可写成

$$\Phi_1 = \frac{\Phi_{\mathrm{g}} + \Phi_{\mathrm{c}}}{1 - x/l_{\mathrm{g}}} \tag{6-9}$$

$$\Phi_2 = \frac{\Phi_{\mathrm{g}} - \Phi_{\mathrm{c}}}{1 + x/l_{\mathrm{g}}} \tag{6-10}$$

式中　Φ_{g}——衔铁在中位时气隙的极化磁通（Wb），

$$\Phi_{\mathrm{g}} = \frac{M_{\mathrm{p}}}{2R_{\mathrm{g}}} \tag{6-11}$$

　　　Φ_{c}——衔铁在中位时气隙的控制磁通（Wb），

$$\Phi_{\mathrm{c}} = \frac{N_{\mathrm{c}} \Delta i}{2R_{\mathrm{g}}} \tag{6-12}$$

衔铁在磁场中所受电磁吸力可按麦克斯韦公式计算，即

$$F = \frac{\Phi^2}{2\mu_0 A_g} \tag{6-13}$$

式中 F——电磁吸力（N）；

Φ——气隙中的磁通（Wb）；

A_g——磁极面的面积（m^2）。

由控制磁通 Φ_c 和极化磁通 Φ_g 相互作用而在衔铁上产生的电磁力矩为

$$T_d = 2a(F_1 - F_4)$$

式中 a——衔铁转动中心到磁极面中心的距离；

F_1、F_4——气隙①、④处的电磁吸力。

考虑到气隙②、③处也产生同样的电磁力矩，所以乘以 2。根据式（6-13），电磁力矩可进一步写成

$$T_d = \frac{a}{\mu_0 A_g}(\Phi_1^2 - \Phi_2^2) \tag{6-14}$$

将式（6-9）和式（6-10）代入式（6-14），结合式（6-4）和式（6-12），并考虑到衔铁转角 θ 很小，故 $\tan\theta = \dfrac{x}{a} \approx \theta$，$x \approx a\theta$，则式（6-14）可以写为

$$T_d = \frac{\left(1 + \dfrac{x^2}{l_g}\right)K_t \Delta i + \left(1 + \dfrac{\Phi_c^2}{\Phi_g^2}\right)K_m \theta}{\left(1 - \dfrac{x^2}{l_g^2}\right)^2} \tag{6-15}$$

$$K_t = 2\frac{a}{l_g}N_c \Phi_g \tag{6-16}$$

$$K_m = 4\left(\frac{a}{l_g}\right)^2 R_g \Phi_g^2 \tag{6-17}$$

式中 K_t——力矩马达的中位电磁力矩系数（N·m/A）；

K_m——力矩马达的中位磁弹簧刚度（N·m/rad）。

从式（6-15）可以看出，力矩马达的输出力矩具有非线性特性。为了改善线性度和防止衔铁被永久磁铁吸附，力矩马达一般都设计成 $x/l_g < 1/3$，即 $(x/l_g)^2 \ll 1$ 和 $(\Phi_c/\Phi_g)^2 \ll 1$。则式（6-15）可简化为

$$T_d = K_t \Delta i + K_m \theta \tag{6-18}$$

式中右侧第 1 项 $K_t \Delta i$ 是衔铁在中位时，由控制电流 Δi 产生的电磁力矩，称为中位电磁力矩；第 2 项 $K_m \theta$ 是衔铁偏离中位时，由于气隙发生变化而产生的附加电磁力矩，它使衔铁进一步偏离中位，这个力矩与转角成比例，类似于弹簧的特性，故称为电磁弹簧力矩。

在进行力矩马达电路分析时，要用到衔铁上的磁通，在此先求出衔铁上磁通的表达式。对图 6-2b 所示磁路，对分支点 A 或 B 应用磁路基尔霍夫第一定律可得衔铁磁通为

$$\Phi_a = \Phi_1 - \Phi_2$$

代入式（6-9）和式（6-10）并整理可得

$$\Phi_a = \frac{2\Phi_g \dfrac{x}{l_g} + 2\Phi_c}{1 - \left(\dfrac{x}{l_g}\right)^2} \tag{6-19}$$

由于 $(x/l_g)^2 \ll 1$，故式（6-19）可简化为

$$\Phi_a = 2\Phi_g \frac{x}{l_g} + \frac{N_c}{R_g}\Delta i \tag{6-20}$$

考虑到 $x \approx a\theta$，式（6-20）可写为

$$\Phi_a = 2\Phi_g \frac{a}{l_g}\theta + \frac{N_c}{R_g}\Delta i \tag{6-21}$$

力矩马达工作时包含两个动态过程，一个是电的动态过程，另一个是机械的动态过程。电的动态过程可用电路的基本电压方程表示，机械的动态过程可用衔铁挡板组件的运动方程表示。

1. 基本电压方程

推挽工作时，输入每个控制线圈的信号电压为

$$u_1 = u_2 = K_u u_g \tag{6-22}$$

式中　u_1、u_2——输入每个控制线圈的信号电压（V）；

　　　　K_u——放大器每边的增益；

　　　　u_g——输入放大器的信号电压（V）。

两个控制线圈回路的电压平衡方程分别为

$$E_b + u_1 = i_1(Z_b + R_c + r_p) + i_2 Z_b + N_c \frac{\mathrm{d}\Phi_a}{\mathrm{d}t} \tag{6-23}$$

$$E_b - u_2 = i_2(Z_b + R_c + r_p) + i_1 Z_b - N_c \frac{\mathrm{d}\Phi_a}{\mathrm{d}t} \tag{6-24}$$

式中　E_b——产生常值电流所需的电压（V）；

　　　　Z_b——控制线圈公用边的阻抗（Ω）；

　　　　R_c——每个控制线圈的电阻（Ω）；

　　　　r_p——每个控制线圈回路中的放大器内阻（Ω）；

　　　　N_c——每个控制线圈的匝数；

　　　　Φ_a——衔铁磁通（Wb）。

由式（6-23）减去式（6-24），并结合式（6-3）可得

$$2K_u u_g = (R_c + r_p)\Delta i + 2N_c \frac{\mathrm{d}\Phi_a}{\mathrm{d}t} \tag{6-25}$$

这就是力矩马达电路的基本电压方程。它表明，经放大器放大后的控制电压 $2K_u u_g$ 一部分消耗在控制线圈电阻和放大器内阻上的电压降，另一部分表示由于控制线圈中通电流产生电磁感应形成衔铁磁通变化所需的电压降。

将衔铁磁通表达式（6-21）代入式（6-25），得力矩马达电路基本电压方程的最后形式为

$$2K_u u_g = (R_c + r_p)\Delta i + 2K_b \frac{\mathrm{d}\theta}{\mathrm{d}t} + 2L_c \frac{\mathrm{d}\Delta i}{\mathrm{d}t} \tag{6-26}$$

其拉普拉斯变换式为

$$2K_u U_g = (R_c + r_p)\Delta I + 2K_b s\Theta + 2L_c s\Delta I \tag{6-27}$$

式中 K_b——每个控制线圈的反电动势常数,

$$K_b = 2\frac{a}{l_g} N_c \Phi_g \tag{6-28}$$

L_c——每个控制线圈的自感系数,

$$L_c = \frac{N_c^2}{R_g} \tag{6-29}$$

方程式（6-26）或式（6-27）等号左边为放大器加在控制线圈上的总控制电压,右边第一项为电阻上的电压降,第二项为衔铁运动时在控制线圈内产生的反电动势,第三项是控制线圈内电流变化所引起的感应电动势。它包括控制线圈的自感和两个控制线圈之间的互感。由于两个控制线圈对信号电流 i 来说是串联的,并且是紧密耦合的,因此互感等于自感,所以每个控制线圈的总电感为 $2L_c$。

式（6-27）可以改写为

$$\Delta I = \frac{2K_u U_g}{(R_c + r_p)\left(1 + \dfrac{s}{\omega_a}\right)} - \frac{2K_b s\theta}{(R_c + r_p)\left(1 + \dfrac{s}{\omega_a}\right)} \tag{6-30}$$

式中 ω_a——控制线圈回路的转折频率,

$$\omega_a = \frac{R_c + r_p}{2L_c} \tag{6-31}$$

2. 衔铁挡板组件的运动方程

由式（6-18）可知,力矩马达输出的电磁力矩为

$$T_d = K_t \Delta i + K_m \theta \tag{6-32}$$

力矩马达电路的基本电压方程见式（6-27）,在电磁力矩 T_d 的作用下,衔铁挡板组件的运动方程为

$$T_d = J_a \frac{\mathrm{d}^2\theta}{\mathrm{d}t^2} + B_a \frac{\mathrm{d}\theta}{\mathrm{d}t} + K_a \theta + T_{L1} + T_{L2} \tag{6-33}$$

式中 J_a——衔铁挡板组件的转动惯量（$\mathrm{kg} \cdot \mathrm{m}^2$）;

B_a——衔铁挡板组件的黏性阻尼系数 $[\mathrm{N}/(\mathrm{m} \cdot \mathrm{s}^{-1})]$;

K_a——弹簧管刚度（$\mathrm{N/m}$）;

T_{L1}——喷嘴对挡板的液流力产生的负载力矩（$\mathrm{N} \cdot \mathrm{m}$）;

T_{L2}——反馈杆变形对衔铁挡板组件产生的负载力矩（$\mathrm{N} \cdot \mathrm{m}$）。

衔铁挡板组件受力情况如图 6-3 所示。作用在挡板上的液流力对衔铁挡板组件产生的负载力矩为

$$T_{L1} = rp_{Lp}A_N - r^2(8\pi C_{df}^2 p_s x_{f0})\theta \tag{6-34}$$

式中　A_N——喷嘴孔的面积（m^2）；

　　　p_{Lp}——两个喷嘴腔的负载压差（Pa）；

　　　r——喷嘴中心至弹簧管回转中心（弹簧管壁部分的中心）的距离（m）；

　　　C_{df}——喷嘴与挡板间的流量系数；

　　　x_{f0}——喷嘴与挡板间的零位间隙（m）。

反馈杆变形对衔铁挡板组件产生的负载力矩为

$$T_{L2} = (r+b)K_f[(r+b)\theta + x_v] \qquad (6\text{-}35)$$

式中　b——反馈杆小球中心到喷嘴中心的距离（m）；

　　　K_f——反馈杆刚度（N/m）；

　　　x_v——阀芯位移（m）。

将式（6-32）~式（6-35）合并，经拉普拉斯变换得衔铁挡板组件的运动方程为

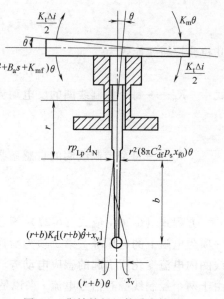

图 6-3　衔铁挡板组件受力情况

$$K_t\Delta I = (J_a s^2 + B_a s + K_{mf})\Theta + (r+b)K_f X_v + rp_{Lp}A_N$$

$$(6\text{-}36)$$

式中　K_{mf}——力矩马达的总刚度（综合刚度，N/m），

$$K_{mf} = K_{an} + (r+b)^2 K_f \qquad (6\text{-}37)$$

　　　K_{an}——力矩马达的净刚度（N/m），

$$K_{an} = K_a - K_m - 8\pi C_{df}^2 p_s x_{f0} r^2 \qquad (6\text{-}38)$$

式（6-36）可改写为

$$\Theta = \frac{\dfrac{1}{K_{mf}}}{\dfrac{s^2}{\omega_{mf}^2} + \dfrac{2\zeta_{mf}}{\omega_{mf}}s + 1}\left[K_t\Delta I - K_f(r+b)X_v - rp_{Lp}A_N\right] \qquad (6\text{-}39)$$

式中　ω_{mf}——力矩马达的固有频率，

$$\omega_{mf} = \sqrt{\frac{K_{mf}}{J_a}} \qquad (6\text{-}40)$$

　　　ζ_{mf}——力矩马达的机械阻尼比，

$$\zeta_{mf} = \frac{B_a}{2\sqrt{J_a K_{mf}}} \qquad (6\text{-}41)$$

6.1.2　功率放大级

忽略阀芯移动所受到的黏性阻尼力、稳态液动力和反馈杆弹簧力，则挡板位移至滑阀位移的传递函数为

$$\frac{X_v}{X_f} = \frac{K_{qp}/A_v}{s\left(\dfrac{s^2}{\omega_{hp}^2} + \dfrac{2\zeta_{hp}}{\omega_{hp}} + 1\right)} \tag{6-42}$$

式中　K_{qp}——喷嘴挡板阀的流量增益 $[m^3/(m \cdot s^{-1})]$；

A_v——滑阀阀芯端面面积（m）；

ω_{hp}——滑阀的液压固有频率（Hz），$\omega_{hp} = \sqrt{\dfrac{2\beta_e A_v^2}{V_{0p} m_v}}$；

ζ_{hp}——滑阀的液压阻尼比，$\zeta_{hp} = \dfrac{K_{cp}}{A_v}\sqrt{\dfrac{\beta_e m_v}{2V_{0p}}}$；

V_{0p}——滑阀一端所包含的容积（L）；

K_{cp}——喷嘴挡板阀的流量-压力系数 $[m^3/(Pa \cdot s^{-1})]$；

m_v——滑阀阀芯及油液的归化质量（kg）；

X_f——挡板位移（m），$x_f = r\theta$。

6.1.3　传递函数

联立式（6-30）、式（6-31）、式（6-39）、式（6-42）、式（6-43），考虑在一般情况下，$\omega_a \gg \omega_{hp} \gg \omega_{mf}$，力矩马达控制线圈的动态和滑阀的动态可以忽略。作用在挡板上的压力反馈回路是由滑阀位移和执行机构负载变化引起的，它反映了伺服阀各级负载动态的影响，由于作用在挡板上的压力反馈的影响比力反馈的小得多，压力反馈回路也可以忽略。这样，力反馈伺服阀的框图可简化成图 6-4 所示的形式。

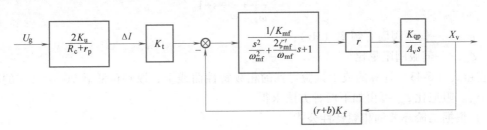

图 6-4　忽略压力反馈回路的力反馈二级伺服阀的简化框图

力反馈二级伺服阀的传递函数为

$$\frac{X_v}{U_g} = \frac{\dfrac{2K_u K_t}{(R_c + r_p)(r+b)K_f}}{\left(\dfrac{s}{K_{vf}} + 1\right)\left(\dfrac{s^2}{\omega_{mf}^2} + \dfrac{2\zeta'_{mf}}{\omega_{mf}}s + 1\right)} \tag{6-43}$$

或

$$\frac{X_v}{U_g} = \frac{K_a K_{xv}}{\left(\dfrac{s}{K_{vf}} + 1\right)\left(\dfrac{s^2}{\omega_{mf}^2}s + 1\right)} \tag{6-44}$$

式中　　K_a——伺服放大器增益，$K_a = \dfrac{2K_u}{R_c + r_p}$；

　　　　K_{vf}——力反馈回路闭环增益，为考虑动态特性设置，具体见 6.1.4 小节；

　　　　K_{xv}——伺服阀增益，$K_{xv} = \dfrac{K_t}{(r+b)K_f}$。

伺服阀通常以电流 Δi 作为输入参量，以空载流量 $q_0 = K_q x_v$ 作为输出参量。此时，伺服阀的传递函数可表示为

$$\frac{Q_0}{\Delta I} = \frac{K_{sv}}{\left(\dfrac{s}{K_{vf}} + 1 \right) \left(\dfrac{s^2}{\omega_{mf}^2} + \dfrac{2\zeta'_{mf}}{\omega_{mf}} s + 1 \right)} \tag{6-45}$$

式中　　ζ'_{mf}——由机械阻尼和电磁阻尼产生的阻尼比；

　　　　K_{sv}——伺服阀的流量增益，$K_{sv} = \dfrac{K_t K_q}{(r+b)K_f}$。

在大多数电液伺服系统中，伺服阀的动态响应往往高于动力元件的动态响应。为了简化系统的动态特性分析与设计，伺服阀的传递函数可以进一步简化成为二阶振荡环节如果伺服阀二阶环节的固有频率高于动力元件的固有频率，伺服阀传递函数还可用一阶惯性环节表示，当伺服阀的固有频率远大于动力元件的固有频率时，伺服阀可看成比例环节。

（1）二阶近似

伺服阀近似的二阶传递函数可由式（6-46）估计：

$$\frac{Q_0}{\Delta I} = \frac{K_{sv}}{\dfrac{s^2}{\omega_{sv}^2} + \dfrac{2\zeta_{sv}}{\omega_{sv}} s + 1} \tag{6-46}$$

式中　　ω_{sv}——伺服阀固有频率（Hz）；

　　　　ζ_{sv}——伺服阀阻尼比。

在由式（6-43）计算的或由试验得到的相频特性曲线上，取相位滞后 90° 所对应的频率作为 ω_{sv}。阻尼比 ζ_{sv} 可由如下两种方法求得。

1）根据二阶环节的相频特性公式

$$\varphi(\omega) = \arctan \frac{2\zeta_{sv} \dfrac{\omega}{\omega_{sv}}}{1 - \left(\dfrac{\omega}{\omega_{sv}} \right)^2}$$

由频率特性曲线求出每一相角 $\varphi(\omega)$ 所对应的 ζ_{sv} 值，然后取平均值。

2）由自动控制原理可知，对各种不同的值，有一条对应的相频特性曲线。将伺服阀的相频特性曲线与此对照，通过比较确定 ζ_{sv} 值。

（2）一阶近似

一阶近似的传递函数可由式（6-47）估计：

$$\frac{Q_0}{\Delta I} = \frac{K_{sv}}{1 + \dfrac{s}{\omega_{sv}}} \tag{6-47}$$

式中　ω_{sv}——伺服阀转折频率，或者取频率特性曲线上相位滞后45°所对应的频率。

6.1.4　动态特性

以电流为输入，阀芯位移为输出，力反馈二级电液伺服阀的动态特性框图如图6-5所示，这是Ⅰ型位置伺服回路。

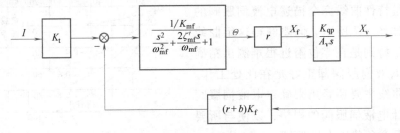

图6-5　动态特性框图

力反馈二级电液伺服阀反馈回路的开环传递函数为

$$G(s)H(s) = \frac{K_{vf}}{s\left(\dfrac{s^2}{\omega_{mf}^2} + \dfrac{2\zeta_{mf}'}{\omega_{mf}}s + 1\right)} \tag{6-48}$$

式中　K_{vf}——$G(s)H(s)$的开环放大系数，表征电液伺服阀频宽大小，

$$K_{vf} = \frac{r(r+b)K_fK_{qp}}{A_vK_{mf}} \tag{6-49}$$

K_{vf}大，则阀的响应频率高。

根据式（6-48）可画出力反馈的开环伯德图，如图6-6所示。穿越频率ω_c近似于开环放大系数K_{vf}，即$\omega_c \approx K_{vf}$。

应用劳斯判据，其稳定准则为

$$\frac{K_{vf}}{\omega_{mf}} < 2\zeta_{mf}' \tag{6-50}$$

在设计时可以取

$$\frac{K_{vf}}{\omega_{mf}} \leqslant 0.25 \tag{6-51}$$

这一关系具有充分的稳定储备。

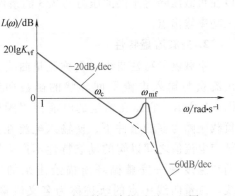

图6-6　力反馈回路的开环 Bode 图

6.2　电液伺服阀的特性及主要的性能指标

6.2.1　静态特性

电液伺服阀是一个非常精密而又复杂的伺服控制元件，它的性能对整个系统的性能影响

很大，因此要求也十分严格。下面就电液流量
伺服阀的静态特性及主要性能指标进行介绍。

　　电液流量伺服阀的静态性能可根据测试所
得到的负载流量特性、空载流量特性、压力特
性、内泄漏特性等曲线和性能指标加以评定。

1. 负载流量特性（压力-流量特性）

　　负载流量特性曲线完全描述电液伺服阀的
静态特性，如图6-7所示。但要测得这组曲线
却相当麻烦，特别是在零位附近很难测出精确
的数值，而电液伺服阀却正好是在此处工作。
因此，这些曲线主要还是用来确定电液伺服阀
的类型和估计电液伺服阀的规格，以便与所要
求的负载流量和负载压力相匹配。

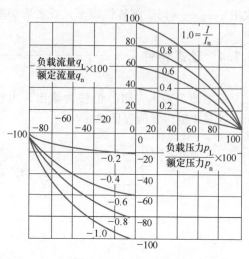

图6-7　电液伺服阀的负载流量特性曲线

　　电液伺服阀的规格也可以由额定电流 I_n、
额定压力 p_n、额定流量 q_n 来表示。

　　1）额定电流 I_n 为产生额定流量 q_n 对控制线圈任一极性所规定的输入电流（不包括零偏电
流），以 A 为单位。规定额定电流时，必须规定控制线圈的连接形式。额定电流通常针对单线圈
连接、并联连接或差动连接而言。采用串联连接时，其额定电流为上述额定电流之半。

　　2）额定压力 p_n 为额定工作条件下的供油压力，或者称为额定供油压力，以 Pa 为单位。

　　3）额定流量 q_n 为在规定的阀压降下，对应于额定电流 I_n 的负载流量，以 m³/s 为单
位。通常，在空载条件下规定电液伺服阀的额定流量，此时阀压降等于额定供油压力。也可
以在负载压降等于供油压力的 2/3 的条件下规定额定流量，这样规定的额定流量对应阀的最
大功率输出点。

2. 空载流量特性

　　空载流量特性曲线（简称流量曲线）是输
出流量与输入电流呈回环状的函数曲线，如
图6-8所示。它是在给定的电液伺服阀压降和
负载压降为零的条件下，使输入电流在正、负
额定电流值之间以阀的动态特性不产生影响的
循环速度做一完整循环所描绘出来的连续曲
线。流量曲线中点的轨迹称为名义流量曲线，
也称为零滞环流量曲线。阀的滞环通常很小，
因此可以把流量曲线的任一侧曲线当作名义流
量曲线使用。

　　流量曲线上某点或某段的斜率就是电液伺
服阀在该点或该段的流量增益。从名义流量曲
线的零流量点向电流增加方向和电流减小方向
各作一条与名义流量曲线偏差最小的直线，这
就是名义流量增益线，如图6-9所示。两条方

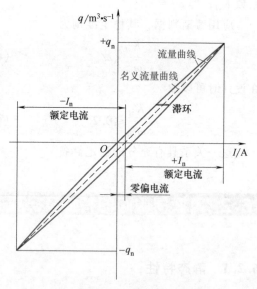

图6-8　空载流量特性曲线

向的名义流量增益线斜率的平均值就是名义流量增益，以 $m^3/(s \cdot A)$ 为单位。电液伺服阀的额定流量与额定电流之比称为额定流量增益。

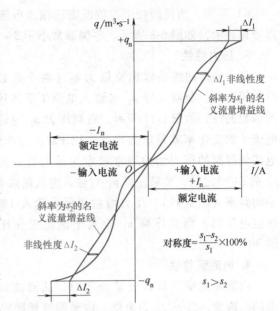

图 6-9　名义流量增益线、线性度、对称度

流量特性曲线不仅给出阀的极性、额定空载流量、名义流量增益，而且从中可以得到阀的线性度、对称度、滞环、分辨率，并揭示阀的零区特性。

1) 线性度：流量伺服阀名义流量特性曲线的直线性，以名义流量特性曲线与名义流量增益线的最大偏差电流值与额定电流的百分比表示，如图 6-9 所示。线性度通常小于 7.5%。

2) 对称度：阀的两条名义流量增益的一致程度，用两者之差对较大者的百分比表示，如图 6-9 所示。对称度通常小于 10%。

3) 滞环：在流量特性曲线中，产生相同输出流量的往、返输入电流的最大差值与额定电流的百分比，如图 6-9 所示。伺服阀的滞环一般小于 5%。

滞环产生的原因一方面是力矩马达磁路的磁滞，另一方面是电液伺服阀中的游隙。磁滞回环的宽度随输入信号的大小而变化。当输入信号减小时，磁滞回环的宽度将减小。游隙是由于力矩马达中机械固定处的滑动以及阀芯与阀套间存在摩擦力而产生的。如果工作介质含杂质颗粒较多，则游隙会大大增加，有可能使伺服系统不稳定。

4) 分辨率：使阀的输出流量发生变化所需的输入电流的最小变化值与额定电流的百分比。通常规定分辨率为从输出流量的增加状态恢复到输出流量减小状态所需的电流最小变化值与额定电流之比。电液伺服阀的分辨率一般小于 1%。分辨率主要由电液伺服阀中的静摩擦力引起的。

5) 遮盖：电液伺服阀的零位是指负载流量为零的几何零位。电液伺服阀经常在零位附近工作，因此零区特性特别重要。零位区域是输出级的遮盖对流量增益起主要影响的区域。电液伺服阀的遮盖用两条名义流量曲线近似直线部分的延长线与零流量线相交的总间隔与额定电流的百分比表示，如图 6-10 所示。伺服阀的遮盖分三种情况，即零遮盖、正遮盖和负遮盖。

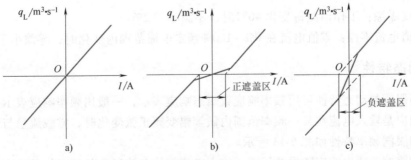

图 6-10　不同遮盖下伺服阀的名义流量曲线

a) 零遮盖　b) 正遮盖　c) 负遮盖

6) 零偏: 为使阀处于零位所需的输入电流值 (不计阀的滞环的影响), 以额定电流的百分比表示, 如图 6-8 所示。零偏通常小于 3%。

3. 压力特性

压力特性曲线是输出流量为零 (两个负载油口关闭) 时, 负载压降 p_L 与输入电流 I 呈回环状的函数曲线, 如图 6-11 所示。负载压力 p_L 对输入电流 I 的变化率就是压力增益, 以 Pa/A 为单位。电液伺服阀的压力增益通常规定为最大负载压降 p_L 的 ±40% 之间, 负载压降 p_L 对输入电流曲线 I 的平均斜率 (图 6-11)。压力增益指标为输入 1% 的额定电流时, 负载压降 p_L 应大于额定工作压力的 30%。

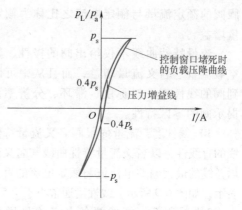

图 6-11　压力特性曲线

4. 内泄漏特性

内泄漏流量是负载流量为零时, 从回油口流出的总流量, 以 m^3/s 为单位。内泄漏流量随输入电流而变化, 如图 6-12 所示。当阀处于零位时, 内泄漏流量 (零位内泄漏流量) 最大。

对二级电液伺服阀而言, 内泄漏流量由前置级的泄漏流量 q_{p0} 和功率级泄漏流量 q_1 组成。功率滑阀的零位泄漏流量 q_c 与供油压力 p_s 之比可作为滑阀的流量-压力系数。对新阀而言, 零位泄漏流量可作为滑阀制造质量的指标, 对旧阀而言, 零件泄漏流量可反映滑阀的磨损情况。

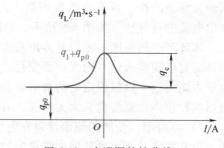

图 6-12　内泄漏特性曲线

5. 零漂

零漂是工作条件或环境变化所导致的零偏变化, 以其对额定电流的百分比表示。通常规定有供油压力零漂、回油压力零漂、温度零漂、零值电流零漂等。

1) 供油压力零漂: 供油压力在 70% ~ 100% 额定供油压力的范围内变化时, 零漂小于 2%。

2) 回油压力零漂: 回油压力在 0% ~ 20% 额定供油压力的范围内变化时, 零漂应小于 2%。

3) 温度零漂: 工作油温每变化 40℃ 时, 零漂小于 2%。

4) 零值电流零漂: 零值电流在 0% ~ 100% 额定电流范围内变化时, 零漂小于 20%。

6.2.2　动态特性

电液伺服阀的动态特性可用频率响应或瞬态响应表示, 一般用频率响应表示。电液伺服阀的频率响应是输入电流在某一频率范围内做等幅变频正弦变化时, 空载流量与输入电流的复数比。伺服阀频率特性如图 6-13 所示。

电液伺服阀的频率响应随供油压力、输入电流幅值、油温和其他工作条件而变化。通常在标准试验条件下进行试验, 推荐输入电流的峰值为额定电流的一半 (±25% 额定电流),

基准（初始）频率通常为 5Hz 或 10Hz。

电液伺服阀的频宽通常以振幅比 $M=-3dB$（即输出流量为基准频率时的输出流量的 70.7%）时所对应的频率作为幅频宽（f_{-3dB}），以相位滞后 90°时所对应的频率作为相频宽。需注意的是，图 6-13 所示频率特性表示法为工程上的常用表示方法，振幅比对应于控制工程理论中的对数幅频特性 $L(\omega)$，频率 f 对在控制工程理论中以 ω 表示，$f=2\pi\omega$。

频宽是电液伺服阀响应速度的度量。电液伺服阀的频宽应根据系统的实际需要加以确定，频宽过低会限制系统的响应速度，过高会使高频干扰传到负载上去。电液伺服阀的幅值比一般不允许大于 2dB。

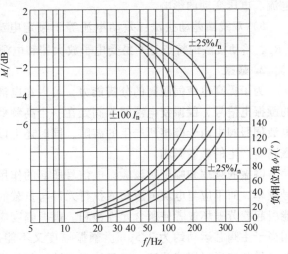

图 6-13　电液伺服阀的频率特性

6.2.3　输入特性

1. 线圈接法

伺服阀有两个线圈，可根据需要采用图 6-14 所示的任何一种接法。

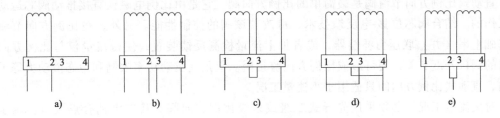

图 6-14　伺服阀线圈的接法

a）单线圈　b）单独使用两个线圈　c）双线圈串联　d）双线圈并联　e）双线圈差接

1）单线圈接法：输入电阻等于单线圈电阻，线圈电流等于额定电流，电控功率 $P_c=I_n^2 R_c$。单线圈接法可以减小电感的影响。

2）单独使用两个线圈接法：一只线圈接输入，另一只线圈可用来调偏、接反馈或引入颤振信号。

3）双线圈串联接法：输入电阻为单线圈电阻 R_c 的两倍，额定电流为单线圈接法的一半，电控功率 $P_c=\dfrac{1}{2}I_n^2 R_c$。串联接法的特点是额定电流和电控功率小，但易受电源电压变动的影响。

4）双线圈并联接法：输入电阻为单线圈接法电阻的一半，额定电流与单线圈接法额定电流相同，电控功率 $P_c=\dfrac{1}{2}I_n^2 R_c$。其特点是工作可靠性高，一只线圈坏了也能工作，但易受电流、电压变动的影响。

5）双线圈差动接法：差动电流等于额定电流，等于两倍的信号电流，电控功率 $P_c = I_n^2 R_c$。差动接法的特点是不易受电子放大器和电源电压变动的影响。

2. 颤振

为了提高电液伺服阀的分辨能力，可以在电液伺服阀的输入信号上叠加一个高频低幅值的颤振电信号，颤振使电液伺服阀处在一个高频低幅值的运动状态之中，这可以减小或消除电液伺服阀中由干摩擦所产生的游隙，同时还可以防止阀芯卡滞。但颤振不能减小力矩马达磁路所产生的磁滞影响。

颤振的频率和幅度对该颤振电信号所起的作用都有影响。颤振频率应大大超过预计的信号频率，而不应与电液伺服阀或执行元件与负载的谐振频率相重合。因为这类谐振的激励可能引起疲劳破坏或者使所含元件饱和。颤振幅度应足够大以使峰间值刚好填满游隙宽度，这相当于主阀芯运动约为 $2.5\mu m$。颤振幅度又不能过大，以免通过电液伺服阀传到负载。颤振信号的波形采用正弦波、三角波或方波，其效果是相同的。

6.3 先导式电液比例方向阀数学模型

6.3.1 结构组成及工作原理

直动式比例方向节流阀是最简单的比例方向阀，它是由比例电磁铁直接推动阀芯运动进行工作的。结合阀芯位移-电反馈技术，可改善该阀的控制性能。另外，在比例方向节流阀的基础上串（并）联压力补偿器，或者加上流量检测反馈装置，使得流量仅与比例方向节流阀的阀口开度有关，便可形成比例方向流量阀。但是受驱动功率限制和稳态液动力等干扰影响，直动式比例方向阀只适用于小流量工况。

对大流量工况，必须采用先导式二级或多级比例方向阀。其二级耦合形式有：减压型（溢流型）先导式主阀弹簧定位型、级间机械位置反馈型和级间位移-电反馈型。

1）减压型（溢流型）先导式主阀弹簧定位型阀采用小流量比例减压阀或比例溢流阀作为先导级，通过控制主阀阀芯两端的压力间接控制主阀的阀口开度。但是此类阀受稳态液动力影响，阀的动静态特性较差，主要用于开环系统。

2）级间机械位置反馈型阀采用主阀位移-阀内部机械反馈原理，有位移-力反馈、位移-随动、位移-压差反馈等几种形式。相对第一类阀，动静态特性有了较大的提高，但是先导阀和主阀之间需要机械耦合，增加了制造难度，也主要用于开环系统。

3）级间位移-电反馈型阀是采用位移-电反馈闭环控制原理，构造可在大多工业应用领域代替传统电液伺服阀和用于闭环系统的高性能比例方向阀，先导级可为滑阀型电液伺服阀、高速开关阀或直动式比例方向阀。

对大流量液流实现方向和大小控制，需要采用先导式二级或多级比例方向阀结构。经过阀内一级和二级液压功率放大，先导式比例方向阀可具有较高的负载刚度和稳定裕度。

先导式电液比例方向阀是一个位置闭环控制系统，它是由比例控制放大器、先导级、减压阀、主级和位移检测反馈装置集成一体的电液一体化器件。一般将先导级阀称为先导阀，主级阀称为主阀，位移检测反馈装置采用位置位移传感器实现。先导式电液比例方向阀液压原理简图如图 6-15 所示。

在先导式电液比例方向阀系统中，控制器输出的电信号经比例控制放大器转换为电流，该电流使先导级的比例电磁铁动作，通过推杆推动先导阀阀芯运动，与之相对应的，会在主阀两腔产生控制压差，该控制压差作用在主阀的有效作用面积上，形成液压力，克服弹簧力、液动力、摩擦力等负载力，而推动主阀阀芯运动，通过与主阀阀芯固连的位移传感器将主阀阀芯实际位置反馈至比例控制器，反馈信号与指令电信号进行比较，形成偏差，经过比例控制放大器内 PID 控制器的调节，直至偏差为零，系统原理框图如图 6-16 所示。

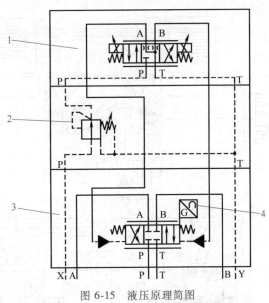

图 6-15　液压原理简图

1—先导级　2—减压阀　3—主级　4—位移传感器

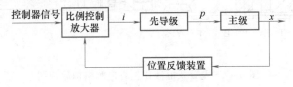

图 6-16　系统原理框图

图 6-17 所示为先导式电液比例方向阀结构原理图，先导阀和主阀均由阀体、对中弹簧、阀芯等主要结构组成。在没有输入信号时，先导阀阀芯和主阀阀芯均会在对中弹簧的作用下处于中间位置。对于先导阀，其上的比例电磁铁接收来自比例控制放大器的电流信号，磁力克服弹簧弹力推动先导阀阀芯移动。先导阀的 A、B 两腔对应主阀的 a、b 两腔，克服弹簧弹力控制主阀阀芯移动。位移传感器引入位置闭环控制，可以适当提高先导式比例方向阀的控制性能。先导控制回路为两个 A 型半桥组成的液压全桥控制回路，压力增益高，对主阀两端控制腔流量的控制灵敏度也高，有利于提高阀的控制精度。

为满足对主阀的控制要求，由先导阀控制阀口开度形成的先导阀中位机能与过渡形式如图 6-18 所示。先导阀中位机能保证电液比例方向阀未得电时，主阀阀芯能够在对中弹簧的作用下处于中位，阻止无负载时主阀阀芯的微小位移；先导阀过渡机能使主阀高压腔处于保压状态，保证主阀阀芯稳定在指令工作点。

本节后续的建模过程中，先导级、主级的相关物理量分别用小写字母 p、m 加以区分。

6.3.2　比例控制放大器环节

比例控制放大器是一种用来对比例电磁铁提供特定性能电流，并对电液比例阀或电液比例控制系统进行开环或闭环调节的电子装置，是其中的重要组成部分，主要包括电源电路、输入接口单元、调节器、偏置电流设定电路、颤振信号发生器、功率放大级和测量放大电路，其工作原理如图 6-19 所示。

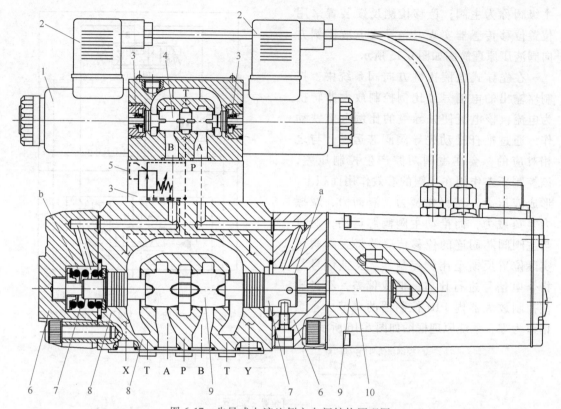

图 6-17　先导式电液比例方向阀结构原理图

1—先导阀阀体　2—先导阀比例电磁铁　3—先导阀对中弹簧　4—先导阀阀芯　5—减压阀
6—主阀阀盖　7—主阀对中弹簧　8—主阀阀体　9—主阀阀芯　10—位移传感器

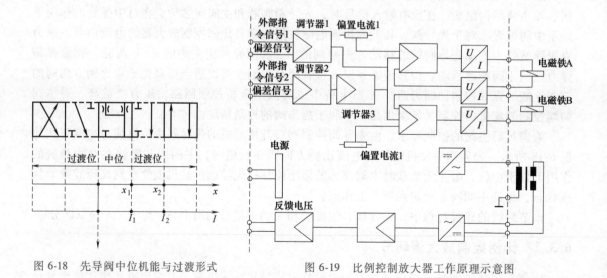

图 6-18　先导阀中位机能与过渡形式　　　　图 6-19　比例控制放大器工作原理示意图

比例控制放大器主要部分的作用如下。

1）调节器：接收来自控制器的控制信号和系统偏差信号，利用 PID 控制校正电液比例阀或电液比例控制系统的控制性能，改善其控制品质，并具有一定的稳定裕度。

2）偏置电流设定电路：产生继电型非线性控制信号，叠加于调节器输出的信号，即主控制信号之上，使比例阀在设定值输入时快速地越过死区以减小死区非线性的影响。

3）颤振信号发生器：使阀芯处在一个高频低幅的运动状态之中，减小或消除比例电磁铁磁滞和摩擦所引起的滞环，并可减小摩擦力的影响，改善阀芯的低速运动特性，提高控制精度。

4）功率放大级：将信号级（调节器、偏置电流设定电路、颤振信号发生器等的信号级别）电信号转换为稳定的功率级（驱动电液比例方向阀电磁铁的信号级别）电流，起放大转换作用，放大系数一般用 K_a 表示，是比例控制放大器的核心单元。

5）测量放大电路：配合位移传感器，可形成调制-解调测量放大电路。振荡器提供频率和幅值稳定的载波激励高频电压，调制过程通过位移传感器本身实现，被调制于高频载波信号上的被测信号经解调后放大输出。仅起调制解调作用，不体现在系统模型中。

综上所述，比例控制放大器数学模型为

$$i = \left[K_p\left(e + \frac{1}{T_i}\int_0^t e\,\mathrm{d}t + T_d\frac{\mathrm{d}e}{\mathrm{d}t} \right) + u_i + u_d \right] K_a \qquad (6\text{-}52)$$

式中　i——比例电磁铁驱动电流（A）；

　　　K_p——比例环节系数；

　　　e——输入偏差信号（V）；

　　　T_i——积分环节时间常数；

　　　T_d——微分环节时间常数；

　　　K_a——功率放大级放大转换系数（A/V）；

　　　u_i——偏置电压（V）；

　　　u_d——颤振信号 V。

6.3.3　先导级环节

1. 比例电磁铁

比例电磁铁将比例控制放大器输出的功率级电流转换为力或位移，实现电气-机械转换，具有线性度较好的力（位移）-电流特性。比例电磁铁在线圈电流为一定值时，在有效工作行程内输出力保持恒定，具有水平的位移-力特性。

比例电磁铁数学模型为

$$F_{ph} = K_e i \qquad (6\text{-}53)$$

式中　F_{ph}——比例电磁铁输出力（N）；

　　　K_e——比例电磁铁转换系数（N/A）。

2. 负载平衡方程

先导阀是三位四通滑阀，它的动态特性与驱动力和负载特性相关，负载主要有惯性力、摩擦力、液动力和弹簧力。先导阀阀芯的力平衡方程为

$$F_{ph} = F_{pa} + F_{pp} + F_{pk} + F_{ps} + F_{pt} + F_{pf} \qquad (6\text{-}54)$$

式中　F_{ph}——先导阀液压力（N）；

　　　F_{pa}——先导阀惯性力（N）；

　　　F_{pp}——先导阀黏性阻尼力（N）；

F_{pk}——先导阀弹簧力（N）；

F_{ps}——先导阀稳态液动力（N）；

F_{pt}——先导阀瞬态液动力（N）；

F_{pf}——先导阀摩擦力（N）。

1）先导阀惯性力为

$$F_{pa} = m_p \frac{d^2 x_p}{d t^2} \tag{6-55}$$

式中　m_p——先导阀阀芯及折算到先导阀阀芯的等效质量（kg）；

x_p——先导阀位移（m）。

2）先导阀黏性阻尼力

$$F_{pp} = B_{pp} \frac{d x_p}{d t} \tag{6-56}$$

式中　B_{pp}——先导阀黏性阻尼系数（N/（m/s））。

3）先导阀对中弹簧力

$$F_{pk} = 2 K_{pk} x_p \tag{6-57}$$

式中　K_{pk}——先导阀对中弹簧刚度（N/m）。

在系统建模和绘制传递函数框图时，将先导阀所受摩擦力和液动力作为一项扰动力，联立式（6-54）-式（6-57）可得

$$F_{ph} = m_p \frac{d^2 x_p}{d t^2} + B_{pp} \frac{d x_p}{d t} + 2 K_{pk} x_p + F_{ps} + F_{pt} + F_{pf} \tag{6-58}$$

3. 先导阀中位机能与过渡形式

由于上述先导阀机能的存在，先导阀不可避免地存在死区。先导阀死区的存在使主阀不能立即响应外部指令信号的变化。根据先导阀阀芯与阀套的配合尺寸关系，先导阀的阀口开度为

$$x_{pi} = \begin{cases} x_p + x_{piv}, & -x_{ps} \leqslant x_p \leqslant -x_{piv} \\ 0, & x_p < |x_{piv}| \\ x_p - x_{piv}, & x_{piv} \leqslant x_p \leqslant x_{ps} \end{cases} \tag{6-59}$$

式中　x_{pi}——先导阀控制阀口 i 处的开口度（m）；

x_{piv}——先导阀控制阀口 i 处的遮盖量（m）；

x_{ps}——先导阀阀芯最大行程（m）。

4. 流量特性

当先导阀阀芯向右运动时，流入主阀 A 腔和 B 腔的流量分别为

$$q_A = A_m \frac{d x_m}{d t} + C_{ip}(p_A - p_B) + C_{ep} p_A + \frac{V_A}{\beta_e} \frac{d p_A}{d t} \tag{6-60}$$

$$q_B = A_m \frac{d x_m}{d t} + C_{ip}(p_A - p_B) - C_{ep} p_B - \frac{V_B}{\beta_e} \frac{d p_B}{d t} \tag{6-61}$$

式中　A_m——主阀有效工作面积（m^2）；

x_m——主阀阀芯位移（m）；

V_A——主阀 A 腔有效工作容积（m^3）；

C_{ip}——主阀内泄漏系数（$m^5/N \cdot s$）；

C_{ep}——主阀外泄漏系数（$m^5/N \cdot s$）；

β_e——有效体积弹性模量（Pa）；

V_B——主阀 B 腔有效工作容积（m^3）。

主阀 A、B 腔有效工作容积可以写成

$$V_A = V_{0A} + A_m x_m \tag{6-62}$$

$$V_B = V_{0B} - A_m x_m \tag{6-63}$$

式中 V_{0A}——主阀在中位时 A 腔有效工作容积（m^3）；

V_{0B}——主阀在中位时 B 腔有效工作容积（m^3）。

将式（6-62）、式（6-63）求导，可以得到

$$\dot{V}_A = \frac{dV_A}{dt} = A_m \dot{x}_m \tag{6-64}$$

$$\dot{V}_B = \frac{dV_B}{dt} = -A_m x_m \tag{6-65}$$

由于泄漏流量与油液压缩和腔体变形所需的流量通常很小，可以忽略不计，故

$$\frac{q_A}{q_B} = -\frac{\dot{V}_A}{\dot{V}_B} = 1 \tag{6-66}$$

控制阀口 3 和 1 处的流量方程为

$$q_A = C_d A_3 \sqrt{\frac{2}{\rho}(p_P - p_A)} \tag{6-67}$$

$$q_B = C_d A_1 \sqrt{\frac{2}{\rho}(p_B - p_T)} \tag{6-68}$$

式中 C_d——主阀流量系数。

定义 $\eta = \dfrac{A_3}{A_1}$，联立式（6-67）与式（6-68），可得

$$\frac{p_P - p_A}{p_B} = \frac{A_1^2}{A_3^2} = \frac{1}{\eta^2} \tag{6-69}$$

定义 $p_L = p_A - p_B$，故

$$p_A = \frac{\eta^2 p_P + p_L}{1 + \eta^2} \tag{6-70}$$

$$p_B = \frac{\eta^2 p_P - \eta^2 p_L}{1 + \eta^2} \tag{6-71}$$

定义负载流量

$$q_L = \frac{q_A + q_B}{2} \tag{6-72}$$

联立式（6-67）~式（6-71）可得先导阀压力-流量方程。

$$q_L = \frac{q_A + q_B}{2} = C_d A_3 \sqrt{\frac{2}{\rho} \frac{p_P - p_L}{1 + \eta^2}} \tag{6-73}$$

5. 线性化分析和阀系数

根据式（3-1），先导阀的压力-流量特性方程的线性化表达式可写为

$$q_L = K_q x_{pi} - K_c p_L \tag{6-74}$$

1）流量增益系数：根据式（2-29），由式（6-73）可求得 K_q 为

$$K_q = C_d \dot{A}_3(x) \sqrt{\frac{2}{\rho} \frac{p_P - p_L}{1 + \eta^2}} \tag{6-75}$$

2）流量-压力系数：根据式（2-28），由式（6-73）可求得 K_c 为

$$K_c = \frac{C_d A_3(x) \sqrt{\dfrac{2}{\rho} \dfrac{p_P - p_L}{1 + \eta^2}}}{2(p_P - p_L)} \tag{6-76}$$

3）压力增益系数：根据式（2-30），由式（6-73）可求得 K_p 为

$$K_p = \frac{2(p_P - p_L) \dot{A}_3(x)}{A_3(x)} \tag{6-77}$$

　　阀的三个系数是表示阀静态特性的三个性能参数，流量增益直接影响系统的开环增益，流量-压力系数与系统的阻尼比有直接相关性，因而这些系数在确定系统的稳定性、响应特性和稳态误差方面是非常重要的。定义了阀的系数以后，结合式（6-28），先导阀的压力-流量特性方程的线性化表达式可写为

$$q_L = K_q x_{pi} - K_c p_L \tag{6-78}$$

6.3.4　主级环节

1. 流量连续性方程

联立式（6-60）~式（6-63），可得

$$q_L = \frac{q_A + q_B}{2} = A_m \frac{dx_m}{dt} + C_{ip}(p_A - p_B) + \frac{C_{ep}}{2}(p_A - p_B) + \tag{6-79}$$

$$\frac{1}{2\beta_e}\left(V_{0A} \frac{dp_A}{dt} - V_{0B} \frac{dp_B}{dt} \right) + \frac{A_m x_m}{2\beta_e}\left(\frac{dp_A}{dt} + \frac{dp_B}{dt} \right)$$

主阀两腔的初始容积相等，即

$$V_{0A} = V_{0B} = V_0 = \frac{V_t}{2} \tag{6-80}$$

由于 $A_m x_m = V_0$，$\dfrac{dp_A}{dt} + \dfrac{dp_B}{dt} \approx 0$，则式（6-79）可简化为

$$q_L = A_m \frac{dx_m}{dt} + C_{tp} p_L + \frac{V_t}{4\beta_e} \frac{dp_L}{dt} \tag{6-81}$$

式中　C_{tp}——综合泄漏系数（$m^5 / N \cdot s$）。

2. 负载平衡方程

类似与先导阀的受力分析，主阀与负载的力平衡方程为

$$F_{mh} = F_{ma} + F_{mp} + F_{mk} + F_{mf} + F_{ms} + F_{mt} \tag{6-82}$$

式中　F_{mh}——主阀液压力（N）；

F_{ma}——主阀惯性力（N）；

F_{mp}——主阀黏性阻尼力（N）；

F_{mk}——主阀弹簧力（N）；

F_{mf}——主阀摩擦力（N）；

F_{ms}——主阀稳态液动力（N）；

F_{mt}——主阀瞬态液动力（N）。

1）主阀液动力

$$F_{mh} = A_m p_L \tag{6-83}$$

2）主阀惯性力

$$F_{ma} = m_m \frac{d^2 x_m}{dt^2} \tag{6-84}$$

3）主阀黏性阻尼力

$$F_{mp} = B_{mp} \frac{dx_m}{dt} \tag{6-85}$$

式中　B_{mp}——主阀黏性阻尼系数（N/(m/s)）。

4）主阀弹簧力

$$F_{mk} = \begin{cases} K_{mk} x_m + F_{mk0}, & x_m \neq 0 \\ 0, & x_m = 0 \end{cases} \tag{6-86}$$

式中　K_{mk}——主阀对中弹簧刚度（N/m）；

F_{mk0}——主阀对中弹簧零位弹簧力（N）。

5）主阀稳态液动力：两控制阀口处的稳态液动力均向右（以向右为正方向），其稳态液动力 F_4 和 F_2 分别为

$$F_4 = -\rho q_4 (v_{42} \cos 90° - v_{41} \cos \theta_4) \tag{6-87}$$

$$F_2 = \rho q_2 (v_{22} \cos \theta_2 - v_{21} \cos 90°) \tag{6-88}$$

式中　θ_i——主阀控制阀口 i 处的射流角（°）有 $\theta_4 = \theta_2 = \theta = 69°$；

v_{i1}——主阀控制阀口 i 处的初始速度（m/s）；

v_{i2}——主阀控制阀口 i 处的末速度（m/s）。

主阀阀芯所受总的稳态液动力 F_{ms} 为

$$F_{ms} = F_4 + F_2 = \rho q_4 v_{41} \cos \theta_4 + \rho q_2 v_{22} \cos \theta_2 \tag{6-89}$$

每个阀口的压降均为 Δp_m，有

$$\Delta p_m = p_s - p_B = p_A - p_T \tag{6-90}$$

式中　p_s——主阀工作油口 P 处压力（Pa）；

又有

$$p_L = p_B - p_A \tag{6-91}$$

因此有

$$\Delta p_m = \frac{p_s - p_L}{2} \tag{6-92}$$

控制阀口最小断面处的流速为：

$$v_{41} = C_v \sqrt{\frac{2}{\rho}(p_s - p_B)} = C_v \sqrt{\frac{2}{\rho}\Delta p_m} \tag{6-93}$$

$$v_{22} = C_v \sqrt{\frac{2}{\rho}(p_A - p_T)} = C_v \sqrt{\frac{2}{\rho}\Delta p_m} \tag{6-94}$$

式中　C_v——主阀流速系数，一般取 0.98。

通过节流口的流量分别为

$$q_4 = C_d W_{m4} x_m \sqrt{\frac{2}{\rho}(p_s - p_B)} = C_d W_{m4} x_{m4} \sqrt{\frac{2}{\rho}\Delta p_m} \tag{6-95}$$

$$q_2 = C_d W_{m2} x_m \sqrt{\frac{2}{\rho}(p_A - p_T)} = C_d W_{m2} x_{m2} \sqrt{\frac{2}{\rho}\Delta p_m} \tag{6-96}$$

式中　W_{mi}——主阀控制阀口 i 处的面积梯度（m）。

联立式（6-89）~式（6-96）可得稳态液动力的计算公式为

$$F_{ms} = 2 C_v C_d \Delta p_m \cos\theta (W_{m4} x_m + W_{m2} x_m) \tag{6-97}$$

6）瞬态液动力 F_{mt} 的计算公式为

$$F_{mt} = C_d (W_{m3} L_{m4} - W_{m2} L_{m2}) \sqrt{2\rho\Delta p_m} \frac{dx_m}{dt} \tag{6-98}$$

式中　L_{mi}——主阀控制阀口 i 处的阻尼长度（m）。

记

$$\beta_{mf} = C_d (W_{m4} L_{m4} - W_{m2} L_{m2}) \sqrt{\rho(p_s - p_L)}$$

式中　β_{mf}——主阀瞬态液动力系数 N/（m · s^{-1}）。

在系统建模和绘制传递函数框图时，将主阀所受对中弹簧零位弹簧力、摩擦力和液动力作为一项扰动力来输入系统，联立式（6-82）~式（6-86）可得

$$A_m p_L = m_m \frac{d^2 x_m}{dt^2} + B_{mp} \frac{dx_m}{dt} + K_{mk} x_m F_{mk0} + F_{mf} + F_{ms} + F_{mt} \tag{6-99}$$

6.3.5　位移检测反馈环节

该阀配套用位移传感器为线性差动变压器（LVDT）。LVDT 的工作原理是：比例控制放大器中振荡器激励出高频载波信号至变压器原边，通过电磁感应原理，在变压器副边感应出与衔铁位移成正比的电信号；该电信号由比例控制放大器中测量放大电路转换为工业用标准电信号，并反馈至比例控制放大器信号比较点。位移检测反馈系统的数学模型为

$$u_f = K_{md} x_m \tag{6-100}$$

式中　u_f——位移传感器反馈电压（V）；

　　　K_{md}——位移检测放大电路转换系数（V/m）。

6.3.6　环节数学模型汇总

为便于绘制系统框图和建模，对各环节数学模型进行整理和汇总。

1. 比例控制放大器环节

比例控制放大器环节以控制器信号为输入，通给先导阀比例电磁铁的电流为输出，对比例控制放大器环节的数学模型式（6-52）进行拉普拉斯变换可得

$$I = \left[K_p \left(E + \frac{1}{T_i} \frac{E}{s} + T_d E s \right) + U_i + U_d \right] K_a$$

2. 先导级环节

先导级环节以比例电磁铁电流为输入，受到惯性力、摩擦力、液动力和弹簧力等负载力，因此，采用先导级的比例电磁铁数学模型式（6-53）、负载平衡方程式（6-58）、阀口开度式（6-59）、线性化的流量压力特性方程式（6-78），对它们进行拉普拉斯变换可得

$$F_{ph} = K_e I$$

$$F_{ph} = m_p X_p s^2 + B_{pp} X_p s + 2 K_{pk} X_p + F_{ps} + F_{pt} + F_{pf}$$

$$X_{p3} = \begin{cases} X_p + X_{p3v}, & (-X_{ps} \leqslant X_p \leqslant -X_{p3v}) \\ 0 & (X_p < |X_{p3v}|) \\ X_p - X_{p3v}, & (X_{p3v} \leqslant X_p \leqslant X_{ps}) \end{cases}$$

$$Q_L = K_q X_{pi} - K_c P_L$$

3. 主级环节

主级环节以负载流量为输入，受到惯性力、摩擦力、液动力和弹簧力等负载力，因此，采用主级的流量连续性方程式（6-81）、方程式（6-99），对它们进行拉普拉斯变换可得

$$Q_L = A_m X_m s + C_{tp} P_L + \frac{V_t}{4\beta_e} P_L s$$

$$A_m P_L = m_m X_m s^2 + B_{mp} X_m s + K_{mk} X_m F_{mk0} + F_{ms} + F_{mt} + F_{mf}$$

4. 位移检测反馈环节

位移检测反馈环节以主阀位移为输入，以电压为输出，对位移检测反馈环节的数学模型式（6-100）进行拉普拉斯变换可得

$$U_f = K_{md} X_m$$

6.3.7 系统框图与模型

基于上述各元部件数学模型，推导先导式电液比例方向阀整阀控制框图，如图 6-20 所示。

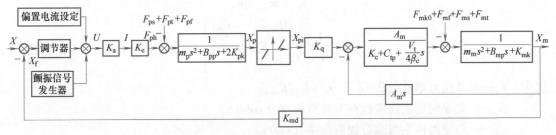

图 6-20 先导式电液比例方向阀整阀控制框图

忽略先导级所受的干扰力，先导级构成一个质量-弹簧-阻尼系统，它的动态特性可以用二阶振荡环节来描述，即

$$\frac{X_p}{I} = \frac{K_e}{m_p s^2 + B_{pp} s + 2K_{pk}} \tag{6-101}$$

化为标准形式为

$$\frac{X_p}{I} = K_e \frac{\omega_p^2}{s^2 + 2\zeta_p \omega_p s + \omega_p^2} \tag{6-102}$$

$$\omega_p = \sqrt{\frac{2K_{pk}}{m_p}} \tag{6-103}$$

$$\zeta_p = \frac{B_{pp}}{2\sqrt{2m_p K_{pk}}} \tag{6-104}$$

式中　ω_p——先导级固有频率（rad/s）；

　　　ζ_p——先导级阻尼比。

主级特性符合典型的带有弹性负载的阀控缸系统中的液压缸部分，它由液压弹簧、对中弹簧和主阀质量相互作用构成一个质量-弹簧-阻尼系统，主阀的总输出位移为

$$X_m = \frac{\dfrac{K_q}{A_m} X_{pi} - \dfrac{K_{ce}}{A_m^2}\left(1 + \dfrac{V_t}{4\beta_e K_{ce}} s\right)(F_{mk0} + F_{ms} + F_{mt} + F_{mf})}{\dfrac{m_m V_t}{4\beta_e A_m^2} s^3 + \left(\dfrac{m_m K_{ce}}{A_m^2} + \dfrac{B_{mp} V_t}{4\beta_e A_m^2}\right) s^2 + \left(1 + \dfrac{B_{mp} K_{ce}}{A_m^2} + \dfrac{k_{mk} V_t}{4\beta_e A_m^2}\right) s + \dfrac{K_{mk} K_{ce}}{A_m^2}} \tag{6-105}$$

式中　K_{ce}——总流量-压力系数$[m^3/(Pa \cdot s)]$，$K_{ce} = K_c + C_{tp}$。

将式（6-105）简化为标准形式为

$$X_m = \frac{\dfrac{K_s A_m}{K_{mk}} X_{pi} - \dfrac{1}{K_{mk}}\left(1 + \dfrac{V_t}{4\beta_e K_{ce}} s\right)(F_{mk} + F_{ms} + F_{mt} + F_{mf})}{\left(\dfrac{s}{\omega_r} + 1\right)\left(\dfrac{s^2}{\omega_0^2} + \dfrac{2\zeta_0}{\omega_0} s + 1\right)} \tag{6-106}$$

$$\omega_r = \frac{K_{ce}}{A_m^2\left(\dfrac{1}{k_{mk}} + \dfrac{1}{K_h}\right)} \tag{6-107}$$

$$\omega_0 = \sqrt{\frac{4\beta_e A_m^2}{V_t m_m} + \frac{K_{mk}}{m_m}} \tag{6-108}$$

$$\zeta_0 = \frac{1}{2\omega_0}\left[\frac{4\beta_e K_{ce}}{V_t\left(1 + \dfrac{K_{mk}}{K_h}\right)} + \frac{B_{mp}}{m_m}\right] \tag{6-109}$$

式中　K_s——总压力增益（Pa/A），$K_s = K_q/K_{ce}$；

　　　ω_r——先导阀控主阀惯性环节转折频率（rad/s）；

　　　ω_0——先导阀控主阀综合固有频率（rad/s）；

　　　ζ_0——先导阀控主阀综合阻尼比；

　　　K_h——液压弹簧刚度（N/m），$K_h = 4\beta_e A_m^2/V_t$。

合理的结构设计是产品性能的保证。对于国产电液比例阀控制性能差、可靠性不高、使

用寿命不长等问题，原因之一就是其结构设计不合理。结构设计主要包括具体结构型式的优化和参数的匹配。此外，为了补偿整阀的死区和摩擦等非线性环节，应在比例控制放大器中设计合理的控制算法，提高比例控制放大器的控制性能和可靠性，改善比例控制放大器与比例阀的匹配能力。

6.4　伺服变量泵数学模型

6.4.1　结构组成及工作原理

伺服变量泵具有动态响应快、自吸能力强、压力波动低、噪声小等优点，图 6-21 所示为伺服变量泵的结构简图。驱动轴 1 通过十字盘 2 将驱动扭矩传送至星型液压缸块 3，柱塞 5 安装于液压缸块 3 中，柱塞 5 通过流体静力学平衡的滑靴 6 与冲程环 7 保持接触，并由保持环 8 固定到位，柱塞和滑靴通过有锁定环的球状万向节连接。当液压缸块转动时，滑靴 6 在离心力和液压力的作用下紧贴冲程环，并在两条搭接的保持环的约束下绕冲程环转动。伺服变量泵的排量由冲程环的偏心距决定，通过直接相对的控制活塞 9、10 调整冲程环 7 的偏心距，先导伺服阀 12 与控制活塞及位移传感器 11 一起组成阀控缸位置闭环变量机构，实现对冲程环偏心位置的闭环控制，进而精确调整泵的排量。

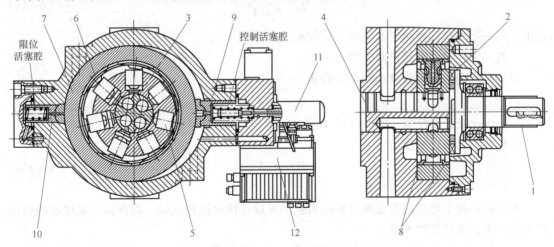

图 6-21　外控型伺服变量泵结构简图

1—驱动轴　2—十字盘　3—液压缸块　4—控制轴　5—柱塞　6—滑靴　7—冲程环　8—保持环
9—控制活塞　10—限位活塞　11—位移传感器　12—先导伺服阀

图 6-22 所示为伺服变量泵液压原理简图。该型伺服变量泵通过内部梭阀选择系统控制油或泵出口的高压端为先导伺服阀的控制油，外控油压一般调定在 2.5~5MPa。

6.4.2　系统框图与模型

先导伺服阀中的放大器的动态特性可以忽略，其输出电流为

$$I = K_a \Delta U = K_a (U_a - K_x X_s) \tag{6-110}$$

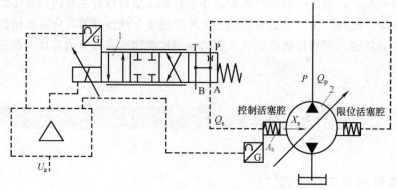

图 6-22　伺服变量泵液压原理简图
1—先导伺服阀　2—变量泵

式中　K_a——先导伺服阀放大器增益（A/V）；

U_a——先导伺服阀指令电压信号（V）；

K_x——冲程环位置增益（V/m）；

X_s——冲程环偏心距（m）。

先导伺服阀输出流量为

$$Q_s = \frac{K_s}{T_s s + 1} i \tag{6-111}$$

式中　K_s——先导伺服阀增益（$m^3 \cdot s^{-1}/A$）；

T_s——先导伺服阀时间常数（s）。

变量泵控制活塞腔流量连续性方程为

$$Q_s = A_s s X_s \tag{6-112}$$

式中　A_s——变量泵控制活塞腔面积（m^2）。

变量泵的出油口排量为

$$D_p = K_p X_s \tag{6-113}$$

式中　K_p——变量泵的排量梯度。

由于该系统中使用的变量泵自吸能力强，可以直接由油箱供油，因此认为变量泵的吸油口压力为零，变量泵的流量为

$$Q_p = D_p \Omega_p - (C_{ip} + C_{ep}) P \tag{6-114}$$

式中　P——变量泵的出油口压力（Pa）；

C_{ep}——变量泵的外泄漏系数 $[m^3/(Pa \cdot s)]$；

C_{ip}——变量泵的内泄漏系数 $[m^3/(Pa \cdot s)]$；

Ω_p——变量泵的转速（rad/s）。

将式（6-114）经过拉普拉斯变换可得流量方程为

$$Q_p = K_{pq} X_s - C_{tp} P \tag{6-115}$$

式中　K_{qp}——变量泵的流量增益 $[m^3/(rad \cdot m^{-1})]$，$K_{qp} = K_p \omega_p$；

C_{tp}——变量泵的总泄漏系数 $[m^3/(Pa \cdot s)]$，$C_{tp} = C_{ip} + C_{ep}$。

将其简化可得伺服变量泵内部变量机构控制框图，如图6-23所示。

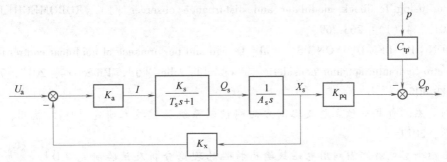

图6-23 RKP变量泵内部变量机构控制框图

本章小结

本章介绍了电液伺服阀的工作原理，以及深入学习了力反馈二级电液伺服阀的传递函数和动态特性，介绍了电液比例阀的结构组成，知道了电液比例阀与电液伺服阀的区别和联系，以及电液伺服阀的特性和性能指标，可在实际选阀时提供一个初步参考。电液比例方向阀是能够同时实现液流方向控制和流量比例控制的复合功能阀，这类阀具有三个或三个以上的通口，主阀大多采用三位四通滑阀。本章在对先导式大流量电液比例方向阀结构组成和工作原理分析的基础之上，推导各环节的数学模型，并建立先导阀控主阀的控制框图。本章推导了伺服变量泵的数学模型，得到了伺服变量泵的控制框图。

习题

6-1 力反馈两级电液伺服阀的传递函数可简化成什么环节？

6-2 与电液伺服阀相比，电液比例阀的优势有哪些？

6-3 已知一电液伺服阀的压力增益为5×10^5Pa/mA，伺服阀控制的液压缸面积为$A_p = 50 \times 10^{-4}$m^2。要求液压缸输出力$F = 5 \times 10^4$N，伺服阀输入电流Δi为多少？

拓展阅读

[1] ARAFA H A, RIZK M. Identification and modelling of some electrohydraulic servo-valve non-linearities [J]. Proceedings of the Institution of Mechanical Engineers, Part C: Journal of Mechanical Engineering Science, 1987, 201 (2): 137-144.

[2] 延皓，康硕，宋佳，等. 基于仿真离散数据的偏转板射流式伺服阀液动力计算方法研究 [J]. 机械工程学报，2016，52 (12): 181-191.

[3] MURRENHOFF H. Servohydraulik-geregelte hydraulische antriebe [M] Aachen: Shaker Verlag, 2012.

[4] 齐海涛，付永领，王占林. 泵阀协调控制电动静液作动器方案分析 [J]. 北京航空航天大学学报，2008，34 (2): 131-134.

[5] 张健. 双喷嘴挡板电液伺服阀力矩马达电磁特性研究 [J]. 华中科技大学学报（自然科学版），2019，47 (1): 18-21.

［6］ SAKAINO S，TSUJI T. Development of friction free controller for electro-hydrostatic actu-ator using feedback modulator and disturbance observer ［J］. ROBOMECH Journal，2017，4（1）：263-269.

［7］ SONG B，LEE D，YONG S，et al. Design and performance of nonlinear control for an e-lectro-hydraulic actuator considering a wearable robot ［J］. Processes，2019，7（6）：389-405.

［8］ 刘英杰. 负载口独立电液比例方向阀控制系统关键技术研究 ［D］. 杭州：浙江大学，2011.

［9］ 王旭平. 电液比例阀用电磁铁输出特性的理论分析及试验研究 ［D］. 太原：太原理工大学，2014.

［10］ 苏琦. 先导式电液比例方向阀换向滞后分析及其补偿方法研究 ［D］. 杭州：浙江大学，2016.

✎ 思政拓展：我国科学事业取得的历史性成就，是一代又一代矢志报国的科学家前赴后继、接续奋斗的结果。新中国成立以来，广大科技工作者们正是在推动祖国科技进步、谋求中国人民幸福的道路上隐姓埋名、踔厉前行，创造出令世界瞩目的科技成果，铸就了内涵丰富的科学家精神。扫描下方二维码感受科学家精神。

精神的追寻
科学家精神

第 **7** 章 电液伺服控制系统分析校正

知识导图

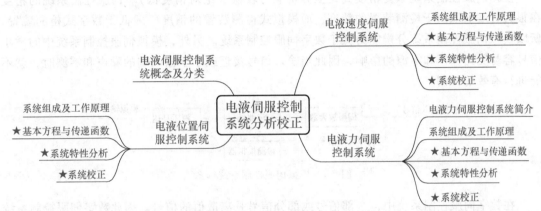

电液伺服控制系统具有控制精度高、响应速度快、输出功率大、信号处理灵活、易于实现各种参量的反馈等优点，因此，广泛应用于高端装备、航空航天、国防军工等技术领域。

在机械领域广泛应用的液压滑台，是用来完成进给运动的动力部件，为了保证动作控制的可靠性、准确性，以及液压缸的重复定位精度和动态特性，可采用电液位置伺服控制系统来达到甚至超过设备须达到的技术指标。车载雷达工作时，雷达在不停地旋转，以实现对空360°扫描，在跟踪快速运动的目标时，雷达需要能够在控制指令下快速、准确转动，以实现对空扫描和对目标的跟踪。为解决此问题，可以采用电液速度伺服控制系统，把输出动作的速度变化经速度传感器反馈到输入端，构成闭环速度伺服控制回路。飞机刚着陆时，依然具有较大的速度，那么如何在有限的跑道上安全有效地降低速度呢？当飞机制动压力太小时，飞机不能及时制动，容易冲出跑道；制动压力太大时，飞机的机轮容易打滑，不仅不能有效缩短滑跑距离，甚至可能发生轮胎爆破，危及飞机安全。因此可以采用飞机的制动装置——轮机制动，通过主轮装载的多个制动片间的摩擦来控制主轮转动。飞机在制动时存在一个最佳制动压力，为了使飞机一直保持在最佳制动压力的状态下制动，飞机的制动系统是通过电液力伺服控制系统来进行调整控制的，使飞机在有限的跑道上安全及时制动。

7.1 电液伺服控制系统概念及分类

电液伺服控制系统为闭环控制系统，而电液比例控制系统既有闭环控制系统又有开环控制系统。

电液伺服控制系统是指以伺服元件（伺服阀或伺服泵）为控制核心的液压控制系统，它通常由指令装置、控制器、放大器、液压油源、伺服元件、执行元件、反馈传感器及负载组成。

电液伺服控制系统的分类方法很多，可以从不同角度分类，例如，按控制量的不同，可分为位置控制、速度控制、力控制等；按伺服元件的不同，可分为阀控系统、泵控系统；按功率大小的不同，可分为大功率系统、小功率系统；按系统中是否存在反馈环节，可分为开环系统、闭环系统；根据输入信号的形式不同，又可分为模拟伺服控制系统和数字伺服控制系统两类。下面对模拟伺服控制系统和数字伺服控制系统进行简单说明。

在模拟伺服控制系统中，全部信号都是连续的模拟量，如图7-1所示。在此系统中，输入信号、输出信号、反馈信号、偏差信号及其放大、校正信号均为连续的模拟量。

模拟伺服控制系统重复精度高，但分辨能力较低（绝对精度低）。伺服控制系统的精度在很大程度上取决于检测装置的精度，而模拟式检测装置的精度一般低于数字式检测装置，所以模拟伺服控制系统分辨能力低于数字伺服控制系统。另外，模拟伺服控制系统中的微小信号容易受到噪声和零漂的影响，因此当输入信号接近或小于输入端的噪声和零漂时，就不能进行有效的控制。

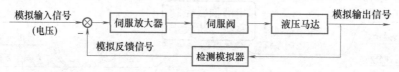

图 7-1　模拟伺服控制系统框图

在数字伺服控制系统中，全部信号或部分信号是离散值的信号。因此数字伺服控制系统又分为全数字伺服控制系统和数字-模拟伺服控制系统。在全数字伺服控制系统中，动力组件必须能够接收数字信号，可采用数字阀或电液步进马达。数字-模拟伺服控制系统框图如图7-2所示。数控装置发出的指令脉冲与反馈脉冲相比较产生数字偏差，数-模转换器把数字偏差信号转化为模拟偏差电压，后面的动力部分不变，仍是模拟元件。系统输出通过数字检测器（即模-数转换器）转化为反馈脉冲信号。此外，它还能运用数字计算机对信息进行贮存、运算和控制，在大系统中实现多环路、多参量的实时控制，因此有着广泛的发展前景。但是，从经济性、可靠性方面来看，简单的伺服控制系统仍以采用模拟型控制为宜。

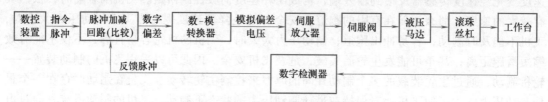

图 7-2　数字-模拟伺服控制系统框图

7.2　电液位置伺服控制系统

电液位置伺服控制系统是最基本、最常用的一种液压伺服控制系统，如机床工作台的位置和板带轧机的板厚控制、飞机和船舶的舵机控制、大型雷达天线的伺服跟踪系统等。该类系统不仅直接用作位置控制系统，而且在速度控制和力控制系统中，也常有位置控制小回路作为大回路中的一个环节。

7.2.1　系统组成及工作原理

电液伺服控制系统的动力组件不外乎阀控式和泵控式两种基本类型。图 7-3 所示是采用伺服阀作为动力组件的液压滑台电液位置伺服控制系统工作原理。

滑台是组合机床及由其构成的自动生产线的主要动力部件，滑台的精度、结构刚度等性能对组合机床及由其构成的自动生产线的工作能力、所能达到的加工精度、生产率等指标都有决定性的影响。液压滑台由滑台、滑座和液压缸三部分组成，液压缸固定在滑座上，活塞杆固定连接在滑台下面，当液压油进入液压缸时，便可实现滑台沿滑座导轨的移动。根据被加工零件的工艺要求，可以在液压滑台上安装动力箱（需配多轴箱）、各种切削头，并与支承部件相配套，构成不同形式的组合机床，用于完成钻孔、扩孔、铰孔、镗孔、锪孔、刮端面、倒角、车端面、铣削及攻螺纹等工序。

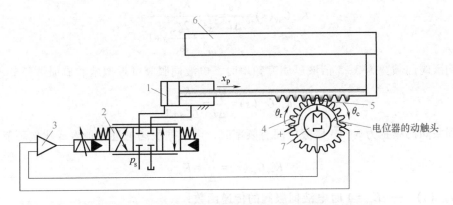

图 7-3　液压滑台电液位置伺服控制系统工作原理图

1—液压缸　2—电液伺服阀　3—功率放大器　4—电位器　5—齿轮齿条机构　6—滑台　7—步进电机

如图 7-3 所示，液压滑台电液位置伺服控制系统主要由电液伺服阀、液压缸、滑台、电位器、步进电机、齿轮齿条机构和功率放大器组成。其中，滑台与液压缸活塞杆固定连接，电位器与齿轮固定连接。当电位器的动触头处在中位时，无电压输出；当偏离中位时，产生相应的微弱电压，该电压经功率放大器转化为电流并放大输出，作用于电液伺服阀进行控制。电位器的动触头由步进电机带动旋转，步进电机的转角位移和速度由数字控制装置发出的脉冲控制。齿条固定在滑台上，电位器固定在齿轮上，所以当滑台带动齿轮转动时，电位器同齿轮一起转动，实现负反馈。由液压滑台电液位置伺服控制系统工作原理可得其框图，如图 7-4 所示。

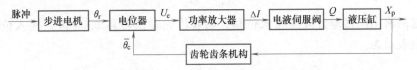

图 7-4　液压滑台电液位置伺服控制系统框图

7.2.2 基本方程与传递函数

数字控制装置发出脉冲使步进电机转动 θ_r 角度，与齿轮齿条转过的 θ_c 角度相比较，作用于电位器产生偏差电压 U_e，因此电位计的增益为

$$K_e = \frac{U_e}{\theta_r - \theta_c} \tag{7-1}$$

功率放大器将电压信号转化为电流信号输出给电液伺服阀的控制线圈，使电液伺服阀产生相应的阀口开度，液压油进入液压缸推动滑台移动。功率放大器的输出电流 ΔI 与输入电压 U_e 近似成比例，其比例增益为

$$K_a = \frac{\Delta I}{U_e} \tag{7-2}$$

电液伺服阀的传递函数采用什么形式取决于液压缸的液压固有频率的大小。当电液伺服阀的频宽与液压固有频率频宽相接近时，电液伺服阀可近似地看成二阶振荡环节，即

$$K_{sv} G_{sv}(s) = \frac{Q_0}{\Delta I} = \frac{K_{sv}}{\dfrac{s^2}{\omega_{sv}^2} + \dfrac{2\zeta_{sv}}{\omega_{sv}}s + 1} \tag{7-3}$$

当电液伺服阀的频宽为 $3 \sim 5$ 倍液压固有频率时，电液伺服阀可近似地看成惯性环节，即

$$K_{sv} G_{sv}(s) = \frac{Q_0}{\Delta I} = \frac{K_{sv}}{T_{sv}s + 1} \tag{7-4}$$

当电液伺服阀的频宽为 $5 \sim 10$ 倍液压固有频率时，电液伺服阀可近似地看成比例环节，即

$$K_{sv} G_{sv}(s) = \frac{Q_0}{\Delta I} = K_{sv} \tag{7-5}$$

式中　$G_{sv}(s)$ —— $K_{sv} = 1$ 时电液伺服阀的传递函数；

　　　　K_{sv} ——电液伺服阀的流量增益系数；

　　　　ω_{sv} ——电液伺服阀的固有频率；

　　　　ζ_{sv} ——电液伺服阀的阻尼比；

　　　　T_{sv} ——电液伺服阀的时间常数；

　　　　Q_0 ——电液伺服阀的空载流量，$Q_0 = K_q X_v$。

阀控缸的传递函数已在第 3 章完成了推导，在没有弹性负载和不考虑结构刚度的影响时，根据式（3-15），阀控缸的输出位移为

$$X_p = \frac{\dfrac{K_q}{A_p} X_v - \dfrac{K_{ce}}{A_p^2}\left(1 + \dfrac{V_t}{4\beta_e K_{ce}}s\right) F_L}{s\left(\dfrac{s^2}{\omega_h^2} + \dfrac{2\zeta_h}{\omega_h}s + 1\right)} \tag{7-6}$$

阀控缸的输出位移即为齿条输入位移，则有齿轮输出转角 θ_c 与齿条输入位移 X_p 成比例，其增益表示为

$$K_f = \frac{\theta_c}{X_p} \tag{7-7}$$

由式（7-1）~式（7-7）可绘出系统框图，为了便于分析，将框图转化为单位反馈结构，并将与 Θ_r 成比例的 X_{pr} 作为闭环系统的输入，如图 7-5 所示。

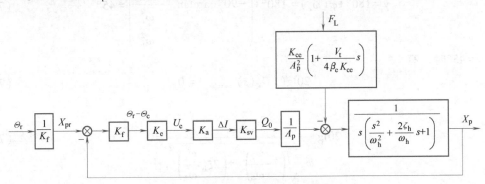

图 7-5　电液位置伺服控制系统框图

由图 7-3 所示框图可写出系统开环传递函数为

$$G_K(s) = \frac{K_v}{s\left(\dfrac{s^2}{\omega_h^2} + \dfrac{2\zeta_h}{\omega_h}s + 1\right)} \tag{7-8}$$

式中　K_v——开环增益（也称为速度放大系数），$K_v = \dfrac{K_e K_a K_{sv} K_f}{A_p}$。

图 7-5 所示框图和式（7-8）所示的开环传递函数具有代表性，一般的电液位置伺服控制系统往往都能转换成这种形式。

7.2.3　系统特性分析

系统的特性主要包括稳定性、响应特性及稳态误差三方面，下面分别进行分析。

1. 稳定性分析

由于系统的开环传递函数式（7-8）具有与第 4 章的式（4-4）相同的形式。因此，根据式（4-9），系统的稳定条件仍为

$$K_v < 2\zeta_h \omega_h \tag{7-9}$$

在工程实际中，为保证系统可靠稳定地工作，并具有满意的性能指标，要求系统有适当的裕度，即幅值裕度和相位裕度。通常要求幅值裕度 $K_g > 6\text{dB}$，相位裕度为 $\gamma = 30° \sim 60°$。下面讨论 $K_g \geq 6\text{dB}$、$\gamma \geq 45°$ 时，系统的开环增益的取值范围。

如果取幅值裕度 $K_g \geq 6\text{dB}$，则有

$$K_g = 20\lg \frac{2\zeta_h \omega_h}{K_v} \geq 6\text{dB} = 20\lg 2 \tag{7-10}$$

可得

$$K_v \leq \zeta_h \omega_h \tag{7-11}$$

对于相位裕度 $\gamma = 180° + \varphi(\omega_c)$，$\gamma = 30° \sim 60°$，取 $\gamma = 45°$，即

$$\gamma = 180°+\varphi(\omega_c) = 180°+\left(-90°-\arctan\dfrac{2\zeta_h\dfrac{\omega_c}{\omega_h}}{1-\dfrac{\omega_c^2}{\omega_h^2}}\right) = 45° \tag{7-12}$$

即当 $\gamma = 45°$ 时，有

$$20\lg(\,|\,G_K(s)\,|_{s=j\omega_c}) = 0 \tag{7-13}$$

可得

$$20\lg\dfrac{K_v}{\omega_c\sqrt{\left(1-\dfrac{\omega_c}{\omega_h}\right)^2+\left(2\zeta_h\dfrac{\omega_c}{\omega_h}\right)^2}} = 0 \tag{7-14}$$

　　在图 7-6 所示不同相位裕度 γ 的伯德中，曲线 1 为相位裕度 $\gamma_1 = 45°$ 时的幅值特性曲线，曲线 2 为相位裕度 $\gamma_2 > 45°$ 的幅值特性曲线。参考图 7-6 中曲线 1 与曲线 2 幅值及对应的相位关系，可知 $\gamma \geqslant 45°$ 时，有

$$20\lg\dfrac{K_v}{\omega_c\sqrt{\left(1-\dfrac{\omega_c}{\omega_h}\right)^2+\left(2\zeta_h\dfrac{\omega_c}{\omega_h}\right)^2}} \leqslant 0 \tag{7-15}$$

可解得

$$\dfrac{K_v}{\omega_h} \leqslant 2\sqrt{2}\zeta_h\left(\sqrt{\zeta_h^2+1}-\zeta_h\right)^2 \tag{7-16}$$

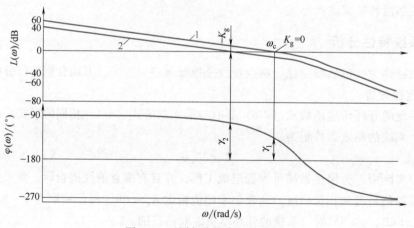

图 7-6　不同相位裕度的伯德图

　　当开环增益 K_v 满足式（7-16）时，就能同时满足 $K_g \geqslant 6\mathrm{dB}$、$\gamma \geqslant 45°$ 的要求。未校正的液压位置伺服控制系统的阻尼比很小，因此相位裕度比较大，一般为 $70° \sim 80°$。可以根据幅值裕度来确定 K_v 值，即由式（7-11）确定。

　　根据式（7-11）和式（7-16）可以画出无因次开环增益 K_v/ω_h 与阻尼比 ζ_h 的关系曲线，如图 7-7 所示。在图 7-7 中，同时画出了闭环频率响应谐振峰值 $M_r = 1.3$ 时，K_v/ω_h 与 ζ_h 的关系曲线。可以看出，由式（7-11）和式（7-16）得到的曲线与 $M_r = 1.3$ 的曲线是比较一致

的。同时，以液压阻尼比为变量，根据式（7-11）或式（7-16）选取无因次开环增益 K_v/ω_h，可以近似认为系统闭环频率响应的谐振峰值 $M_r \leqslant 1.3$，此时，单位阶跃响应的最大超调量小于23%。

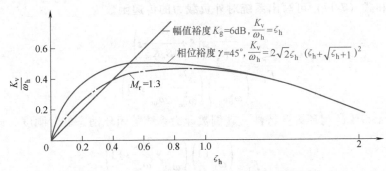

图 7-7　无因次开环增益与阻尼比的关系曲线图

2. 响应特性分析

系统闭环响应特性包括对指令输入信号和对外负载力干扰的闭环响应两个方面，在系统设计时，通常只考虑对指令输入信号的响应特性，而对外负载力干扰只考虑系统的闭环刚度。

（1）对指令输入信号的闭环频率响应

由图 7-5 所示的框图可求得系统的闭环传递函数为

$$\frac{X_p}{X_{pr}} = \frac{K_v}{\dfrac{s^3}{\omega_h^2} + \dfrac{2\zeta_h}{\omega_h}s^2 + s + K_v}$$

$$= \frac{1}{\dfrac{\omega_h}{K_v}\left(\dfrac{s}{\omega_h}\right)^3 + 2\zeta_h\left(\dfrac{\omega_h}{K_v}\right)\left(\dfrac{s}{\omega_h}\right)^2 + \left(\dfrac{\omega_h}{K_v}\right)\left(\dfrac{s}{\omega_h}\right) + 1} \qquad (7\text{-}17)$$

$$= \frac{1}{\left(\dfrac{s}{\omega_r} + 1\right)\left(\dfrac{s^2}{\omega_{nc}^2} + \dfrac{2\zeta_{nc}}{\omega_{nc}}s + 1\right)}$$

式中　ω_r——闭环惯性环节的转折频率；

ω_{nc}——闭环振荡环节的固有频率；

ζ_{nc}——闭环振荡环节的阻尼比。

根据式（7-17）可画出系统的闭环伯德图，如图 7-8 所示。该曲线反映了伺服控制系统的响应能力。系统响应的快速性可用频宽表示。即 $L(\omega)$ 下降 $-3\mathrm{dB}$ 的频率 ω_b。此外，还可以用相位频宽度量响应的频率范围。相位频宽是相位滞后 $90°$ 时所对应的频率范围。

液压伺服控制系统的频宽主要受液压动力组件的限制，即受液压固有频率 ω_h 和阻尼比 ζ_h 所

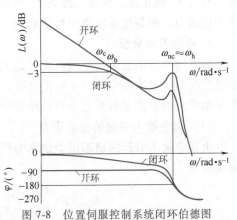

图 7-8　位置伺服控制系统闭环伯德图

限。所以要提高系统的响应速度，就必须提高 ω_h 和适当地提高 ζ_h，若 ζ_h 值过大，会降低系统的响应速度。

（2）系统闭环刚度特性

由图 7-5 和式（7-17）可写出系统对外负载力的传递函数为

$$\frac{X_p}{F_L} = \frac{-\dfrac{K_{ce}}{K_v A_p^2}\left(1+\dfrac{V_t}{4\beta_e K_{ce}}s\right)}{\left(\dfrac{s}{\omega_b}+1\right)\left(\dfrac{s^2}{\omega_{nc}^2}+\dfrac{2\zeta_{nc}}{\omega_{nc}}s+1\right)} \tag{7-18}$$

式（7-18）表示系统的闭环柔度特性，其倒数即为系统的闭环动态位置刚度，即

$$K_{DC} = \frac{F_L}{X_p} = \frac{\left(\dfrac{s}{\omega_b}+1\right)\left(\dfrac{s^2}{\omega_{nc}^2}+\dfrac{2\zeta_{nc}}{\omega_{nc}}s+1\right)}{-\dfrac{K_{ce}}{K_v A_p^2}\left(1+\dfrac{V_t}{4\beta_e K_{ce}}s\right)} \tag{7-19}$$

由于一阶滞后环节和一阶超前环节可近似抵消，则系统的闭环动态位置刚度的表达式简化为

$$K_{DC}(s) = \frac{F_L}{X_p} = -\frac{K_v A_p^2}{K_{ce}}\left(\frac{s^2}{\omega_{nc}^2}+\frac{2\zeta_{nc}}{\omega_{nc}}s+1\right) \tag{7-20}$$

根据式（7-20）绘制闭环动态位置刚度特性曲线，如图 7-9 所示。可见，在谐振频率 ω_{nc} 处闭环动态位置刚度最小，其值为

$$K_{DCmin} = \left.|K_{DC}(s)|\right|_{s=j\omega_{nc}} = \frac{2\zeta_{nc}K_v A_p^2}{K_{ce}} \tag{7-21}$$

在式（7-20）中，令 $s=0$，可得系统的闭环静态位置刚度为

$$K_{DC0} = \left.|K_{DC}(s)|\right|_{s=0} = \frac{K_v A_p^2}{K_{ce}} \tag{7-22}$$

由于 K_{ce} 很小，系统的闭环静态位置刚度很大，且与 K_v 成正比。因此，提高 K_v 可提高系统抗干扰能力，但是受系统稳定性的制约，K_v 提高受限。

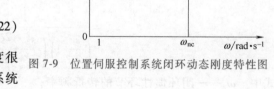

图 7-9 位置伺服控制系统闭环动态刚度特性图

3. 稳态误差分析

稳态误差表示系统的控制精度，是伺服控制系统重要的性能指标。稳态误差是指系统达到稳态时输出量的希望值与实际值之差，它由指令输入、外力干扰、零漂、死区干扰等线性叠加组成。稳态误差与系统本身的结构参数有关，也与输入信号的形式有关。

（1）指令输入引起的稳态误差

由指令输入引起的稳态误差也称为跟随误差。由图 7-5 可求出系统对指令输入的误差传递函数为

$$G_{er}(s) = \frac{E_r}{X_{pr}} = \frac{X_{pr}-X_p}{X_{pr}} = 1-\frac{G_K(s)}{1+G_K(s)} = \frac{1}{1+G_K(s)} \tag{7-23}$$

利用终值定理，求得稳态误差为

$$e_r(\infty) = \lim_{s\to 0} s E_r(s) = \lim_{s\to 0} s\left[\, G_{er}(s) X_{pr} \,\right] = \lim_{s\to 0} \frac{s^2\left(\dfrac{s^2}{\omega_h^2}+\dfrac{2\zeta_h}{\omega_h}s+1\right)}{s\left(\dfrac{s^2}{\omega_h^2}+\dfrac{2\zeta_h}{\omega_h}s+1\right)+K_v} X_{pr} \qquad (7\text{-}24)$$

由式（7-24）可以看出系统稳态误差与输入信号形式有关，即与 $X_{pr}(s)$ 有关。下面将阶跃信号、斜坡信号和等加速信号作为典型输入信号来分析系统的稳态误差。

1）阶跃响应稳态误差。对阶跃输入 X_{pr} 有

$$X_{pr} = \frac{a}{s} \qquad (7\text{-}25)$$

代入式（7-24），得稳态误差为

$$e_r(\infty) = \lim_{s\to 0} \frac{s X_{pr}}{1+G_K(s)} = \lim_{s\to 0} \frac{s^2\left(\dfrac{s^2}{\omega_h^2}+\dfrac{2\zeta_h}{\omega_h}s+1\right)}{s\left(\dfrac{s^2}{\omega_h^2}+\dfrac{2\zeta_h}{\omega_h}s+1\right)+K_v}\frac{a}{s} = 0 \qquad (7\text{-}26)$$

实质上，液压位置伺服控制系统为 I 型系统，阶跃响应稳态误差必然为零。

2）斜坡响应稳态误差。对斜坡输入 X_{pr} 有

$$X_{pr} = \frac{a}{s^2} \qquad (7\text{-}27)$$

代入式（7-24），得稳态误差为

$$e_r(\infty) = \lim_{s\to 0} \frac{s X_{pr}}{1+G_K(s)} = \lim_{s\to 0} \frac{s^2\left(\dfrac{s^2}{\omega_h^2}+\dfrac{2\zeta_h}{\omega_h}s+1\right)}{s\left(\dfrac{s^2}{\omega_h^2}+\dfrac{2\zeta_h}{\omega_h}s+1\right)+K_v}\frac{a}{s^2} = \frac{a}{K_v} \qquad (7\text{-}28)$$

由式（7-28）可知，开环增益 K_v 越大，液压位置伺服控制系统对斜坡响应的稳态误差越小，控制精度越高。

3）等加速度响应稳态误差。对等加速度输入 X_{pr} 有

$$X_{pr} = \frac{a}{s^3} \qquad (7\text{-}29)$$

代入式（7-24），得稳态误差为

$$e_r(\infty) = \lim_{s\to 0} \frac{s X_{pr}}{1+G_K(s)} = \lim_{s\to 0} \frac{s^2\left(\dfrac{s^2}{\omega_h^2}+\dfrac{2\zeta_h}{\omega_h}s+1\right)}{s\left(\dfrac{s^2}{\omega_h^2}+\dfrac{2\zeta_h}{\omega_h}s+1\right)+K_v}\frac{a}{s^3} = +\infty \qquad (7\text{-}30)$$

由式（7-30）可知，液压位置伺服控制系统不能跟踪等加速度信号以及阶数比它高的信号。

（2）负载干扰力引起的稳态误差

由负载干扰力引起的稳态误差也称为负载误差。由图 7-5 可求得系统对外负载力的误差传递函数为

$$\phi_{eL}(s) = \frac{E_L}{F_L} = \frac{0 - X_p}{F_L} = -\frac{X_p}{F_L} = \frac{\dfrac{K_{ce}}{A_p^2}\left(1 + \dfrac{V_t}{4\beta_e K_{ce}}s\right)}{s\left(\dfrac{s^2}{\omega_h^2} + \dfrac{2\zeta_h}{\omega_h}s + 1\right) + K_v} \tag{7-31}$$

利用终值定理，求得稳态误差为

$$e_L(\infty) = \lim_{s \to 0} sE_L(s) = \lim_{s \to 0} sF_L \frac{\dfrac{K_{ce}}{A_p^2}\left(1 + \dfrac{V_t}{4\beta_e K_{ce}}s\right)}{s\left(\dfrac{s^2}{\omega_h^2} + \dfrac{2\zeta_h}{\omega_h}s + 1\right) + K_v} \tag{7-32}$$

对阶跃干扰力 F_L 有

$$F_L = \frac{F_{L0}}{s} \tag{7-33}$$

代入式 (7-32)，得稳态误差为

$$e_L(\infty) = \lim_{s \to 0} \frac{\dfrac{K_{ce}}{K_v A_p^2}\left(1 + \dfrac{V_t}{4\beta_e K_{ce}}s\right)}{s\left(\dfrac{s^2}{\omega_h^2} + \dfrac{2\zeta_h}{\omega_h}s + 1\right) + K_v} s \frac{F_{L0}}{s} = \frac{K_{ce}}{K_v A_p^2} F_{L0} = \frac{F_{L0}}{K_{DC0}} \tag{7-34}$$

实质上，干扰产生的稳态误差，相当于干扰力作用在位置刚度为 K_{DC0} 的弹簧上，产生的位移变化量。同时，K_v 的增加会提高静态位置刚度，减小干扰力产生的稳态误差。

（3）零漂、死区等引起的静态误差

除稳态误差外，功率放大器、电液伺服阀的零漂、死区以及克服负载运动的静摩擦都会引起位置误差。为了区别上述的稳态误差，将零漂、死区等在系统中造成的误差称为系统静差。

液压缸运动时的静摩擦力 F_f 可以看成外负载力作用于系统，将零漂折算成 ΔI_d 作为干扰作用于系统，加入静干扰的电液位置伺服控制系统框图如图 7-10 所示。

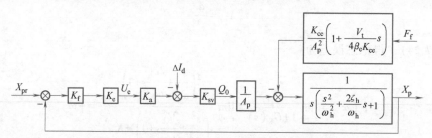

图 7-10　加入静干扰的电液位置伺服控制系统框图

将静摩擦力 F_f 折算到伺服阀输入端的死区电流为 ΔI_D，其中 $\Delta I_D = A_p V_{LV}/K_{sv}$，得到简化静干扰的电液位置伺服控制系统框图，如图 7-11 所示。

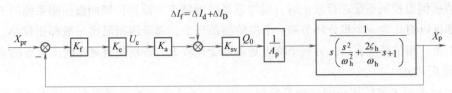

图 7-11　简化静干扰的电液位置伺服控制系统框图

将伺服阀的零漂 ΔI_d 和死区电流 ΔI_D 折算到位置输入处，得到等效的电液位置伺服控制系统框图，如图 7-12 所示。

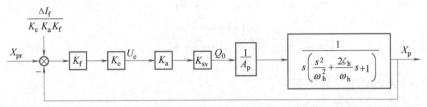

图 7-12　等效的电液位置伺服控制系统框图

在计算系统的总的静态位置误差时，可以将系统中各元件的零漂和死区都折算到伺服阀的输入端，以伺服阀的输入电流值表示。假设总的零漂和死区电流为 ΔI_f，则总的静态位置误差为

$$\Delta x_\mathrm{p}(\infty) = \lim_{s \to 0} s \frac{\Delta I_\mathrm{f}}{K_\mathrm{e} K_\mathrm{a} K_\mathrm{f} s} G_\mathrm{B}(s) = \frac{\Delta I_\mathrm{f}}{K_\mathrm{e} K_\mathrm{a} K_\mathrm{f}} \tag{7-35}$$

式中，

$$G_\mathrm{B}(s) = \frac{X_\mathrm{p}}{X_\mathrm{pr}} = \cfrac{1}{\left(\cfrac{s}{\omega_\mathrm{b}}+1\right)\left(\cfrac{s^2}{\omega_\mathrm{nc}^2}+\cfrac{2\zeta_\mathrm{nc}}{\omega_\mathrm{nc}}s+1\right)} \tag{7-36}$$

$\Delta x_\mathrm{p}(\infty)$ 是电液位置伺服控制系统的分辨率，只有伺服阀的驱动电流大于 ΔI_f 时，系统才能产生位置输出。

由图 7-10 可求出静摩擦力 F_f 所引起的静态位置误差为

$$\Delta X_\mathrm{pf}(\infty) = \lim s = \cfrac{F_\mathrm{f}}{K_\mathrm{f} K_\mathrm{e} K_\mathrm{a} K_\mathrm{sv} \cfrac{1}{A_\mathrm{p}}} G_\mathrm{B} = \lim s = \cfrac{\cfrac{K_\mathrm{ce}}{A_\mathrm{p}^2}\left(1+\cfrac{V_\mathrm{t}}{4\beta_\mathrm{e} K_\mathrm{ce}}s\right)}{K_\mathrm{f} K_\mathrm{e} K_\mathrm{a} K_\mathrm{sv} \cfrac{1}{A_\mathrm{p}}} G_\mathrm{B}(s) = \frac{F_\mathrm{f} K_\mathrm{ce}}{K_\mathrm{v} A_\mathrm{p}^2} \tag{7-37}$$

从上面的分析可以看出，为了减小干扰点产生的稳态误差，应增大该干扰点之前的开环增益乘积（包括反馈回路的增益）。

7.2.4　系统校正

以上讨论了电液位置伺服控制系统，其性能主要由动力组件参数 ω_h 和 ζ_h 所决定。对这种系统，单纯靠调整增益往往满足不了系统的全部性能指标，这时就要对系统进行校正。高性能的电液伺服控制系统一般都要加校正装置。

对液压伺服控制系统进行校正时，要注意系统的特点。液压位置伺服控制系统的开环传递函数通常可以简化为一个积分环节和一个二阶振荡环节，而液压阻尼比一般都比较小，使得幅值裕度不足，相位裕度有余。另一个特点是参数变化较大，特别是阻尼比随工作点的变动。

1. 滞后校正

滞后校正的主要作用是通过提高低频段增益，减小系统的稳态误差，或者在保证系统稳态精度的条件下，通过降低系统高频段的增益来保证系统的稳定性。

滞后校正网络串联在前向通道上，接在功率放大器之前，其传递函数为

$$G_c(s) = \dfrac{\dfrac{s}{\omega_{rc}} + 1}{\dfrac{s}{\omega_{rc}/\alpha} + 1} \tag{7-38}$$

式中　ω_{rc}——超前环节的转折频率；

　　　α——滞后超前比，$\alpha > 1$。

滞后校正网络是一个低通滤波器，利用它的高频衰减特性，可以在保持系统稳定的条件下。滞后校正利用的是高频衰减特性，而不是相位滞后。在阻尼比较小的液压伺服控制系统中，提高系统稳态精度的限制因素是幅值裕度，而不是相位裕度，因此采用滞后校正是合适的。

滞后校正网络的设计步骤如下：

1）调整系统的开环增益 K_v，保证系统有足够的稳定裕度，绘制其伯德图，见图 7-13 中曲线 1。

2）计算系统是否满足稳定精度要求，若满足，则无需再调整，若不满足，在此基础上，将开环增益 K_v 增大至满足稳态精度，绘制其伯德图，见图 7-13 中曲线 2。

3）加入滞后校正，使幅频特性曲线在保持中高频段不变的前提下（保持稳定裕度），提高低频段幅值（提高稳态精度），最终校正后的开环增益 $K_{vc} = \alpha K_v$，绘制其伯德图，见图 7-13 中曲线3 和曲线4。

加入滞后校正的位置伺服控制系统伯德图如图 7-13 所示。

求得最终校正环节传递函数为

$$G_\alpha(s) = \alpha \dfrac{\dfrac{s}{\omega_{rc}} + 1}{\dfrac{s}{\omega_{rc}/\alpha} + 1} \tag{7-39}$$

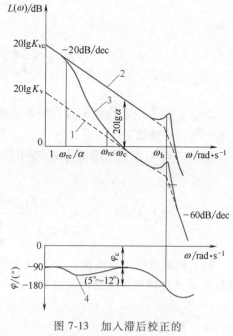

图 7-13　加入滞后校正的位置伺服控制系统伯德图

图 7-5 所示的系统加入滞后校正环节后，系统的开环传递函数为

$$G_K^*(s) = \frac{K_v}{s\left(\dfrac{s^2}{\omega_h^2}+\dfrac{2\zeta_h}{\omega_h}s+1\right)}\alpha\frac{\dfrac{s}{\omega_{rc}}+1}{\dfrac{s}{\omega_{rc}/\alpha}+1} \tag{7-40}$$

滞后校正环节使开环增益提高 α 倍，因此使速度误差减小为原来的 $1/\alpha$。提高了闭环刚度，减小了负载误差。由于回路增益提高，减小了元件参数变化和非线性影响。但滞后校正环节降低了穿越频率，使穿越频率两侧的相位滞后增大，特别是低频侧相位滞后较大。

2. 速度和加速度反馈校正

速度反馈校正的主要作用是提高系统的液压固有频率，即系统的静态刚度，减少速度反馈回路内的干扰和非线性的影响，提高系统的静态精度。加速度反馈主要是提高系统的液压阻尼比，低阻尼比是限制液压伺服控制系统性能指标的主要原因，如果能提高阻尼比，系统的性能可以得到显著的改善。

根据需要，速度反馈和加速度反馈可以单独使用，也可以联合使用。下面同时使用速度和加速度反馈校正，但分别讨论这两种反馈各自的作用。

在图 7-5 所示的电液位置伺服控制系统中，忽略外力干扰，加入速度与加速度反馈校正，得到的系统框图如图 7-14 所示。利用位移传感器可以将液压缸活塞杆的位移转换为反馈电压信号，在速度反馈电压信号后面再接上微分电路或微分放大器，就可以得到加速度反馈电压信号。将速度和加速度电压信号反馈到伺服阀的驱动信号上，就构成了速度与加速度反馈校正。

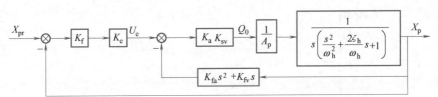

图 7-14 加入速度与加速度反馈校正的位置伺服控制系统框图

由图 7-14 所示的框图可以求得，加入速度和加速度反馈校正后整个位置伺服控制系统的开环传递函数为

$$G_K(s) = \frac{K_v'}{s\left(\dfrac{s^2}{\omega_h'^2}+\dfrac{2\zeta_h'}{\omega_h'}s+1\right)} \tag{7-41}$$

式中　K_v'——系统校正后的开环增益，$K_v' = \dfrac{K_v}{1+\left(K_aK_{sv}K_{fv}\right)/A_p}$；

　　　ω_h'——系统校正后的固有频率，$\omega_h' = \omega_h\sqrt{1+\left(K_aK_{sv}K_{fv}\right)/A_p}$；

　　　ζ_h'——系统校正后的阻尼比，$\zeta_h' = \dfrac{\zeta_h+\omega_h\left(K_aK_{sv}K_{fa}\right)/A_p}{\sqrt{1+\left(K_aK_{sv}K_{fv}\right)/A_p}}$。

只有速度反馈校正时，加速度反馈增益 $K_{fa}=0$。加入速度反馈校正的幅频特性曲线图如图 7-15a 所示，其中 $K_1 = K_aK_{sv}K_{fv}/A_p$。此时，速度反馈校正使位置伺服控制系统的固有频率 ω_h 增大，阻尼比 ζ_h 和开环增益 K_v 减小。开环增益的减小，可以通过调整前置放大器的增益加以补偿。校正后的固有频率与阻尼比的乘积不变，阻尼比的减小恰好抵消了固有频率的增大。固有频率的增大，为系统频宽的提高创造了条件，如果能通过其他途径提高阻尼比，就可以提高系统的频宽。

如果只有加速度反馈校正，即反馈环节为 $K_{fa}s^2$，位置伺服控制系统的阻尼比 ζ'_h 增大，固有频率 ω'_h 和开环增益 K'_v 不变。因此，增大加速度反馈增益 K_{fa} 可以显著降低谐振峰值，谐振峰值 $M_r = \dfrac{1}{2\zeta'^2_h\sqrt{1-\zeta'^2_h}}$ 的降低既可以提高系统稳定性，又可以使幅频特性曲线上移，从而提高系统的开环增益和频宽，而开环增益的提高又可以提高系统刚度及其精度。

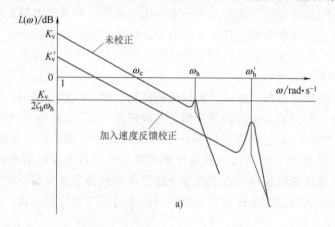

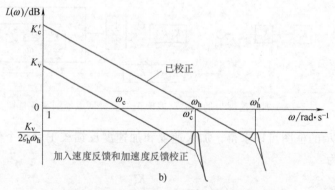

图 7-15   速度和加速度反馈校正幅频特性曲线图

a）加入速度反馈校正的幅频特性曲线图   b）加入速度反馈和加速度反馈校正的幅频特性曲线图

图 7-15b 所示为加入速度反馈和加速度反馈校正后的幅频特性曲线图。由上述可见，加速度反馈提高系统的阻尼比，速度反馈提高系统的固有频率，但降低了开环增益和阻尼比。如果同时采用速度反馈与加速度反馈，通过调整前向通道中放大器增益，把系统增益调到合适的数值，再调整反馈通道中速度与加速度反馈增益，把系统固有频率和阻尼比调到合适的数值，系统的动态及静态指标就能得到全面改善。由于受到速度和加速度反馈回路稳定性的限制，液压固有频率和液压阻尼比不能无限增大。

3. 压力反馈和动压反馈校正

采用压力反馈和动压反馈校正的目的是提高系统阻尼。负载压力随系统的动态而变化，当系统振动加剧时，负载压力增大。如果将负载压力加以反馈，使系统的输入流量减少，则系统的振动将减弱，起到增加系统阻尼的作用。

（1）压力反馈校正

在位置伺服控制系统框图中加上压力反馈后得到系统框图，如图 7-16 所示。图中用压力传感器测取液压缸的负载压力 P_L 反馈到功率放大器的输入端，构成压力反馈。

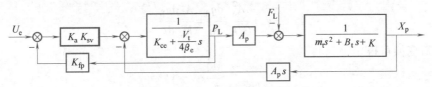

图 7-16　加入压力反馈的系统框图

由图 7-16 可以求出压力反馈回路的闭环传递函数为

$$\frac{P_L}{U_e} = \frac{K_a K_{sv}}{K_{ce} + K_a K_{sv} K_{fp} + \dfrac{V_t}{4\beta_e}s} = \frac{K_a K_{sv}}{K'_{ce} + \dfrac{V_t}{4\beta_e}s}$$

式中　K'_{ce}——系统总流量-压力系数，$K'_{ce} = K_{ce} + K_{fp} K_a K_{sv}$。

由图 7-16 可以看出，压力反馈校正是通过增加系统的总流量-压力系数 K'_{ce} 来提高液压阻尼比 ζ_h 的。显然，压力反馈校正降低了系统的静态速度刚度 A_p^2 / K_{ce}。

（2）动压反馈校正

液压伺服控制系统通常是欠阻尼系统，液压阻尼比小使系统的稳定性不足，进而制约了响应速度和稳态精度的提高。因此，提高阻尼比对改善系统性能是十分重要的。由第 4 章相关知识可知，在液压缸两腔之间设置旁路泄漏通道，或者采用正遮盖阀都可以增加系统的阻尼比，增强稳定性，但会增加功率损失，降低液压动力组件的静态速度刚度。因此，采用动压反馈装置，目的是在不降低静态速度刚度的前提下，提高系统的液压阻尼比。

图 7-17 所示的动压反馈装置是由液阻和弹簧活塞蓄能器组成的，并联在液压缸的进出口之间。

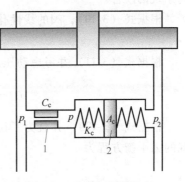

图 7-17　液阻加弹簧活塞蓄能器的动压反馈装置
1—液阻　2—活塞

通过层流液阻的流量为

$$q_d = C_c (p_1 - p) \tag{7-42}$$

式中　C_c——液阻的层流液导，为液阻的倒数；

　　　p_1——液阻的进口压力；

　　　p——液阻的出口压力。

弹簧活塞蓄能器的流量为

$$q_d = A_c \frac{\mathrm{d}x_c}{\mathrm{d}t} \tag{7-43}$$

式中　A_c——蓄能器活塞有效面积；

x_c——蓄能器活塞位移。

蓄能器活塞的力平衡方程为

$$A_c(p-p_2) = K_c x_c \qquad (7\text{-}44)$$

式中　K_c——蓄能器总弹簧刚度。

由以上三个方程式（7-42）~式（7-44）联立消去 p、x_c，可得

$$q_d + \frac{A_c^2}{C_c K_c} \frac{\mathrm{d}q_d}{\mathrm{d}t} = \frac{A_c^2}{K_c} \frac{\mathrm{d}p_L}{\mathrm{d}t} \qquad (7\text{-}45)$$

经拉普拉斯变换可得

$$Q_d = \frac{\dfrac{A_c^2}{K_c}s}{1 + \dfrac{A_c^2}{C_c K_c}s} P_L \qquad (7\text{-}46)$$

动压反馈装置传递函数为

$$G_d(s) = \frac{Q_d}{P_L} = C_c \frac{\tau_c s}{1 + \tau_c s} \qquad (7\text{-}47)$$

式中　τ_c——时间常数，$\tau_c = \dfrac{A_c^2}{C_c K_c}$。

式（7-47）表明，动压反馈装置是一个压力微分环节。下面讨论动压反馈装置对伺服控制系统的改善。

根据式（3-10），阀的线性化流量方程为

$$Q_L = K_q X_v - K_c P_L \qquad (7\text{-}48)$$

根据式（3-11）并考虑动压反馈装置，液压缸的流量连续性方程为

$$Q_L = A_p s X_p + [C_{tp} + G_d(s)] P_L + \frac{V_t}{4\beta_e} s P_L \qquad (7\text{-}49)$$

根据式（3-12），并且为了说明动压反馈的作用，故假定负载只有惯性力，液压缸与负载的力平衡方程为

$$A_p P_L = m_t s^2 X_p \qquad (7\text{-}50)$$

由方程式（7-48）~式（7-50）可得

$$K_q X_v - G_d(s)\frac{m_t}{A_p}s^2 X_p = A_p s X_p + [C_{tp} + K_c] X_p \frac{m_t}{A_p}s^2 + \frac{V_t}{4\beta_e}s P_L \qquad (7\text{-}51)$$

由式（7-51）和式（7-47）可画出系统的框图，如图 7-18 所示。

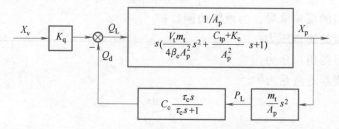

图 7-18　带动压反馈装置的系统框图

可以看出，采用动压反馈装置以后，产生了压力微分反馈的作用。由式（7-51）可得系统的传递函数为

$$\frac{X_p}{X_v}=\frac{\dfrac{K_q}{A_p}}{s\left(\dfrac{s^2}{\omega_h^2}+\dfrac{2\zeta_h^*}{\omega_h}s+1\right)} \tag{7-52}$$

并且

$$\zeta_h^*=\frac{K_c+C_{tp}+G_d(s)}{A_p}\sqrt{\frac{\beta_e m_t}{V_t}} \tag{7-53}$$

采用动压反馈装置以后，所得到的传递函数式（7-52）的形式虽然没有什么变化，但其中的阻尼比却增加了一项，即

$$\frac{G_d(s)}{A_p}\sqrt{\frac{\beta_e m_t}{V_t}}=\frac{C_c}{A_p}\frac{\tau_c s}{1+\tau_c s}\sqrt{\frac{\beta_e m_t}{V_t}} \tag{7-54}$$

在稳态情况下，它趋于零，因此对稳态性能不会产生影响。在动态过程中，随着负载的变化而产生附加的阻尼作用，而且负载压力变化越大，其阻尼作用越大。在这种系统中，可以使 K_c+C_{tp} 尽量小，以便提高系统的静刚度。而系统的稳定性可由动压反馈来保证，这就可以同时满足静态特性和动态特性两方面的要求。

因此，在电液伺服与比例控制系统中，采用动压反馈校正可以在不降低系统静态速度刚度的前提下，提高液压阻尼比。将压力传感器的放大器换成微分放大器，就可以构成动压反馈，其框图如图 7-19 所示。

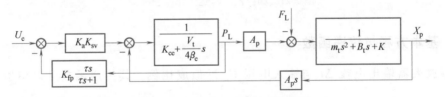

图 7-19　加入动压反馈的系统框图

采用压力负反馈校正和动压反馈校正均可提高系统的液压阻尼比，但需要注意在推导过程中，我们将伺服阀简化为比例环节，当系统固有频率随着校正不断提高，伺服阀不能简化为比例环节，从而导致前面推导失效。因此，当伺服阀频宽远大于液压固有频率时，压力或动压反馈有效；反之，无效。

7.3　电液速度伺服控制系统

在工程实际中，经常需要进行速度控制，如邮件自动分拣机的传送带以及机床进给装置的雷达回转台、六自由度转台等装备中的速度控制等。速度控制系统的控制对象是系统的输出速度。用电液伺服控制系统进行速度控制，就是把输出动作的速度变化经速度传感器反馈到输入端，构成一个闭环速度伺服控制回路。在电液位置伺服控制系统中也经常采用速度局

部反馈回路来提高系统的刚度和减小伺服阀等参数变化的影响，提高系统的精度。

7.3.1　系统组成及工作原理

　　雷达回转台电液伺服速度控制系统是采用伺服阀作为动力组件，控制液压马达的电液速度伺服控制系统，如图 7-20 所示，主要由电液伺服阀、液压马达、雷达回转台和功率放大器组成。雷达回转台工作时，雷达需要不停地旋转，并且能够在控制指令下快速、准确转动，以实现对空扫描和对目标的跟踪。

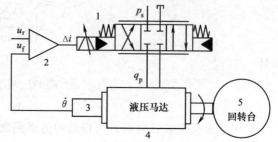

图 7-20　阀控液压马达电液速度伺服
控制系统工作原理框图
1—电液伺服阀　2—功率放大器　3—测速机
4—液压马达　5—雷达回转台

　　阀控液压马达系统主要由伺服放大器、电液伺服阀、液压马达和速度传感器组成。系统工作原理框图，如图 7-21 所示。输入信号 U_r 与反馈信号 U_f 相比较形成偏差信号 U_e，经伺服阀放大器转化成偏差电流 ΔI 使伺服阀阀芯产生开口，电液伺服阀输出流量 Q_p 控制液压马达转速 $\dot\theta$，速度传感器将液压马达转速信号变成电压信号反馈至输入端，形成闭环控制系统。

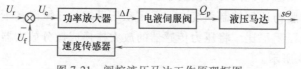

图 7-21　阀控液压马达工作原理框图

7.3.2　基本方程与传递函数

　　伺服放大器输出电流 ΔI 与输入电压 U_e 近似成比例，其传递函数可以用增益 K_a 表示，即

$$\frac{\Delta I}{U_e} = K_a \tag{7-55}$$

　　电液伺服阀的传递函数已在 7.2.2 小节式（7-5）进行说明，当电液伺服阀的频宽较高时，电液伺服阀传递函数为

$$K_{sv} G_{sv}(s) = \frac{Q_0}{\Delta I} = K_{sv} \tag{7-56}$$

　　阀控液压马达的动态方程已在第 3 章推导，直接给出液压马达轴的转角速度对电液伺服阀流量的传递函数为

$$\frac{s\Theta}{Q} = \frac{\dfrac{1}{D_m}}{\dfrac{s^2}{\omega_h^2} + \dfrac{2\zeta_h}{\omega_h}s + 1} \tag{7-57}$$

　　速度传感器的固有频率非常高，可以忽略其动态特性，将其视为比例环节，则速度传感

器的传递函数为

$$\frac{U_f}{s\Theta} = K_f \tag{7-58}$$

由式（7-55）~式（7-58）可以画出阀控液压马达系统框图，如图7-22所示。

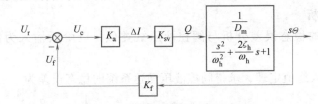

图 7-22　阀控液压马达系统框图

7.3.3　系统特性分析

阀控液压马达系统与阀控液压缸系统的特性分析类似，从稳定性、响应特性和稳态误差三部分展开说明。

1. 稳定性分析

由图7-22所示系统框图可写出系统开环传递函数为

$$G_H = \frac{K_v}{\dfrac{s^2}{\omega_h^2} + \dfrac{2\zeta_h}{\omega_h}s + 1} \tag{7-59}$$

式中　K_v——开环增益（也称为速度放大系数），$K_v = \dfrac{K_a K_{sv} K_f}{D_m}$。

由式（7-59）绘制系统开环伯德图，如图7-23所示。

由式（7-59）和图7-23可知，阀控液压马达系统为零型系统，开环幅频特性曲线以-40dB/dec穿越零分贝线，因此相位裕度很小，特别是在阻尼比 ζ_h 较小时更是如此。这个系统虽属稳定系统，但是是在简化的情况下得出的。如果在 ω_c 和 ω_h 之间有其他被忽略的环节，如伺服阀这类环节，这时穿越频率处的斜率将变为-60dB/dec 或 -80dB/dec，系统将不稳定。即使开环增益 $K_v = 1$，系统也不易稳定，因此，速度伺服控制系统必须加校正才能稳定工作。

2. 响应特性分析

阀控液压马达的响应特性分析与阀控液压缸类似，以指令输入的闭环频率响应特性为例展开说明。

由图7-22所示框图可求得系统的闭环传递函数为

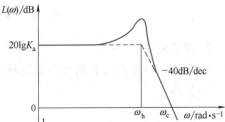

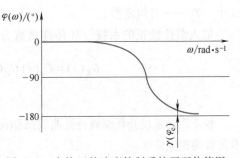

图 7-23　未校正的速度控制系统开环伯德图

$$\frac{s\Theta}{U_r} = \frac{K_a K_{sv}}{\left(\dfrac{s^2}{\omega_h^2} + \dfrac{2\zeta_h}{\omega_h}s + 1\right) D_m + K_f K_a K_{sv}} \tag{7-60}$$

根据式（7-60）绘制系统的闭环频率特性曲线，可得到与阀控液压缸相同的结论。

3. 稳态误差分析

阀控液压马达的稳态误差分析与阀控液压缸类似，以阶跃输入为例说明系统的稳态误差。

将阶跃输入代入终值定理，求得阀控液压马达系统的稳态误差为

$$e_r(\infty) = \lim_{s\to 0} s\phi_{er}(s) U_r = \lim_{s\to 0} s\,\frac{a}{s}\,\frac{1}{1+G_H(s)} = \frac{a}{K_v} \tag{7-61}$$

由式（7-61）可知，由于电液速度伺服控制系统为零型系统，阶跃输入的稳态误差存在且为常值，系统不能跟踪阶数高于阶跃输入的信号。

7.3.4 系统校正

以上讨论了电液速度伺服控制系统的特性，由于系统以-40dB/dec 穿越零分贝线，因此有时需要加入滞后校正环节，才能使系统稳定工作。下面对惯性校正、比例积分校正展开说明。

在图 7-22 所示系统中加入串联校正，得到加入校正的阀控液压马达系统框图，如图 7-24 所示。

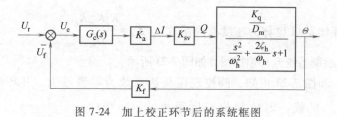

图 7-24　加上校正环节后的系统框图

1. 惯性校正

如果图 7-24 中的校正网络为惯性环节，其传递函数为

$$G_c(s) = \frac{1}{T_e s + 1} \tag{7-62}$$

式中　T_e——时间常数。

加入惯性校正的系统开环传递函数为

$$G_K(s) = G_c(s) G_H(s) = \frac{K_v}{\left(\dfrac{s^2}{\omega_h^2} + \dfrac{2\zeta_h}{\omega_h}s + 1\right)(T_e s + 1)} \tag{7-63}$$

校正后的系统开环幅频特性曲线图如图 7-25 所示。此时，穿越频率处的斜率为-20dB/dec，有足够的相位裕度。

由图 7-25 可知，系统的幅值裕度为

$$K_g = 0 - 20 \lg |G_K(s)||_{s=j\omega_h} = 20 \lg \frac{2\zeta_h \omega_h T_e}{K_v}$$

$$(7-64)$$

稳定条件为

$$\frac{K_v}{T_e} < 2\zeta_h \omega_h \qquad (7-65)$$

对于 T_e 取值范围的确定：当系统的液压固有频率和阻尼比一定时，首先根据稳态精度确定 K_v，然后根据稳定性条件确定 T_e。速度控制系统加入惯性环节后，其开环幅频特性曲线穿越频率比校正前的穿越频率低得多。因此，该方法是通过牺牲响应速度和精度来提高系统的稳定性的。

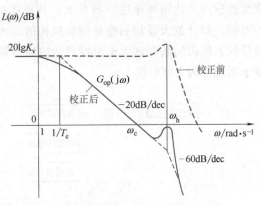

图 7-25 校正后的系统开环幅频特性曲线图

2. 比例积分校正

如果图 7-24 所示系统中的校正网络为比例积分环节，其传递函数为

$$G_c(s) = \frac{K_p}{s} \qquad (7-66)$$

式中 K_p——比例系数。

加入比例积分校正后的系统开环传递函数为

$$G_K(s) = G_c(s) G_H(s) = \frac{K_v K_p}{s\left(\dfrac{s^2}{\omega_h^2} + \dfrac{2\zeta_h}{\omega_h}s + 1\right)} \qquad (7-67)$$

根据幅值裕度可推出系统稳定条件，并可得出与伺服阀控液压缸相似的结果。

7.3.5 泵控液压马达速度伺服控制系统

泵控液压马达系统有开环控制系统和闭环控制系统两种。

1. 泵控开环速度控制系统

泵控液压马达开环速度控制系统是由变量泵和液压马达构成的，变量泵由位置回路控制，它由控制轴向柱塞泵斜盘倾角的电液伺服阀、液压缸、比例放大器、位置传感器组成，其框图如图 7-26 所示。这种控制方式通过改变变量泵的斜盘倾角来控制供给液压马达的流量，以此来调节液压马达的旋转速度。由于这种速度控制系统只有泵摆角位置系统的闭环，而没有马达旋转速度系统的闭环，因此称为开环速度控制系统。其缺点为受负载、温度等变化的影响，不能获得准确的速度控制。

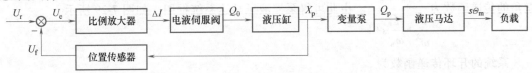

图 7-26 泵控液压马达开环速度控制系统框图

2. 带位置环的泵控闭环速度控制系统

在泵控开环速度控制系统的基础上加入速度传感器，将液压马达转速反馈到输入端，形

成泵控液压马达闭环速度控制系统,其框图如图7-27所示。速度反馈信号与速度指令信号的差值经积分放大器加到变量伺服机构的输入端,使泵的流量向减小速度误差的方向变化。变量伺服机构的频宽远大于泵控马达的固有频率,因此可视为比例环节,加入积分放大器使整个系统变为Ⅰ型系统。

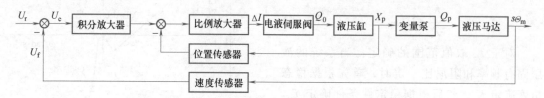

图7-27   带位置环的泵控液压马达闭环速度控制系统框图

3. 不带位置环的泵控闭环速度控制系统

如果将图7-27所示系统中的变量伺服机构的位置反馈部分去掉,并将积分放大器改为比例放大器,可以得到图7-28所示的泵控液压马达闭环速度控制系统。本节所研究的泵控马达恒速控制系统的控制流程如下:速度传感器测得液马达的实际转速,并将实际转速转换成电压信号;然后反馈到比较器中与液压马达期望转速所对应的电压值进行比较,得到比例放大器的输入信号;比例放大器将信号传输到阀控液压缸系统中,通过改变电液伺服阀阀芯的位移进而改变液压缸活塞的位移,活塞移动进而带动变量泵中的斜盘,使得斜盘摆角发生变化。斜盘摆角变化引起泵输出流量的变化,因此该泵为变量泵。然后变量泵流量使得马达的转速发生变化。

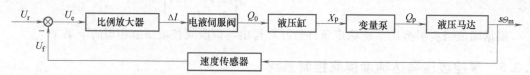

图7-28   不带位置环的泵控液压马达闭环速度控制系统框图

在图7-28所示的泵控马达闭环速度控制系统中,变量泵控液压马达这个环节的动态响应最低,比例放大器和伺服阀控缸这两个环节的谐振频率远远高于泵控液压马达环节。通常,决定一个系统动态响应快慢的是系统中响应最慢的模块,因此,比例放大器和阀控缸这两个环节的动态响应在整个系统中可以忽略。在建立系统的数学模型时,一般将电液伺服阀的传递函数简化为K_{sv},阀控缸的传递函数可以简化为K_q/A_ps,变量泵的斜盘摆角与液压缸活塞位移之间近似为比例关系,比例系数为K_φ。根据式(3-86),液压马达轴速度对变量泵摆角的传递函数为$\dfrac{K_{qp}/D_m}{\dfrac{s^2}{\omega_h^2}+\dfrac{2\zeta_h}{\omega_h}s+1}$。由此可得泵控液压马达系统框图,如图7-29所示。

系统的开环传递函数为

$$G_K = \frac{K_{vx}}{\left(\dfrac{s^2}{\omega_h^2}+\dfrac{2\zeta_h}{\omega_h}s+1\right)s} \tag{7-68}$$

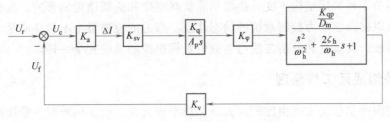

图 7-29 泵控液压马达系统框图

式中 K_{vx}——开环增益，$K_{vx} = \dfrac{K_a K_q K_{sv} K_\varphi}{A_p D_m}$。

又由 $K_{vx} = K_u K_v$，可得系统的闭环传递函数为

$$\frac{\Theta_m}{U_g} = \frac{K_u}{\dfrac{s^3}{\omega_h^2} + \dfrac{2\zeta}{\omega_h}s^2 + s + K_{xv}} \tag{7-69}$$

因为液压缸本身含有积分环节，所以放大器应采用比例放大器，系统仍是 I 型系统。由于积分环节是在伺服阀和变量泵斜盘力的后面，因此伺服阀零漂和斜盘力等引起的静态速度差仍然存在。变量泵开环控制，抗干扰能力差，易受零漂、摩擦等影响。

如上所述，速度控制可有多种方式，在小功率控制系统中，可采用阀控方式，对于大功率控制系统，通常采用泵控方式。

7.4 电液力伺服控制系统

以力为被控量的电液伺服控制系统称为电液力伺服控制系统。电液力伺服控制系统在工程中已得到广泛的应用，如材料试验机、疲劳试验机、轧机张力控制及飞机防滑制动装置等都采用电液力伺服控制系统。

7.4.1 电液力伺服控制系统简介

通常电液力伺服控制系统可分为被动式力控制系统和主动式力控制系统。

被动式力控制系统的特点为控制信号是负载运动量的函数，简称为加载系统。液压缸的运动速度、加速度和位移完全由驱动装置控制。在正常的状态下，液压缸的输出力的方向与活塞的运动方向相反，加载系统的输入信号完全由驱动装置的位移、速度、加速度通过电位计、力函数发生器给定，实现在驱动装置运动的情况下，加载系统模拟任意函数力或函数力矩，完成对驱动装置的加载。在科学技术研究中，液压加载系统已被广泛应用。例如，飞行器在空中飞行时，飞行器受到空气阻力、气流等的影响，为研究飞行器在空中所受力的情况，需要有飞行器舵机在地面的试验装置，这个地面试验装置就是一个典型的加载系统，通常称为负载模拟器，它是用加载系统模拟被加载系统的动力负载。

主动式力控制系统的特点为指令信号与负载运动量无关。在主动式力控制系统中，力的检测量中包括质量力时，简称为驱动力控制系统，当选用高频响应伺服阀时，其传递函数可

近似为比例环节，可采用结构不变补偿器消除负载刚度和负载质量的影响。在此基础上，加入校正装置可以提高驱动力控制系统的动态性能。当力的检测量中不包括质量力时，简称为负载力控制系统，其设计和分析方法与电液位置伺服控制系统完全一样。

7.4.2 系统组成及工作原理

电液力伺服控制系统主要由比较放大器、功率放大器、电液伺服阀，液压缸或液压马达及力传感器组成。电液力伺服控制系统工作原理如图 7-30 所示，其中液压缸的输出力 F_g 通过力传感器检测。

当力控制信号 U_r 与力传感器的反馈信号 U_f 不相等时，伺服放大器输出偏差电流 ΔI，控制电液伺服阀输出流量和压力，推动液压缸输出液压力 F_g，使液压力 F_g 趋近于力控制信号 U_r。

下面的讨论中，假定力传感器的刚度远大于负载刚度，可以忽略力传感器的变形，认为液压缸活塞的位移等于负载的位移。

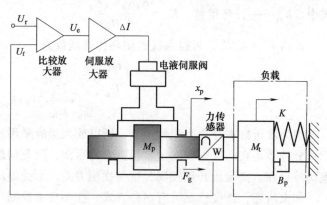

图 7-30　电液力伺服控制系统工作原理图

7.4.3 基本方程与传递函数

如图 7-30 所示，设 U_r 为比较放大器的力控制信号，U_f 为传感器的反馈信号，ΔI 为伺服放大器输给电液伺服阀的控制电流。比较放大器将力控制信号 U_r 和力传感器反馈信号 U_f 进行比较，得到偏差电压为

$$U_e = U_r - U_f \tag{7-70}$$

功率放大器将偏差电压 U_e 成比例地转化为电流信号以驱动伺服阀，比例增益为 K_a，即

$$\frac{\Delta I}{U_e} = K_a \tag{7-71}$$

式中　K_a——功率放大器的增益。

设力传感器检测的液压缸的输出力为 F_g，转换成电压信号 U_f，则力传感器的传递函数为

$$\frac{U_f}{F_g} = K_{fF} \tag{7-72}$$

式中　K_{fF}——力传感器系数。

设电液伺服阀的传递函数近似为

$$\frac{X_v}{\Delta I} = K_{sv} \tag{7-73}$$

式中　K_{sv}——电液伺服阀增益。

假定负载为质量、弹簧和阻尼，根据式（3-10）~式（3-12）则阀控液压缸的动态可用下面三个方程描述：

$$Q_L = K_q X_v - K_c P_L$$

$$Q_L = A_p s X_p + C_{tp} P_L + \frac{V_t}{4\beta_e} s P_L \tag{7-74}$$

$$F_g = A_p P_L = (m_t s^2 + B_p s + K) X_p$$

式中　m_t——负载质量；

B_p——负载阻尼系数；

K——负载弹簧刚度；

C_{tp}——液压缸总泄漏系数。

由式（7-74）可以得到阀芯位移 X_v 至液压缸输出力 F_g 的传递函数为

$$\frac{F_g}{X_v} = \frac{\dfrac{K_q}{A_p} K \left(\dfrac{m_t}{K} s^2 + \dfrac{B_p}{K} s + 1 \right)}{\dfrac{V_t m_t}{4\beta_e A_p^2} s^3 + \left(\dfrac{K_{ce} m_t}{A_p^2} + \dfrac{V_t B_p}{4\beta_e A_p^2} \right) s^2 + \left(1 + \dfrac{K_{ce} B_p}{A_p^2} + \dfrac{V_t K}{4\beta_e A_p^2} \right) s + \dfrac{K_{ce} K}{A_p^2}} \tag{7-75}$$

通常，负载的阻尼系数 B_p 很小，可以忽略不计，则式（7-75）可化简为

$$\frac{F_g}{X_v} = \frac{\dfrac{K_q}{K_{ce}} A_p \left(\dfrac{m_t}{K} s^2 + 1 \right)}{\dfrac{V_t m_t}{4\beta_e K_{ce} K} s^3 + \dfrac{m_t}{K} s^2 + \left(\dfrac{V_t}{4\beta_e K_{ce}} + \dfrac{A_p^2}{K_{ce} K} \right) s + 1} \tag{7-76}$$

如果再满足条件

$$\left[\frac{K_{ce} \sqrt{K m_t}}{A_p^2 (1 + K/K_h)} \right]^2 \ll 1$$

则式（7-76）可近似写成

$$\frac{F_g}{X_v} = \frac{\dfrac{K_q}{K_{ce}} A_p \left(\dfrac{s^2}{\omega_m^2} + 1 \right)}{\left(\dfrac{s}{\omega_r} + 1 \right) \left(\dfrac{s^2}{\omega_0^2} + \dfrac{2\zeta_0}{\omega_0} s + 1 \right)} \tag{7-77}$$

式中　$\dfrac{K_q}{K_{ce}}$——总压力增益；

ω_m——机械固有频率，$\omega_m = \sqrt{\dfrac{K}{m_t}}$；

ω_r——惯性环节转折频率，即液压弹簧与负载弹簧耦合的刚度阻尼系数之比，$\omega_r = \dfrac{K_{ce}}{A_p^2} \Big/ \left(\dfrac{1}{K_h} + \dfrac{1}{K} \right)$；

ω_0——综合固有频率，即液压弹簧与负载弹簧并联耦合的刚度与负载质量形成的固有频率，$\omega_0 = \omega_h \sqrt{1 + \dfrac{K}{K_h}} = \omega_m \sqrt{1 + \dfrac{K_h}{K}}$；

ζ_0——综合阻尼比,即液压与机械的综合阻尼比,$\zeta_0 = \dfrac{1}{2\omega_0 V_t \left[1 + (K/K_h)\right]} \dfrac{4\beta_e K_{ce}}{}$。

根据式(7-70)~式(7-74)可绘出电液力伺服控制系统在不考虑伺服阀动态、负载力、黏性负载的情况下的原系统框图,如图 7-31 所示。

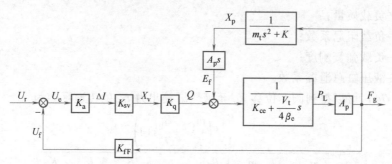

图 7-31 原电液力伺服控制系统框图

由式(7-77),图 7-31 所示框图可简化为图 7-32 所示框图。

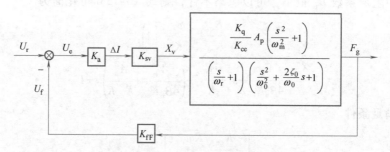

图 7-32 电液力伺服控制系统框图

由图 7-32 可写出电液力伺服控制系统开环传递函数为

$$G(s) = \frac{K_0\left(\dfrac{s^2}{\omega_m^2} + 1\right)}{\left(\dfrac{s}{\omega_r} + 1\right)\left(\dfrac{s^2}{\omega_0^2} + \dfrac{2\zeta_0}{\omega_0}s + 1\right)} \tag{7-78}$$

式中 K_0——开环增益,$K_0 = K_a K_{sv} K_{fF} A_p \dfrac{K_q}{K_{ce}}$。

由式(7-78)绘制电液力伺服控制系统开环幅频特性曲线图,如图 7-33 所示。

当 $K/K_h \ll 1$ 时,电液力伺服控制系统开环传递函数为

$$G(s) = \frac{K_0\left(\dfrac{s^2}{\omega_m^2} + 1\right)}{\left(\dfrac{s}{\omega_r} + 1\right)\left(\dfrac{s^2}{\omega_h^2} + \dfrac{2\zeta_h}{\omega_h}s + 1\right)} \tag{7-79}$$

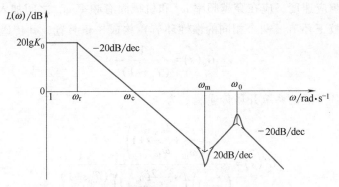

图 7-33　电液力伺服控制系统开环幅频特性曲线图

此时，$\omega_r \approx \dfrac{K_{ce}K}{A_p^2}$，$\omega_0 \approx \omega_h = \sqrt{\dfrac{K_h}{m_t}} \gg \omega_m = \sqrt{\dfrac{K}{m_t}}$。随着 K 降低，ω_r、ω_m、ω_0 都要降低，但 ω_r 和 ω_m 降低得更多，使 ω_m 和 ω_0 之间的距离增大，ω_0 处的谐振峰值抬高。

当 $K/K_h \gg 1$ 时，电液力伺服控制系统开环传递函数为

$$G(s) = \frac{K_0\left(\dfrac{s^2}{\omega_m^2}+1\right)}{\left(\dfrac{s}{\omega_r}+1\right)\left(\dfrac{s^2}{\omega_0^2}+\dfrac{2\zeta_0}{\omega_0}s+1\right)} \approx \frac{K_0}{\dfrac{s}{\omega_r}+1}$$

（7-80）

此时，$\omega_r = \dfrac{K_{ce}K_h}{A_p^2}$，$\omega_0 \approx \omega_m = \sqrt{\dfrac{K}{m_t}}$。二阶振荡环节与二阶微分环节近似抵消，系统动态特性主要由液体压缩形成的惯性环节所决定。

由式（7-80）绘制电液力伺服控制系统开环幅频特性曲线图，如图 7-34 所示。

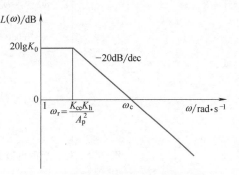

图 7-34　$K/K_h \gg 1$ 时电液力伺服控制系统开环幅频特性曲线图

7.4.4　系统特性分析

由图 7-33 和图 7-34 可知，对于电液力伺服控制系统，穿越频率处斜率为 -20dB/dec，为使系统稳定，必须保证 ω_0 或 ω_h 处的谐振峰值在零分贝线以下，并具有 $6 \sim 8\text{dB}$ 的幅值裕度。

由图 7-33 可知，对于 $K/K_h \ll 1$ 的情况，负载刚度 K 的变化对 ω_r、ω_0、ω_m 有很大影响。当 K 增大时，ω_r、ω_0、ω_m 随之增大，ω_h 不变，对系统稳定性和响应速度有利；当 K 减小时，则情况相反。当 K 小到一定程度，会出现 ω_0 处的谐振峰穿过零分贝线的情况，从而造成系统不稳定。对于 $K/K_h \gg 1$ 的情况，负载刚度 K 仅影响 ω_m。同理，当 K 小到一定程度时，系统出现不稳定。

7.4.5　系统校正

由上述分析可知，必须用最小负载刚度分析系统稳定性，为使系统能在最小刚度下既稳

定工作又不降低响应速度，应在穿越频率 ω_c 和机械固有频率 ω_m 之间加入适当的校正环节。这里加入双惯性校正环节（两个相同的惯性环节）构成校正装置，其传递函数为

$$G_c(s) = \frac{1}{(T_p s + 1)^2} \tag{7-81}$$

加入双惯性校正环节后的系统开环传递函数为

$$G'(s) = \frac{K_0 \left(\dfrac{s^2}{\omega_m^2} + \dfrac{2\zeta_m}{\omega_m} s + 1 \right)}{\left(\dfrac{s}{\omega_r} + 1 \right) \left(\dfrac{s^2}{\omega_r^2} + \dfrac{2\zeta_0}{\omega_0} s + 1 \right) (T_p s + 1)^2} \cdot \frac{1}{} \tag{7-82}$$

由式（7-82）绘制校正后的电液力伺服控制系统开环幅频特性曲线图，如图 7-35 所示。

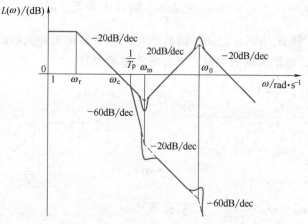

图 7-35　校正后的电液力伺服控制系统开环幅频特性曲线图

对于电液力伺服控制系统而言，穿越频率 ω_c 不但受负载刚度 K 限制，而且随 K 变化，因此采用一般的校正方法很难提高系统的响应速度。当电液伺服阀可以近似为比例环节时，可以通过设置补偿器 $G_b = A_p s / (K_q K_{sv})$，以消除负载刚度 K 和负载质量 m_t 的影响。这种校正法称为结构不变原理校正法。

加入结构不变原理校正后的系统框图如图 7-36 所示。

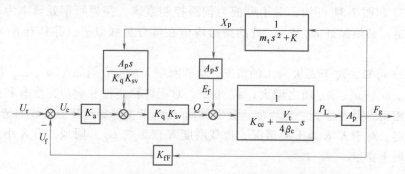

图 7-36　加入结构不变原理校正后电液力伺服控制系统框图

根据图 7-36 所示框图可得

$$E_f = \left(K_a U_e + \frac{A_p s}{K_q K_{sv}} X_p \right) K_q K_{sv} - A_p s X_p = K_a K_q K_{sv} U_e \tag{7-83}$$

为了便于分析，将图7-36所示框图进一步转化为单位反馈结构，如图7-37所示，其中

$$\omega_1 = \frac{4\beta_e K_{ce}}{V_t}。$$

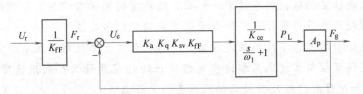

图7-37　加入结构不变原理校正后电液力伺服控制系统简化框图

根据图7-37可得其开环传递函数为

$$G(s) = \frac{K_a K_q K_{sv} K_{fF} \dfrac{A_p}{K_{ce}}}{1 + \dfrac{1}{\omega_1} s} \tag{7-84}$$

由式（7-84）画出加入结构不变原理校正后系统的开环伯德图，如图7-38所示。

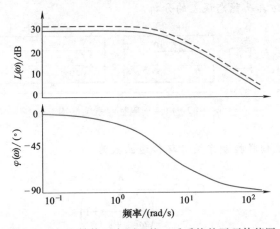

图7-38　加入结构不变原理校正后系统的开环伯德图

根据上述分析可知，只要电液伺服阀的频宽足够大，完全可以通过加大系统开环增益加大系统的穿越频率，以提高系统的快速性及其控制精度。

本章小结

本章系统化分析了三种不同的电液伺服控制系统，重点探讨了位置、速度和力伺服控制系统的特点及校正方法。首先介绍了不同控制系统的组成和工作原理，然后通过数学建模对不同系统进行了特性分析，最后得到了提高系统稳定性和精度的校正方法。学习本章后，应掌握电液伺服控制系统的特点及分析方法，并能选择合适的校正方法。

习题

7-1   一般液压位置伺服控制系统提高频宽的限制是什么？为什么？

7-2   电液伺服阀传递函数确定的依据是什么？可以将电液伺服阀传递函数近似为哪些环节？

7-3   液压位置控制系统位置误差包括哪几部分？主要由什么产生的？

7-4   在电液位置伺服控制系统中，影响系统精度的因素有哪些？如何计算稳态误差？

7-5   滞后校正的作用是什么？什么情况下采用它比较合适？

7-6   试简述滞后校正参数的确定方法。滞后校正装置参数对系统有哪些影响？

7-7   位置伺服控制系统采用加速度反馈校正的作用是什么？采用速度反馈校正的作用又是什么？加速度和速度反馈校正的限制条件是什么？

7-8   压力反馈校正和动压反馈校正的作用是什么？压力反馈校正和动压反馈校正的限制条件是什么？

7-9   位置伺服控制系统的闭环刚度经滞后校正后提高了还是降低了？经压力反馈校正后又如何？为什么？

7-10   试给出电液位置伺服控制系统的稳定条件，并试求当液压固有频率 $\omega_h = 305\mathrm{rad/s}$，液压阻尼比 $\zeta_h = 0.15$ 时系统处于临界稳定时的开环增益 K_v。

7-11   设有液压控制系统，其闭环框图如图7-39所示，试利用 Simulink 仿真平台，完成该系统的时域特性仿真及稳态误差的分析。

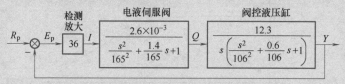

图 7-39   电液伺服控制系统框图

7-12   设电液位置伺服控制系统开环传递函数为

$$G_K(s) = \frac{K_v}{s\left(\dfrac{s^2}{\omega_h^2} + \dfrac{2\zeta_h}{\omega_h}s + 1\right)}$$

$K_v = 30$，$\omega_h = 250\mathrm{rad/s}$，$\zeta_h = 0.105$。试采用滞后校正，使系统满足开环增益 $K_v = 65$，幅值裕度 $K_g \geq 6\mathrm{dB}$，相位裕度 $\gamma \geq 60°$，穿越频率 $\omega_c \geq 20\mathrm{rad/s}$ 的性能指标要求。

7-13   设某电液位置伺服控制系统的开环传递函数为

$$G_K(s) = \frac{K_0 K_f}{s\left(\dfrac{s^2}{\omega_h^2} + \dfrac{2\zeta_h}{\omega_h}s + 1\right)} = \frac{40}{s\left(\dfrac{s^2}{190^2} + \dfrac{2 \times 0.1}{190}s + 1\right)}$$

设 $K_f = 100\mathrm{V/m}$。试采用加速度反馈校正，使系统的阻尼比达到0.5，并求出校正前后的单位阶跃响应特性曲线。

7-14　设某电液位置伺服控制系统，其开环传递函数为

$$G_K(s) = \frac{K_0 K_f K_l}{s\left(\dfrac{s^2}{\omega_h^2} + \dfrac{2\zeta_h}{\omega_h}s + 1\right)} = \frac{35}{s\left(\dfrac{s^2}{185^2} + \dfrac{2\times 0.05}{185}s + 1\right)}$$

$K_f = 2V/m$。$K_l = 4V/m$。试采用速度加速度负反馈校正，使系统的阻尼比 $\zeta_h' > 0.5$，求出反馈前后的单位阶跃响应曲线。

7-15　简述电液速度伺服控制系统的构成及其控制方式。它们之间有何区别？

7-16　若电液速度伺服控制系统中的执行元件采用液压缸，则会有什么问题？

7-17　电液速度伺服控制系统为什么需要加校正装置？

7-18　对电液速度伺服控制系统，在什么条件下采用泵控液压马达或阀控液压马达控制方式？

7-19　设单位反馈液压速度控制系统的开环传递函数为

$$G_K(s) = \frac{K_0}{\dfrac{s^2}{\omega_h^2} + \dfrac{2\zeta_h}{\omega_h}s + 1}$$

$\omega_h = 260rad/s$，$\zeta_h = 0.1$，$K_0 = 25$。所需的穿越频率 $\omega_c = 30rad/s$。试确定 RC 无源网络转折频率 ω_1，并求该速度控制系统的开环频率特性及阶跃响应曲线。

7-20　设单位反馈液压速度伺服控制系统的闭环传递函数为

$$G_B(s) = \frac{K_0\omega_h^2}{s^3 + 2\zeta_h\omega_h s^2 + \omega_h^2 s + K_0\omega_h^2}$$

$\omega_h = 196rad/s$，$\zeta_h = 0.1$，$K_0 = 18$。要求系统的穿越频率 $\omega_c = 325rad/s$，试确定有源网络积分放大器时间常数 T，并求该速度控制系统通过有源网络积分放大器校正后的开环频率特性及阶跃响应曲线。

7-21　设一个电液速度控制系统可用图 7-40 所示框图描述。试分析该系统的稳定性，并通过加入积分校正使系统的穿越频率 $\omega_c = 100rad/s$。

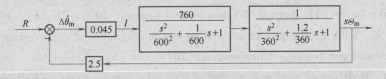

图 7-40　电液速度控制系统

7-22　通常可将力控制系统分为哪两种？它们有什么特点？

7-23　什么是负载力控制系统？什么是驱动力控制系统？它们之间有何区别？

7-24　设单位反馈力控制系统的开环传递函数为

$$G_{K}(s) = \frac{K_{v}\left(\dfrac{s^2}{\omega_m^2} + \dfrac{2\zeta_m}{\omega_m}s + 1\right)}{\left(\dfrac{s}{\omega_{sv}} + 1\right)\left(\dfrac{s}{\omega_r} + 1\right)\left(\dfrac{s^2}{\omega_0^2} + \dfrac{2\zeta_0}{\omega_0}s + 1\right)}$$

$K_v = 40$，$\omega_m = 95\text{rad/s}$，$\omega_0 = 375\text{rad/s}$，$\zeta_m = 0.1$，$\zeta_0 = 0.15$，$\omega_r = 2\text{rad/s}$，$\omega_{sv} = 500\text{rad/s}$。试通过 Simulink 仿真，分析该系统的频率特性及单位阶跃响应特性。

7-25 设一个驱动力控制系统可用图 7-41 所示框图描述。试根据结构不变原理消除液压缸位移对系统性能的影响。

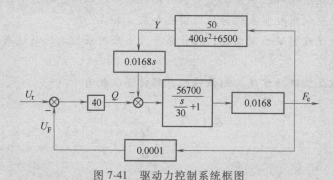

图 7-41 驱动力控制系统框图

拓展阅读

［1］ SY Q Y, PEI Z C, TANG Z Y. Nonlinear control of a hydraulic exoskeleton 1-DOF joint based on a hardware-in-the-loop simulation ［J］. Machines, 2022, 10（8）: 607-607.

［2］ LUO C, YAO J, GU J. Extended-state-observer-based output feedback adaptive control of hydraulic system with continuous friction compensation ［J］. Journal of the Franklin Institute, 2019, 356（15）: 8414-8437.

［3］ QIAN B, LI B, FAN Y, et al. Research on hydraulic servo control system for field test of ground motion parameters ［J］. IOP Conference Series: Earth and Environmental Science, 2019, 304（2）: 1-6.

［4］ HUANG J, XU Z, LI G, et al. An iterative learning control algorithm based on time varying pilot factor ［J］. Journal of Vibration and Control, 2019, 25（8）: 1484-1491.

［5］ ZHAO Z, WEN Z. Design and application of a mining-induced stress testing system ［J］. Geotechnical and Geological Engineering, 2018, 36（3）: 1587-1596.

［6］ YAO J. Model-based nonlinear control of hydraulic servo systems: Challenges, developments and perspectives ［J］. Frontiers of Mechanical Engineering, 2018, 13: 179-210.

［7］ XUAN J, WANG S, LIU H. Design and control of a hydraulic composite actuator for vibration simulation ［J］. Advances in Mechanical Engineering, 2018, 10（5）: 1-9.

［8］ FENG C J, KONG D X, ZHANG J, et al. Analysis of hydraulic press servo system based on robust controller ［J］. Applied Mechanics and Materials, 2014, 644: 421-428.

思政拓展：无人驾驶系统、外骨骼机器人、超级镜子发电站都涉及力、位置、速度等的反馈，是伺服控制技术在实际场景中的应用，扫描下方二维码观看相关视频了解相关技术和实现过程。

科普之窗
中国创造：
无人驾驶

科普之窗
中国创造：
外骨骼机器人

科普之窗
中国创造：超级
镜子发电站

第**8**章　电液伺服与比例控制系统的设计方法

知识导图

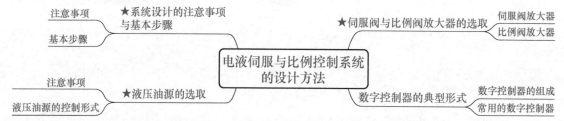

电液伺服与比例控制系统是液压系统与控制技术、电子技术融合而形成的系统，具备输出功重比大、响应快、控制精度高等优势，在机器人、航空航天、舰船、车辆、钢铁工业等领域得到了广泛应用。

HyQReal 是 IIT（意大利技术研究院）在 2019 年研制成功的最新一代液压四足机器人。它装备了四条液压驱动的机械腿，因为液压系统功率密度高的特点，可以使四足机器人拉动体积重量远远高于它的一架飞机。而 Boston Dynamics（波士顿动力公司）研制的电驱动四足机器人只能通过若干个机器人并用，才能拉动一辆载货汽车。以上对比说明，液压驱动相比电驱动有着不可忽视的优点。设计 HyQReal 机器人的电液伺服与比例控制系统需要融合各方面的知识。本章将重点探讨电液伺服与比例控制系统设计的注意事项与基本步骤，介绍电液伺服与比例控制系统的油源、伺服（比例）放大器和控制器的选取原则，给出电液伺服与比例控制系统的设计方法。

8.1　系统设计的注意事项与基本步骤

设计电液伺服与比例控制系统需要在设计传统液压传动系统的基础上，综合考虑控制的稳定性、快速性、准确性等多方面因素，不仅要注意液压传动系统设计的常见问题，还需根据负载特性、控制需求、经济成本和环境要求等给出液压系统与电控系统的设计方案，最终完成电液伺服与比例控制系统的设计。

8.1.1　注意事项

电液伺服与比例控制系统设计与液压传动系统设计的侧重点有所差异，这些差异主要体现在液压传动系统设计时仅需要关注动力组件的位移、输出力和速度大小及顺序动作等，而电液伺服与比例控制系统设计时还需要关注动力组件的位移、输出力和速度的稳快准。下面介绍在电液伺服与比例控制系统设计时应重点注意的几点特性。

1. 系统响应特性

好的响应特性是指系统输出信号在稳定状态下能够快速、准确地跟随输入信号。一种典型的电液伺服与比例控制系统主要由动力组件（执行元件与控制元件组成）、检测元件、放大器和控制器、油源、负载等部分组成，如图 8-1 所示，本系统中的动力组件为液压缸和控制阀，检测元件为位移传感器和力传感器。

电液伺服与比例控制系统响应快是其固有优点之一。在图 8-1 所示阀控缸位置伺服控制系统中，电信号由控制器发出，经放大器后用于控制阀的开口量，从而控制进入液压缸的流量，以控制液压缸活塞杆的运动速度，此速度的积分即为液压缸的位移。可见，电液伺服与比例控制系统由众多元器件共同构成，主要以液压油源作为动力源，为

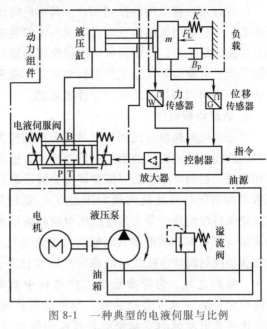

图 8-1　一种典型的电液伺服与比例控制系统组成原理

动力组件提供能量，以动力组件与控制器、放大器、传感器相配合对负载位置、力或速度等物理量进行控制。动力组件的滞后和负载自身组成的典型二阶质量-阻尼-弹簧振荡系统会使电液伺服与比例控制系统也存在滞后和振荡问题。

由于影响系统整体性能的固有频率、阻尼比等由系统中电液伺服阀、比例阀、液压缸等元件的特性共同决定，下面将逐条讨论系统中各主要元件的特性及选取原则。

2. 执行元件特性

与普通液压传动系统相比，电液伺服与比例控制系统的设计目标应更侧重于满足系统对于动态性能指标的要求。因此，在选取执行元件时，不仅需要保证执行元件满足系统的驱动力大小要求，而且应重点考虑执行元件的动态特性是否能够满足系统的动态性能指标。依据上述选取原则，电液伺服与比例控制系统的执行元件尺寸通常应大于普通液压传动系统的执行元件规格。执行元件与负载质量组成了二阶质量-弹簧-阻尼振荡系统，该系统的动态性能由液压固有频率和液压阻尼比共同表征。系统的液压固有频率大小取决于执行元件的尺寸规格、驱动的等效质量、工作介质的控制容积与体积弹性模量等；系统的液压阻尼比大小主要取决于系统内部的泄漏、摩擦等各类损失。通常希望执行元件具有足够大的液压固有频率和合适的液压阻尼比。

理想的执行元件还应具有零摩擦和无泄漏（含内泄漏和外泄漏）的特性。而实际系统中，零摩擦和无内泄漏均难以实现，摩擦的存在（特别是低速时执行元件的"黏-滑"摩擦）常会引起执行元件的爬行，内泄漏的存在则会导致伺服阀阀芯的不断移动及能量的浪费，摩擦和内泄漏还会导致系统产生位置误差，甚至引起极限环振荡（当控制参数达到一定值时，系统输出会出现周期性且振荡幅度不断增大的振荡现象）。为保证系统的性能，应

保证执行元件无外泄漏，且摩擦和内泄漏足够小。

3. 控制元件特性

伺服阀是一种常用的控制元件，其响应特性对电液伺服与比例控制系统整体性能有着重要影响。一个低响应的伺服阀会限制系统的响应性能，但可能作为一个新引入的阻尼环节而提升系统的稳定性；一个高响应的伺服阀会提升系统的响应性能，但更易受到信号波动及噪声的影响，可能会导致系统产生抖动甚至不稳定，并增加经济成本。因此，应选择响应特性合适的伺服阀以满足系统的响应性能要求。

4. 油源负载特性

常用的电液伺服与比例控制系统仍以阀控为主，一般选取恒压油源（简称恒压源）。恒压源的性能好坏主要以油源压力是否能一直稳定为恒值、油源流量是否能实时充足、油源功率和能耗是否能降至最低等综合评价。恒压源以供油压力和供油流量为两个主要设计参数，可依据控制阀特性曲线的最大压力点 p_s 选取供油压力，依据负载特性曲线的最大速度点所对应的流量 q_{Lm} 选取供油流量（可由泵和蓄能器共同输出供油流量）。负载特性曲线应被控制阀特性曲线和油源特性曲线包络，如图 8-2 所示。除此之外，为降低整个工作过程中油源的能耗，可选取定量泵（也可为变量泵）与蓄能器共同供油的方式，也可选取单纯的变量泵或变转速伺服电机供油的方式，但变量泵的压力和流量调节过程需要耗费一定时间，不利于油源压力的实时恒定。

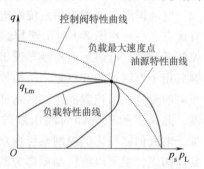

图 8-2　负载特性与油源特性曲线

5. 检测元件特性

电液伺服与比例控制系统常用的检测元件有位移传感器、力传感器和压力传感器等。理想的传感器应能测量无限小的物理量，而实际的传感器的分辨率受诸多因素的限制，会产生一定的测量误差。由于安装条件的限制或传感原理的制约，实际的传感器有可能存在测量滞后，从而影响电液伺服与比例控制系统的响应特性。因此，在选择传感器时，既要综合考虑量程、信号形式和安装空间等要求，又要合理选择分辨率及响应特性，以满足电液伺服与比例控制系统的性能要求。

6. 系统阻尼特性

通常，电液伺服与比例控制系统的阻尼比（仅为 0.1~0.3）很小，系统易产生振荡，在设计时需要尽量增加系统的阻尼，以提高系统的稳定性。增加系统阻尼的方法主要有被动阻尼法和主动阻尼法。

（1）被动阻尼法

被动阻尼法主要有增加负载摩擦和系统泄漏。增加负载摩擦会导致能量损耗及系统发热，摩擦力产生的非线性还会导致系统蠕动或极限环振荡，因此一般很少采用，图 8-3a 所示说明了摩擦力与运动速度的定性关系。图 8-3b 所示为利用旁路泄漏增加系统阻尼的方法示例，增加系统泄漏会有效增加系统的阻尼，但会降低系统效率、引起系统发热、影响系统稳态精度。

（2）主动阻尼法

以电液位置控制系统为例，引入压力反馈、动压反馈及加速度反馈，均会有效提高系统

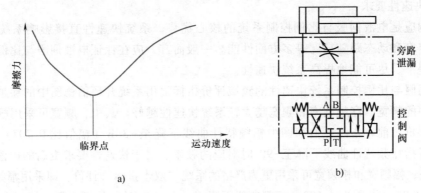

图 8-3　摩擦力变化与旁路泄漏被动阻尼法

a) 摩擦力与运动速度的定性关系　b) 利用旁路泄漏增加系统阻尼的方法

的阻尼。在控制回路中，主动引入压力、加速度等状态信号进行反馈，以改善系统控制性能的方法，称为主动阻尼法。

8.1.2 基本步骤

电液伺服与比例控制系统的设计步骤大致包括：明确设计要求、控制方案拟订、动力组件匹配、动态特性仿真、系统综合校正、液压油源选取六个步骤。在设计过程中，以上各步骤的顺序不是一成不变的，很可能是交叉和反复迭代的，直至获得满意的结果为止。

1. 明确设计要求

（1）被控量要求

电液伺服与比例控制系统的被控物理量主要有位置、速度和力（或压力）三种，在电液伺服与比例控制系统设计时，应明确被控物理量的类型。一般而言，被控物理量是单一且明确的，仅为位置、速度或力（或压力）的一种。也有少数电液伺服与比例控制系统，需要在设计时满足两种或两种以上被控物理量的控制要求，如位置和力切换控制。被控物理量不同，在选取电液伺服与比例控制系统的检测元件、控制元件和校正方法时也应有所区别。

（2）负载特性要求

负载特性包括负载的类型、大小和运动规律等，具体而言，需要考虑负载类型是否有质量（惯性负载）、弹簧（弹性负载）、阻尼（黏性负载）、摩擦及外界负载力干扰（如冲击载荷），负载力的大小、方向和变化规律是什么（恒值、恒速、等加速或阶梯状等），需要驱动负载实现怎样的运动（正弦、阶跃、斜坡等）。上述可用负载特性与负载轨迹概括，这两个概念在第 4 章 4.5 节中已详细介绍。

（3）稳定性要求

设计的电液伺服与比例控制系统应是稳定的，系统稳定性也是讨论系统快速性和准确性的前提。电液伺服与比例控制系统稳定性的频域评价指标常用系统开环伯德图中的幅值裕度和相位裕度。幅值裕度为系统开环伯德图中幅频特性曲线与横轴与相频特性曲线相位等于 $-180°$ 时频率所对应的幅值之差，一般应 $\geqslant 6\mathrm{dB}$；相位裕度为系统开环伯德图中幅值比等于 1（穿越横轴）时的相位与 $-180°$ 之差，一般应为 $30°\sim60°$。电液伺服与比例控制系统稳定性的时域评价指标常用系统在较小阶跃响应下的超调量表示，超调量越小，系统稳定性越好。

（4）快速性要求

快速响应是电液伺服与比例控制系统的核心优势，系统快速性直接影响系统的反应能力、运动速度和动态跟随精度等多方面性能。一般而言，应在保证电液伺服与比例控制系统稳定的前提下，尽可能地提高系统快速性。

电液伺服与比例控制系统快速性的频域评价指标常用系统开环伯德图中的穿越频率和闭环伯德图中的频宽，穿越频率和频宽越大，系统快速性越好。其中，频宽可采用幅频宽和相频宽共同评价，前者指闭环伯德图中幅频特性曲线下降至-3dB（幅值比0.707）时对应的频率，后者指相频特性曲线下降至-90°时对应的频率。对于快速性要求更高的电液伺服与比例控制系统，幅频宽和相频宽可采用更为严格的系统"双十指标"评价，即采用幅频差≤10%（幅值比≥0.9）、相频差≤10°（相频曲线下降至-10°）时对应的幅频宽和相频宽评价。

快速性的时域评价指标常用系统阶跃响应的上升时间、峰值时间和调整时间，以及正弦响应的滞后时间。这些时间参数越短，系统快速性越好。

（5）准确性要求

电液伺服与比例控制系统的准确性受元器件特性、负载特性等多种因素影响，例如，液压元件的死区、滞环、零漂、摩擦和间隙等因素都会导致系统产生稳态误差，负载特性作为系统传递函数框图中的外部干扰会导致系统产生负载稳态误差。电液伺服与比例控制系统的准确性可通过系统开环伯德图中的低频增益定性判断。一般而言，在I型系统中，低频增益越大，系统准确性越好，而其他系统则需要根据误差公式计算。

准确性的时域评价指标常用系统阶跃响应的稳态误差，以及正弦响应的跟随误差。这些误差越小，系统准确性越好。

（6）其他限制要求

其他限制要求包括电液伺服与比例控制系统工作过程中的环境温度、环境湿度、外界冲击和振动等外界因素，也包括电液伺服与比例控制系统的体积、重量、噪声、可靠性、寿命、能量利用率、成本等限制条件，有时也需要在系统的设计中考虑。

2. 控制方案拟订

（1）采用闭环控制还是开环控制

电液伺服与比例控制系统可采用闭环控制或开环控制。闭环控制具有较强的抗干扰能力，对系统参数的变化不太敏感，控制精度高，但控制相对复杂，需要考虑系统稳定性，成本较高，适用于对系统控制性能要求较高的场合。开环控制相对简单，不存在系统稳定性问题，成本较低，但不具备抗干扰能力，控制精度和响应速度取决于系统各环节或元器件的性能，适用于对系统控制性能要求较低的场合。

一般而言，电液伺服与比例控制系统均采用闭环控制，电液比例控制系统可采用闭环控制或开环控制。

（2）采用节流控制还是容积控制

电液伺服与比例控制系统可分为节流控制和容积控制。节流控制一般为阀控系统，采用伺服阀或比例阀作为核心控制元件，控制精度高，响应速度快，但效率低，一般不超过30%，发热量大。容积控制一般为泵控系统，采用伺服电机（或变频电机）调节转速，或者采用电液比例变量泵调节排量，也可两者共同调节，以实现容积控制，效率高，一般可超过 70%，但控制精度偏低，响应速度偏慢。相同系统性能要求下相比于阀控系统，大部分泵控系统重量较大，成本较高。随着近些年液压技术的发展，EHA（电静液执行器）作为一种新型泵控系统，除具有一般泵控系统的优点外，还具有集成度高、体积小的优点，被广泛应用在航空工业中。

一般而言，电液伺服与比例控制系统还是更追求高功重比和高响应能力，因此，节流控制仍为最常用的控制方式。容积控制仅在追求高效率和低能耗，且对控制性能要求不太高时，才被选取。

（3）采用伺服控制还是比例控制

电液伺服与比例控制系统分为电液伺服控制系统和电液比例控制系统，需要依据系统控制性能要求和成本等因素，有针对性地选取控制方案。电液伺服控制系统一般选用电液伺服阀作为控制元件，电液伺服阀的频宽可达 100～200Hz，其功率级阀芯可等效为无死区的零遮盖四边滑阀，反应灵敏，但对油源的清洁度要求较高，成本也较高，适用于对系统控制性能要求较高的场合。电液比例控制系统一般选用电液比例阀作为控制元件，电液比例阀的频宽可达 50Hz 以上，其功率级阀芯一般为负遮盖四边滑阀，中位死区为 10%～20%，其对油源的清洁度要求较低，成本也较低，适用于对系统控制性能要求较低的场合。

3. 动力组件匹配

（1）工作压力选取

液压动力组件包括液压执行元件与液压控制元件，在进行液压动力组件参数计算前，应先确定系统的工作压力，即油源的供油压力。

高压化是电液伺服与比例控制系统的发展方向，选取较高的工作压力，可以减小动力组件、油源和连接管道的体积和重量，提升元件和系统的功率密度和功重比，使电液伺服与比例控制系统更加小型化和轻量化。但过高的工作压力会导致电液伺服与比例控制系统成本升高、泄漏加重、寿命降低、噪声加剧等，且液压泵、电液伺服阀、液压缸等液压元件均标记有最高工作压力的限制。

一般而言，中小型工业设备的电液伺服与比例控制系统工作压力可在 7～21MPa 内选取，连轧机组等大型工业设备的电液伺服与比例控制系统工作压力可达 21MPa 及以上。军用设备的电液伺服与比例控制系统工作压力一般不超过 21MPa（考虑电液伺服阀的额定工作压力一般为 21MPa），有特殊要求的军用设备的电液伺服与比例控制系统工作压力可取 28MPa 或 35MPa，甚至更高。

（2）动力组件计算

动力组件的计算包括执行元件（以液压缸为例）的有效面积、控制元件的额定流量或空载流量（以伺服阀为例）的计算，这在电液伺服与比例控制系统设计中尤为重要。执行元件的有效面积和控制元件的空载流量直接决定着系统的装机功率、效率、动静态性能、成本和重量等。液压动力组件的计算方法主要有负载匹配图解、工程近似计算、固有频率计算三种。例如，若执行元件为液压缸，计算液压马达参数时，只需要将相应公式中的力、位移、面积和质量转换为力矩、转角、排量和转动惯量。

1）负载匹配图解。以某电液伺服控制系统负载特性为例，绘制负载轨迹（为便于理解，仅讨论第一象限），如图 8-4a 所示。使动力组件的输出特性曲线完全包围负载轨迹，同时使输出特性曲线与负载轨迹之间的区域尽量小，就可认为动力组件与负载相匹配。如果动力组件的输出特性曲线不但包围负载轨迹，而且动力组件的最大功率点与负载的最大功率点相重合，就认为动力组件与负载是最佳匹配。

按照上述原则，假如不同动力组件参数的三条输出特性曲线如图 8-4b 所示，它们均包围了负载轨迹，因此均可拖动负载。其中，曲线 1 的最大输出功率点与负载轨迹的最大功率点相重合，输出功率得到了充分利用，满足最佳匹配的条件；曲线 2 相对于曲线 1 具有较大的力和较小的速度，表明曲线 2 对应的液压缸活塞面积较大，阀相对较小，动力组件的速度刚度更大，抗负载干扰能力更强，但增大了执行元件的体积和重量；曲线 3 相对于曲线 1 具有较小的力和较大的速度，表明曲线 3 对应的液压缸活塞面积较小，阀相对较大，动力组件的速度刚度变小，抗负载干扰能力变差，但可以在一定程度上减小执行元件的体积和重量。

在无特殊要求的情况下，图 8-4b 所示输出特性曲线 1 为动力组件最为合适的输出特性曲线。在进行动力组件参数计算时，找出负载轨迹的最大功率点对应的驱动力 F_{L}^{*}，则执行元件的有效面积为

$$A_{\mathrm{p}} = \frac{3F_{\mathrm{L}}^{*}}{2p_{\mathrm{s}}} \tag{8-1}$$

找出负载轨迹的最大功率点对应的速度 v_{L}^{*}，则伺服阀在供油压力 p_{s} 下的最大空载流量为

$$q_{0\mathrm{m}} = \sqrt{3}\,A_{\mathrm{p}}v_{\mathrm{L}}^{*} \tag{8-2}$$

负载轨迹可采用系统动态特性仿真方法，从仿真中取出系统运动过程中负载力的实时曲线和负载速度的实时曲线，以负载力为横轴、负载速度为纵轴，绘制负载功率实时曲线，可得到最大负载功率点及对应的驱动力和速度。

采用此方法确定执行元件参数和电液伺服阀空载流量，则所构成的系统效率较高，因此这种方法适用于较大功率的电液伺服与比例控制系统，也适用于对装机功率和系统效率要求苛刻的电液伺服与比例控制系统。

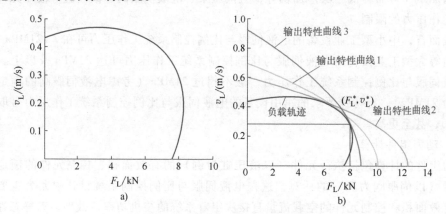

图 8-4　第一象限负载轨迹与负载匹配

a）第一象限负载轨迹图　b）负载匹配曲线

2）工程近似计算。考虑到负载轨迹与动力组件的输出特性曲线绘制困难，特别是负载轨迹大多为不规则曲线，又包含四象限特性，难以精确绘制。因此，工程上也可用近似的方法进行动力组件的计算，下面介绍两种近似计算方法。

第一种近似计算方法认为惯性负载、黏性负载、弹性负载、摩擦力和外负载力等各类负

载同时存在，且均取最大值，对上述负载求和，得到最大负载力 F_{Lmax}。将供油压力 p_s 分解为 2/3 和 1/3 两部分，认为 p_s 的 2/3 作用于执行元件以产生驱动负载的力，p_s 的 1/3 用于提供伺服阀阀口压降以产生驱动负载的流量，则执行元件的有效面积可用 $A_p = 3F_{Lmax}/(2p_s)$ 计算得出。此种计算方法偏保守，计算出的活塞面积也偏大。

第二种近似计算方法认为最大负载力 F_{Lmax} 与最大负载速度 v_{Lmax} 同时存在，此时，由于只有 p_s 的 1/3 用于提供伺服阀的压降，因此，根据阀口流量方程，伺服阀在供油压力 p_s 下的空载流量可用 $q_{0m} = \sqrt{3} A_p v_{Lmax}$ 计算得出。一般而言，最大负载力 F_{Lmax} 与最大负载速度 v_{Lmax} 不会同时存在，负载最大功率点也不一定是最大负载力和最大负载速度点，将大于 $p_s/3$ 的压力用于提供伺服阀的压降，伺服阀在供油压力 p_s 下真实需要的空载流量 q_{0m} 将小于 $\sqrt{3} A_p v_{Lmax}$。因此，此种计算方法同样偏保守，计算出的伺服阀空载流量也偏大。

3）固有频率计算。仅当负载力很小且有很高频响要求时，可按液压固有频率来确定执行元件的有效面积。液压缸活塞面积为

$$A_p = \sqrt{\frac{V_t m_t}{4\beta_e}} \omega_h \qquad (8\text{-}3)$$

液压固有频率可按照系统所要求的频宽的 5~10 倍来确定。按液压固有频率确定的执行元件有效面积偏大，体积偏大，系统功率储备也较大。

（3）控制元件选取

根据按上述方法计算得出的伺服阀空载流量，在伺服阀样本中选取标准合适的伺服阀产品。应注意的是，由负载匹配图解和工程近似计算方法得到的伺服阀空载流量，对应的压降为供油压力 p_s，伺服阀样本中标记的最大空载流量对应的压降一般也为 p_s，但需要保证样本中的伺服阀具有 15% 左右的流量余量，对于快速性要求较高的系统可取到 30%。

除流量规格外，在选择伺服阀时还应考虑以下因素。

1）伺服阀最大压力-流量曲线包围所有负载工况点。

2）对于电液位置控制系统和电液速度控制系统，伺服阀的流量增益线性度要好、压力灵敏度应较大（对于电液力控制系统，伺服阀的压力灵敏度较小为好）。

3）伺服阀的泄漏、分辨率、温漂和零漂应尽量小。

4）伺服阀频宽满足系统要求（频宽过小会限制系统响应特性，频宽过大会减弱系统的抗高频干扰能力），应高出液压固有频率 3~5 倍为好。

5）优先选取抗污染能力更强、可靠性更好、价格更低廉的伺服阀，并考虑是否加颤振信号以克服伺服阀的死区非线性等。

（4）其他元件选取

根据系统的驱动负载要求，综合考虑量程、信号形式、安装空间、响应特性及分辨率等要求，选取与执行元件匹配的检测元件，包括位移传感器、力传感器、压力传感器和转速编码器等。

根据系统的控制要求，选取与控制元件匹配的伺服或比例放大器，选取与电液伺服与比例控制系统匹配的控制器，选取方法详见 8.3 和 8.4 节。

4. 动态特性仿真

计算机技术的突飞猛进和科学技术的飞速发展，加速了电液伺服与比例控制系统动态特

性仿真技术的工程应用，利用计算机实现电液伺服与比例控制系统的动态特性仿真，具有缩短系统设计周期、灵活调整系统参数、节约系统设计成本、提升系统设计可行性等诸多优势。电液伺服与比例控制系统的动态特性仿真主要分为以下几个步骤。

（1）数学模型建立

根据电液伺服与比例控制系统的原理和组成，建立控制阀口的流量方程、液压缸流量连续性方程、液压缸和负载的力平衡方程等基本数学方程，必要时还需要建立表征伺服阀特性、比例阀特性、伺服电机特性、液压泵变量机构特性等的数学方程，一般将传感器、放大器的动态特性忽略并等效为比例环节。综合上述方程与环节，推导系统传递函数，绘制系统的框图。

（2）仿真模型建立

根据系统框图，在常用的电液伺服与比例控制系统动态仿真软件中，建立系统动态特性的仿真模型，并在仿真模型中设置电液伺服与比例控制系统设计时确定的真实结构参数和工作参数。

（3）开环增益确定

根据系统动态特性的仿真模型，由计算机自动绘制电液伺服与比例控制系统的开环伯德图，利用幅值裕度和相位裕度两个开环稳定性评价指标，确定系统的开环增益。

（4）闭环频域分析

从系统的闭环伯德图中提取系统的谐振峰值（表征稳定性）、幅频宽和相频宽（表征快速性）、低频幅值比（表征准确性）等参数，检验是否满足设计要求。

（5）闭环时域分析

输入正弦、阶跃和斜坡等时域的典型信号，由计算机自动绘制电液伺服与比例控制系统输出曲线，观察系统的稳定过程、响应情况和误差情况，验证系统时域的稳定性、快速性和准确性要求。如果系统工况及外负载变化非常明确，可以输入系统的期望曲线，并将外负载变化曲线作为干扰加入系统，由计算机自动绘制电液伺服与比例控制系统输出曲线，观察系统在更贴近真实情况下的稳定性、快速性和准确性，验证是否满足设计要求。

5. 系统综合校正

在进行电液伺服与比例控制系统动态特性仿真后，若系统性能满足设计要求，且无须进一步提升系统性能，可以不进行综合校正。若系统性能不满足设计要求，则需要对系统进行综合校正。

电液伺服与比例控制系统优先选用超前、滞后、超前-滞后等串联校正方法中的一种。若性能仍无法达到系统设计要求，对于电液位置控制系统，可再引入速度反馈、加速度反馈、压力反馈或动压反馈等反馈校正中的一种或两种。若此电液位置控制系统为随动系统，还可引入速度顺馈、加速度顺馈等顺馈校正方法，以提升动态跟随精度，负载力前馈校正可在一定程度上补偿负载力变化对位置控制性能的影响。对于电液速度控制系统，加入比例积分串联校正（或惯性环节串联校正）和加速度反馈校正，以改善系统的稳定性。对于电液力控制系统，可采用双惯性环节串联校正与基于结构不变原理的位置前馈校正相配合，以提升力控制性能。

校正方法的选取实例详见第 9 章。

6. 液压油源选取

液压油源的选取详见 8.2 节。

8.2 液压油源的选取

液压油源是电液伺服与比例控制系统的重要组成部分，如图 8-5 所示，由液压泵、电机、蓄能器、过滤器、加热器、冷却器、油箱、液压油、压力控制元件（如溢流阀）等组成。它能够有效地为系统执行元件供给所需的流量和压力，并能够对液压系统的压力、油温、污染度等进行有效的检测。

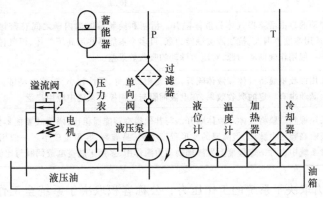

图 8-5 典型液压油源组成部分

8.2.1 注意事项

1. 液压泵的选取

系统的工作压力和输出流量是液压泵选取的两个重要指标。液压泵的额定工作压力应大于或等于满足负载所需流量条件下的伺服阀压降与最大负载压力之和，输出流量应大于负载在全工作周期内所需的平均流量（无蓄能器作为辅助动力源时，输出流量应大于负载在全工作周期内所需的最大流量）。

液压泵的压力波动应在可接受的范围内，较大的压力波动将作为系统干扰，直接影响电液伺服与比例控制系统的前向通道增益、负载流量及伺服阀或比例阀系数，进而影响系统稳定性、准确性和响应的快速性性能。

液压泵按结构型式主要分为齿轮泵、叶片泵和柱塞泵三种。如上所述，电液伺服与比例控制系统通常要求较高的工作压力和转速、较小的压力波动，此外还需有多种功能的变量形式，因此以柱塞泵最为常用，配合溢流阀进行压力调节、蓄能器用作辅助动力和吸收压力脉动。

2. 电机的选取

工程上，电液伺服与比例控制系统常用的电机为成本较低的三相异步交流电机。电机额定转速通常选取 1500r/min（4 级）和 1000r/min（6 级），电机额定功率和额定转矩依据液压泵的输出功率、额定工作压力和排量选取。

随着近年来高速液压泵的发展，加之系统节能的需求，成本较高的高速伺服电机（转速一般 3000r/min 以上，甚至超过 10000r/min）逐渐具备优势。通过高速伺服电机与高速液压泵的连接，大幅度减小了电机泵的体积和重量，可实现较高精度的转速和转矩控制，常用于容积控制系统及有节能需求的节流控制系统。

3. 蓄能器的选取

在电液伺服与比例控制系统中，蓄能器主要有储存液压能源、吸收压力脉动、平衡系统压力并在需要时提供应急动力等作用，常用的蓄能器为充气式蓄能器，具体分为活塞式、皮囊式和隔膜式三种。表 8-1 列举了常用的充气式蓄能器的类型及特点。

表 8-1　常用的充气式蓄能器的类型及特点

类型	特点
活塞式蓄能器	浮动的自由活塞将气体和液体隔开。活塞和筒状蓄能器内壁之间有密封结构。结构简单，强度高，适用温度范围大，抗油液腐蚀能力强，可多个蓄能器共用高压气体，但气体易渗入液体，反应不灵敏。一般用作辅助动力源，对压力脉动的吸收效果差
皮囊式蓄能器	采用橡胶皮囊将气体和液体隔开。皮囊密封性好，惯性较小，反应较灵敏。可用作辅助动力源，对压力脉动也有一定的吸收效果，在电液伺服与比例控制系统中应用广泛
隔膜式蓄能器	采用橡胶隔膜将气体和液体隔开。与其他类型蓄能器相比，隔膜式蓄能器惯性更小，反应更灵敏，易吸收高频压力脉动，但隔膜的变形程度受限，易破裂，容积也较小。一般用于吸收压力脉动，在小流量系统中也可一定程度上发挥辅助动力源作用，多用于航空电液伺服与比例控制系统

蓄能器工作压力取决于系统的工作压力，公称容积取决于系统全工作周期的流量需求。用作辅助动力源时，应能补充系统最大瞬时流量与液压泵输出流量的差值；用于吸收压力脉动时，应能承受系统压力波动波峰和波谷引起的流量变化；用于应急动力源时，应能提供各个执行元件均动作一次的油液量之和。

4. 过滤器的选取

油液的清洁度是电液伺服与比例控制系统可靠工作的重要保证。据统计，电液伺服与比例控制系统大多数的故障是油液污染造成的。当颗粒的尺寸小于液压元件内运动副的间隙时，颗粒更易进入运动副并产生严重的磨损甚至卡滞、卡死的现象。因此，根据运动副间隙的不同，普通电液伺服与比例控制系统的油液清洁度应达到或高于 NAS 1638—2011（美国国家航空航天标准《液压系统中使用零件的清洁度要求》）规定的 7~8 级（过滤精度为 5~10μm），精密电液伺服与比例控制系统的油液清洁度应达到 NAS 5~6 级（过滤精度为 1~3μm）。根据油液清洁度要求，选择相应过滤精度的过滤器。

为保证油液流过过滤器时的压差足够小，过滤器的通流能力一般选取系统流量的 2.5 倍以上。过滤器根据安装位置不同，分为吸油过滤器、压油过滤器、回油过滤器和旁路过滤器。一般而言，电液伺服与比例控制系统中的控制阀更为精密，对油液的污染也更为敏感，因此，安装于伺服阀或比例阀前的压油过滤器较为常用。

5. 热交换器的选取

油液温度过高会降低液压元件的工作寿命、缩短油液的使用寿命、加速密封材料变质，油液温度过低会降低油液的流动性。油液温度的变化还直接影响着油液的黏度、伺服阀或比例阀的零位漂移及液压系统的泄漏特性等，从而使系统的控制性能变差。因此，理想的油液温度应能够稳定在较小的范围内，一般电液伺服与比例控制系统油液温度应控制在 35~55℃。

控制油液温度的热交换器包括加热器和冷却器。由于电液伺服与比例控制系统的效率很低，最常用的阀控系统效率一般均在 30% 以下，大部分能量通过系统的节流损失转化为热量，这部分热量能够起到一定的油液加热作用，因此，一般仅在严寒的使用场合中才会选用加热器。

冷却器用于限制油液温度的提升，相比于加热器，是更为常用的热交换器，主要分为风冷却器、水冷却器和油冷机。其中，风冷却器主要用于冷却小型小功率设备的电液伺服与比例控制系统；水冷却器一般需要配备水塔，用于冷却大型生产线设备的电液伺服与比例控制系统；油冷机组采用制冷系统原理，为相对独立的冷却系统，还可集成旁路过滤功能，成本较高，可用于中型设备的电液伺服与比例控制系统。冷却器的冷却功率应大于电液伺服与比例控制系统工作时的发热量和散热量之差，也可按电液伺服控制系统油源功率的 20%~40% 估算。

6. 液压油的选取

选择合适的液压油是保障电液伺服与比例控制系统具备优良工作性能的基础。选取液压油时应综合考虑工作场合、环境温度、黏度、冷凝点和可压缩特性等。

液压油的种类是一个重要的选取指标。一般民用设备的电液伺服与比例控制系统通常选用抗磨液压油（HM），低温运行设备或部分军用设备的电液伺服与比例控制系统选用低温抗磨液压油（HV）、航空红油（MIL-H-5606 10# 和 15#），民航客机的电液伺服与比例控制系统选用不易燃的航空蓝油（MIL-H-7644）。表 8-2 列举了几种常用液压油及其特点。

液压油的黏度是另一个重要的选取指标。黏度过大会导致传动损失增大，黏度过小会导致液压元件泄漏增大，故需要根据电液伺服与比例控制系统的工作压力和泄漏要求选取合适的黏度等级。在工程中，液压油黏度牌号通常指液压油在 40℃ 时的黏度中心值，分为 10、15、22、32、46、68、100、150 八个黏度等级。常用的液压油黏度一般选取 N32 或 N46（N32 表示 40℃ 时的平均运动黏度是 $32mm^2/s$）。

表 8-2　电液伺服与比例控制系统常用液压油及其特点

名称	组成	特点
HM （抗磨液压油）	HL 油（轻型抗磨液压油）增加添加剂改善其抗磨性	具有良好的抗磨性、润滑性、防锈性及抗氧化安定性。适用于各种民用设备的电液伺服与比例控制系统。适用环境温度为 -10~40℃
HV （低温抗磨液压油）	HM 油增加添加剂改善其黏温性	适用于环境温度变化较大和工作条件恶劣（如野外工程和远洋船舶等）的电液伺服与比例控制系统
MIL-H-5606 10# （航空红油）	石油基液压油	具有良好的黏温性能、低温性能和抗氧化安定性，但黏度较小
MIL-H-5606 15# （航空红油）	航空 10# 增加添加剂改善其清洁度	拥有良好的低温性能和较好的高温性能，油品较稳定且纯净度更好
MIL-H-7644 （航空蓝油）	磷酸酯液压油	不易燃，低温性能与高温性能都较好，但毒性强且具腐蚀性

8.2.2　液压油源的控制形式

按照控制方式的不同，液压油源可分为定量泵-蓄能器-溢流阀的恒压源、恒压变量泵-蓄能器-安全阀的恒压源、伺服电机定量泵-蓄能器-安全阀的恒压源、恒功率变量泵-安全阀的恒功率源、负载敏感油源、独立流量控制油源等多种控制形式。本小节主要介绍阀控电液伺服与比例控制系统常用的三种恒压源及其控制形式。

1. 定量泵-蓄能器-溢流阀的恒压源

系统的压力由溢流阀进行调节并保持恒定。当系统压力高于溢流阀的设定压力时，多余的流量通过溢流阀溢流回油箱，保证系统的压力恒定，但能量损失严重，发热量大。

一般而言，电液伺服与比例控制系统所需的峰值流量持续时间均较短，因此在液压泵出口安装一个蓄能器，贮存足够的油液以满足短时峰值流量的要求。蓄能器的引入可减小液压泵的规格，从而减小装机功率，在一定程度上降低系统的能量损失和温升。

工程上也可将溢流阀替换为电磁溢流阀，如图8-6所示。当系统压力达到某一高值时，电磁溢流阀使液压泵卸荷，系统压力由蓄能器保持；当系统压力降到某一低值时，电磁溢流阀使液压泵处于加载状态，液压泵又向系统供油，同时向蓄能器供油。采用电磁溢流阀，油源能量损失更小，效率更高，但由于压差的存在，系统压力会在一定范围内波动，不利于系统压力实时保持恒定。

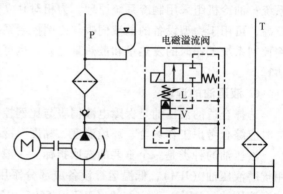

图 8-6　定量泵-蓄能器-溢流阀的恒压源

2. 恒压变量泵-蓄能器-安全阀的恒压源

系统的压力由恒压变量泵进行调节。恒压变量泵的变量机构是一种典型的机液控制系统，如图8-7所示。当系统压力高于恒压变量泵的设定压力时，压力调节阀切换到左位，系统压力作用到斜盘上调节液压缸的右腔，推动液压缸向左运动，恒压变量泵斜盘倾角变小，排量减小，系统的压力也随之降低至设定值，使泵的输出流量与系统的需求流量匹配；反之亦然。

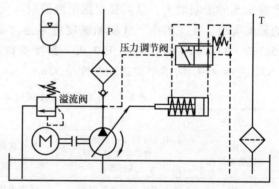

图 8-7　恒压变量泵-蓄能器-安全阀的恒压源

溢流阀此时仅起到安全阀的作用，其设定压力一般略高于恒压变量泵的设定压力（高约1MPa）。蓄能器的引入不仅可以补偿系统的峰值流量，减小液压泵的规格，从而减小装机功率，而且可以弥补由于恒压变量泵变量机构惯性大而产生的变量滞后时间（约300ms），从而保证执行机构的恒压源供给。

此恒压源是电液伺服与比例控制系统广泛采用的油源系统，系统组成较简单且效率高、功耗小，适用于高压大流量系统，但当系统需要的流量很小时，恒压变量泵仍在高压下运转，运转产生的热量不能被油液带走，有损于泵的使用寿命。

3. 伺服电机定量泵-蓄能器-安全阀的恒压源

将图8-7所示系统中的异步交流电机-恒压变量泵替换为伺服电机-定量泵，液压油液即成为伺服电机定量泵-蓄能器-安全阀的恒压源，如图 8-8 所示。通过伺服电机的转矩控制（也可采用转速控制），实现定量泵出口压力的恒定，使泵的输出流量与系统的需求流量匹配，溢流阀和蓄能器的作用与在恒压变量泵-蓄能器-安全阀的恒压源中的作用相同。

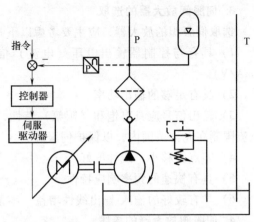

图 8-8　伺服电机定量泵-蓄能器-安全阀的恒压源

将高速伺服电机与高速液压泵相连接可以减小体积和重量，便于有限空间内的集成与安装，在小型移动装备中具有优势；但需要引入闭环控制方法，控制相对复杂，高速伺服电机和高速液压泵的成本均较高。

8.3　伺服阀与比例阀放大器的选取

放大器是一种可将输入信号的电压、电流或功率放大的电子装置，由晶体管、电源变压器和其他电器元件组成。放大器在液压系统中的功能主要是用于驱动液压控制元件（主要指伺服阀和比例阀）的电气执行部件（力矩马达、力马达、比例电磁铁等），按照所驱动的液压控制元件类型的区别，主要分为伺服阀放大器和比例阀放大器两种，前者用于驱动电液伺服阀的力矩马达或力马达，后者用于驱动电液比例阀的比例电磁铁。本节主要对这两种放大器进行介绍。

8.3.1　伺服阀放大器

1. 伺服阀放大器的作用

伺服阀放大器有开环放大器和闭环放大器两种。开环放大器主要用于对 ±10V 的输入电压信号或 4~20mA 的输入电流信号进行放大，使其转化为能够驱动伺服阀力矩马达（或力马达）线圈的控制电流信号（一般为 ±10mA、±40mA、±70mA 等），同时起到调整零偏和限幅保护等作用。闭环放大器不仅具备开环放大器的功能，还具备对控制元件或执行元件的位移或转角进行检测和简单控制等功能。

2. 伺服阀放大器的组成

伺服阀放大器主要由输入电路、颤振电路、调节电路和功率放大电路等组成。输入电路一般可选用差分输入电路，包含指令输入信号和反馈输入信号两种输入信号，回路输出电压与两种输入信号的偏差电压成正比，电阻值的大小可用于调节回路增益。调节电路用于对输入信号进行进一步处理，包括比例调节电路、积分调节电路和微分调节电路，以获得更好的输出信号品质。颤振电路用于在控制信号上叠加颤振信号，可消除伺服阀死区，提高伺服阀的灵敏度。为满足伺服阀的控制需求，颤振信号的幅值和频率一般均可调。三角波颤振信号发生器即为一种典型的颤振信号发生器。功率放大电路主要用于功率放大，一般采用较为成熟且结构简单的模拟式功率放大电路，这种电路具有较大的输出阻抗，输出接近于恒流源，即电流负反馈的输出电流基本不受负载电阻变化的影响。

3. 伺服阀放大器的选取

选取伺服阀的放大器，应主要考虑以下几个方面。

1）具有与控制器输出电压（电流）信号、伺服阀驱动电流信号相匹配的放大系数（mA/V）。

2）具有足够的输出功率。

3）输出信号应具有饱和（限幅）特性，当出现大偏差信号时，将输出给伺服阀的驱动电流限制在允许范围内，以保护伺服阀。

4）零点漂移小，线性度好。

5）具有快速的频率响应特性。

6）具有较好的输入-输出线性增益，零偏和增益调节方便，线路可靠。

4. 伺服阀放大器的接线

伺服阀开环放大器与闭环放大器的接线有所区别。下面将分别以国内某公司的伺服阀开环放大器和国外某公司的伺服阀闭环放大器为例，介绍接线方法。

图 8-9 所示为一种典型的一拖三伺服阀开环放大器接线说明图，前端主要与控制器相连接，后端与伺服阀相连接。J1 部分为输入端，J2 部分为输出端。具体接口定义见表 8-3。

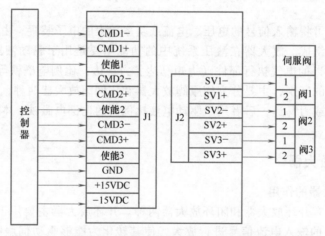

图 8-9　国内某公司一拖三伺服阀开环放大器接线说明图

表 8-3　伺服阀开环放大器接口定义

	标号	定义	说明		标号	定义	说明
	1	CMD1−	控制信号 1 负向输入端		1	SV1−	阀控电流 1 负向输出端
	2	CMD1+	控制信号 1 正向输入端		2	SV1+	阀控电流 1 正向输出端
	3	使能 1	控制电流信号 1 的通断		3	SV2−	阀控电流 2 负向输出端
	4	CMD2−	控制信号 2 负向输入端		4	SV2+	阀控电流 2 正向输出端
	5	CMD2+	控制信号 2 正向输入端		5	SV3−	阀控电流 3 负向输出端
J1	6	使能 2	控制电流信号 2 的通断	J2	6	SV3+	阀控电流 3 正向输出端
	7	CMD3−	控制信号 3 负向输入端				
	8	CMD3+	控制信号 3 正向输入端				
	9	使能 3	控制电流信号 3 的通断				
	10	GND	信号地				
	11	+15VDC	直流电源+15V 接线端				
	12	−15VDC	直流电源-15V 接线端				

图 8-10 所示为一种典型的伺服阀闭环放大器电路图。与开环放大器相比，内部设有反馈电路，形成闭环控制。主要端口为输入端、输出端和电源端口，其他端口为辅助端口。具体接口定义见表 8-4。

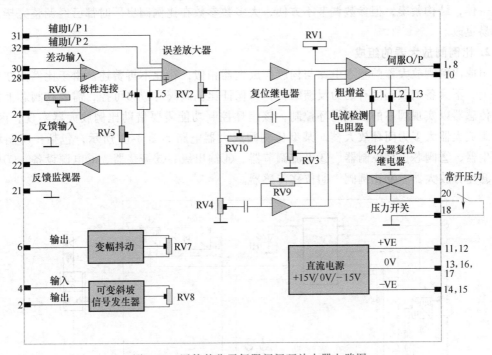

图 8-10　国外某公司伺服阀闭环放大器电路图

表 8-4　伺服阀闭环放大器接口定义

定义	说明	定义	说明
1,8	伺服阀正向输出端	2	可变斜坡信号发生器输出端
10	伺服阀负向输出端	4	可变斜坡信号发生器输入端
18	压力开关参考地	6	变幅抖动输出端
20	压力开关正向	21	反馈监视器参考地
11,12	直流电源+15V接线端	22	反馈监视器输出端
13,16,17	直流电源接参考地	24	反馈正向输入端
14,15	直流电源−15V接线端	26	反馈输入参考地
28	控制信号正向输入端	31	辅助 I/P 1 输入端
30	控制信号负向输入端	32	辅助 I/P 2 输入端

8.3.2　比例阀放大器

1. 比例阀放大器的作用

不同厂家和型号的电液比例阀，驱动其比例电磁铁线圈的电流需求一般为 600~3000mA 不等。比例电磁铁线圈通电，从而产生比例电磁铁磁力，用于克服比例阀阀芯运动过程中受到的弹簧力、液动力、摩擦力及惯性力等，而工业控制器的输出控制信号一般为 0~5V、0~10V、−5~5V、−10~10V 的电压信号或−10~10mA、4~20mA 的电流信号，带载能力弱，不足以驱动比例电磁铁线圈。因此，需要比例放大器提供足够的驱动电流，通过接收控制器的微弱控制信号，输出与比例阀相匹配的电流信号。同时，比例阀放大器还具有死区调整、增益调整、斜坡调整和颤振调节等附加作用。

　　根据安装形式来分，比例放大器有板式和集成式两种，板式比例放大器控制性能好、参数调节方便，但外形尺寸较大，一般需要集中安装于电控柜中。集成式比例放大器与比例阀集成一体，结构紧凑，但参数调节不方便，大多数参数在比例阀出厂时都已经调整完毕，用户不易更改。

2. 比例阀放大器的组成

　　组成比例阀放大器的基本电路与伺服阀放大器相似，在此不再赘述。由于比例阀在结构原理上，不具备伺服阀固有的力反馈结构，为保证比例阀阀芯位移可控，需要在阀芯上加装位移传感器以实现阀芯的位置闭环控制，该闭环控制功能需要借助比例放大器实现，因此，比例阀放大器大多为闭环放大器。某型比例阀放大器电路如图 8-11 所示，包括：①斜坡函数发生器、②阀芯位移控制器、③电流调节器、④输出级、⑤振荡器、⑥电源设备、⑦检测器、⑧差分放大器、⑨比例阀、⑩位移传感器。

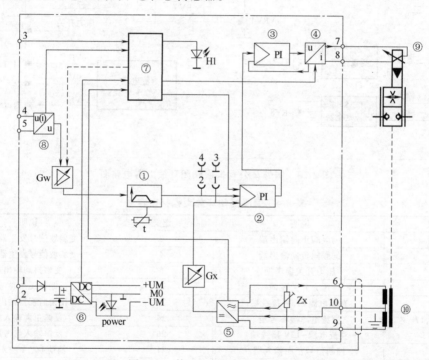

图 8-11　某型比例阀放大器的电路

3. 比例阀放大器的接线

　　图 8-11 所示比例阀放大器接线方法的具体接口定义见表 8-5。

表 8-5　比例阀放大器前面板接口定义

标号	说明	标号	说明
1	电源电压接口	6	位移传感器负极
2	电源电压参考地	7	比例阀输出正极
3	启动电压信号	8	比例阀输出负极
4	差动输入参考电位	9	位移传感器参考地
5	差动输入控制电位	10	位移传感器正极

8.4 数字控制器的典型形式

电液伺服与比例控制系统的闭环控制一般均需借助专用的控制器完成。常用的控制器有模拟控制器和数字控制器两种。模拟控制器采集电液伺服与比例控制系统传感器的检测模拟信号，与给定模拟信号进行比较，得到的偏差信号按一定的控制规律进行运算，这种控制规律常采用 P、PI、PD、PID 调节电路以及对应的调节功能选择电路单元实现，运算结果以统一的模拟信号输出，实现对电液伺服与比例控制系统的控制。但随着数字计算机技术的飞速发展，数字控制器因其信号传送保真度好、抗干扰能力强等优势，已逐渐替代模拟控制器，成为电液伺服与比例控制系统的主流控制器。因此，本节主要介绍数字控制器的组成及本书编者团队多年来在电液伺服控制系统中曾使用的几种数字控制器。

8.4.1 数字控制器的组成

典型的数字控制器由中央处理器、程序存储器、用户存储器、输入输出组件、编程界面、外部设备、电源等组成。

1. 中央处理器

中央处理器（CPU）是控制器的核心组成部分，用于从存储器中逐条读取用户程序，经过命令解释后按指令规定的任务产生相应的信号，分时分渠道地去执行数据的存取、传送、组合、比较和变换等操作，完成用户程序中规定的逻辑式算术运算等任务，根据运算结果，实现输出控制。

2. 程序存储器

程序存储器用于存放系统工作程序、模块化应用功能子程序、命令解释功能子程序等的调用管理程序，以及定义与这些调用管理程序相关的 I/O、内部继电器、计时器、计数器、移位寄存器等内部存储系统的参数等。

3. 用户存储器

用户存储器用于存放用户程序，即存放通过编程界面输入的用户程序。

4. 输入输出组件

输入输出组件（I/O 模块）是 CPU 与现场 I/O 装置或其他外部设备之间的连接部件，可执行输入/输出电平转换、电气隔离、串/并行数据转换、误码校验、A/D 或 D/A 转换等功能。I/O 模块可将外界输入信号变成 CPU 能接收的信号，也可将 CPU 的输出信号变成需要的控制信号（包括开关量和模拟量）去驱动控制对象。

5. 编程界面

编程界面用于用户程序的编制、编辑、调试检查和监视等，一般借助上位计算机并安装特定的软件进行显示和操作，通信端口与控制器的 CPU 联系，完成人机交互，也可借助特定的编程器进行编程。

6. 外部设备

外部设备包括打印机、显示器、监控系统、键盘和鼠标等。

7. 电源

根据数字控制器的特点，配套相应电源，一般为 220V 交流电源。

8.4.2　常用的数字控制器

1. DSP 芯片控制器

以 DSP 为核心控制芯片的数字控制器，可采用 MATLAB 的 TLC 语言创建控制器的底层驱动模块，实现 MATLAB/Simulink 控制代码的自动生成，其优点是价格低廉、软硬件连接方便、可浮点运算、扩展性强。一种典型 DSP 芯片控制器的核心元器件见表 8-6。

表 8-6　一种典型 DSP 芯片控制器的核心元器件

序号	元器件	类别
1	TMS320F28335	DSP 核心运算芯片
2	ADC7656	A/D 转换芯片
3	DAC7724	D/A 转换芯片
4	W5500	以太网通信芯片

该控制器的连接框图和控制器实物图片分别如图 8-12 和图 8-13 所示。

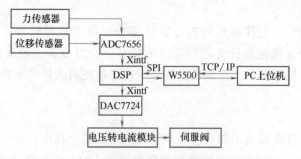

图 8-12　控制器主要器件连接框图

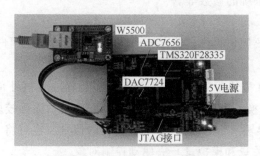

图 8-13　DSP 控制器实物图片

2. dSPACE 控制器

dSPACE 控制器是一套基于 MATLAB/Simulink 的实时仿真系统，其编程界面为 ControlDesk，如图 8-14 所示，可实现与 MATLAB/Simulink 连接，常用于电液伺服与比例控制系统的开发及测试。

MicroAutoBoxII 是 dSPACE 控制器的一种常用型号，其硬件架构由可编程 FPGA 基板

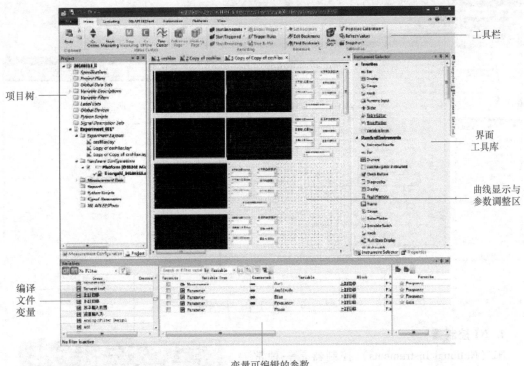

项目树

工具栏

界面
工具库

曲线显示与
参数调整区

编译
文件
变量

变量可编辑的参数

图 8-14　ControlDesk 界面

DS1512、处理器板卡 DS1401 以及 I/O 板卡 DS1513 组成，如图 8-15 所示。处理器采用了
IBM 的 PowerPC750，主频为 900MHz，其 I/O 板卡包括几乎所有类型的通用外设接口，包括
位通道、PWM 接口、增量式编码器接口、中断接口、A/D 通道、D/A 通道等。

图 8-15　dSPACE 控制器（MicroAutoBoxII）

3. DELTA 控制器

DELTA 控制器可用于实现电液伺服与比例控制系统的闭环运动控制，其上位机采用
RMCTools 软件，并集成了 PID 控制参数的自动寻优功能，如图 8-16 所示。

RMC-150（图 8-17）是 DELTA 控制器的一种常用型号，可用于控制系统的位置、速度、
加速度、力、压力和转矩等，拥有多回路控制功能，可实现位置-速度控制至压力-力控制的
切换，也可实现点至点运动、正余弦往复运动、曲线运动等运动控制功能。

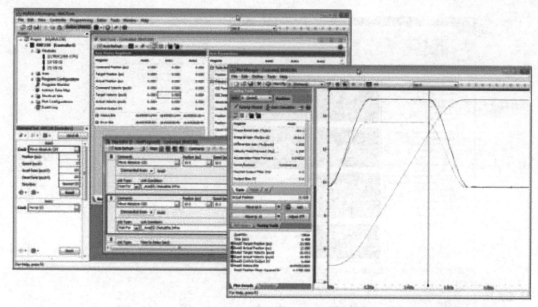

图 8-16   RMCTools 调试软件

4. NI 控制器

NI（National Instruments）控制器是一种常用的测试和控制设备。CompactRIO 系统由控制器和机箱组成，如图 8-18 所示，控制器上有一个运行 Linux Real-Time OS 的处理器，机箱上有可编程 FPGA。CompactRIO 支持 NI 和第三方的工业 I/O 模块，可以使用 NI Linux Real-Time，LabVIEW FPGA 模块和 NI-DAQmx 驱动程序进行编程，如图 8-19 所示。

5. 工控机

工控机具有数据采集、分析、存储、监控、

图 8-17   DELTA 控制器（RMC-150）

信号处理和闭环控制等功能，具有工作可靠、可实时监控、扩展性强的特点。工控机可采用 Python 编写的控制程序，Python 具备标准库和第三方库，能够与当今热点的人工智能和大数据结合，Python 控制软件如图 8-20 所示。在电液伺服与比例控制系统中，可以采用研华工控机（图 8-21）进行压力、位置、力检测与闭环控制。

图 8-18   NI 控制器（CompactRIO）

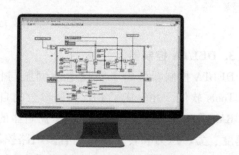

图 8-19   上位编程软件界面

图 8-20　Python 控制软件

图 8-21　研华工控机（EPC-P3066）

　　工控机也可运行 xPC Target 平台，该目标平台是 MathWorks 公司提供和发行的一个基于 RTW 体系框架的附加产品，可将 PC 或 PC 兼容机转换成实时系统，支持许多类型的 I/O 设备板卡。xPC Target 平台需要主机和目标机两台 PC，主机运行 MATLAB/Simulink，目标机运行 xPC 实时操作内核，两台 PC 可通过以太网连接或串口线实现通信。xPC Target 模块是 MATLAB/Simulink/RTW 所支持的目标环境之一，如图 8-22 所示，目标机使用独立提供的 xPC Target Embedded Option，可在独立目标机上开发实时

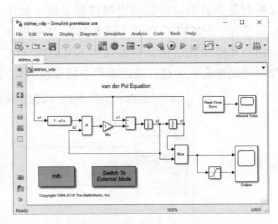

图 8-22　xPC Target 界面

嵌入式系统。xPC Target 平台主要应用于电液伺服与比例控制系统实时仿真、系统闭环控制、信号处理、数据获取、标定和测试等场合。

6. PLC

　　可编程控制器（PLC）是专为工业环境而设计的一种数字运算操作电子系统，其编程语言多采用继电器控制梯形图及命令语句，如图 8-23 所示。KOYO、西门子、三菱和欧姆龙均

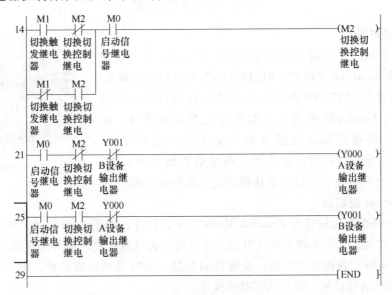

图 8-23　梯形图编程方式

有相应的 PLC 产品，如图 8-24 所示。PLC 具备开环控制、模拟量闭环控制、数字量控制、数据采集监控等功能。

7. TDC

SIMATIC TDC 具备算术运算、系统监视、通信、开环及闭环控制等功能，其编程语言主要为 STEP/CFC 组态语言，可通过增加功能包来控制复杂的电液伺服与比例控制系统，如图 8-25 所示。SIMATIC TDC（图 8-26）可采用自由组态和模块化结构，若将几个 SIMATIC TDC

图 8-24　模块化 PLC（KOYO H2-16TR）

控制单元组合在一起，通过通信连接交换数据的方式，可形成更高级的控制系统。

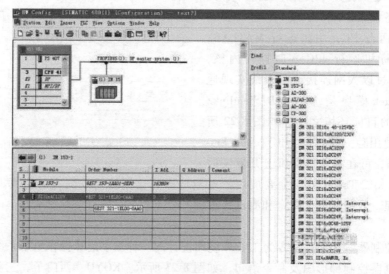

图 8-25　STEP7 用户界面

8. 倍福控制器

倍福 PC 和嵌入式控制器主要应用在工业领域，其工业自动化控制软件 TwinCAT 支持 IEC 61131-3 的五种编程语言和 C/C++，也可以使用 MATLAB 模型库和调试工具来创建控制模型，然后导入 TwinCAT3 中进行控制算法的开发和优化，如图 8-27 所示。倍福控制器（图 8-28）集 PLC、运动控制、HMI、数据库、通信、在线诊断监控、高级语言编程于一体，支持独立于硬件的开发，可以完成从设计到仿真的全过程。

图 8-26　SIMATIC TDC

9. Speedgoat 控制器

Speedgoat 高性能目标机为 Simulink Real-Time 而设计，如图 8-29 所示，可实现与 MathWorks 的紧密连接，支持多种 I/O 接口和工业协议，也可通过使用额外的扩展单元安装多个 I/O 模块，支持硬件在线仿真系统、快速控制原型、实时音频采集处理、视觉采集与控制、振动和应变的测试与控制、嵌入式实时系统等。

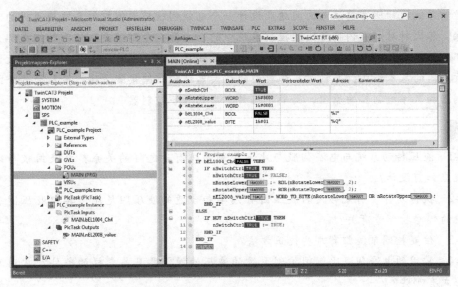

图 8-27　TwinCAT3

图 8-28　倍福控制器（cx9020）

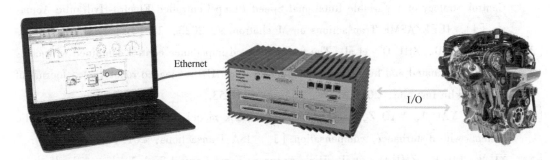

图 8-29　Speedgoat 控制器（P3）与 Simulink Real-Time

本章小结

　　本章阐述了电液伺服与比例控制系统的设计思路和步骤、电液伺服与比例控制系统液压油源的选取、伺服放大器和比例放大器的选取和控制器的选取。首先介绍了电液伺服与比例控制系统设计所需要注意的问题及设计一个电液伺服与比例控制系统应遵循的六个基本步骤，其次针对电液伺服与比例控制系统中的动力源，介绍了液压油源的组成部分、各组成部分的基本作用及选取思路、几种典型液压油源原理，接着介绍了伺服阀放大器和比例阀放大器的基本组成，并针对几种典型的放大器结构介绍接线方法，最后简要介绍了模拟控制器和数字控制器的原理，列举了几种常用的数字控制器。

习题

8-1　液压传动系统与电液伺服与比例控制系统有着怎样的关系？电液伺服与比例控制系统应如何设计？

8-2　执行元件要有足够大的液压固有频率和合适的液压阻尼比，其中液压固有频率和系统的哪些物理量有关？

8-3　位置控制系统都有哪些校正方法？

8-4　常用的电液伺服比例阀控制系统的液压油源需要具备怎样的条件？常用的液压油源形式有哪些？

8-5　蓄能器在液压系统中的作用是什么？

8-6　伺服阀放大器的选取需要考虑哪几个方面？

8-7　伺服阀放大器和比例阀放大器分别驱动什么元件？

8-8　在本章介绍的控制器中，哪种可以实现与 MATLAB/Simulink 的联合仿真？

8-9　动力组件常用的计算方法有哪些？负载匹配的原则是什么？

拓展阅读

[1]　HELIAN B，CHEN Z，YAO B. Precision Motion Control of a Servomotor-Pump Direct-Drive Electrohydraulic System With a Nonlinear Pump Flow Mapping [J]．IEEE Transactions on Industrial Electronics，2020，67（10）：8638-8648.

[2]　CHEN Z，HELIAN B，ZHOU Y，et al. An Integrated Trajectory Planning and Motion Control Strategy of a Variable Rotational Speed Pump-Controlled Electro-Hydraulic Actuator [J]．IEEE/ASME Transactions on Mechatronics，2023，28（1）：588-597.

[3]　BA K，YU B，ZHU Q，et al. The position-based impedance control combined with compliance-eliminated and feedforward compensation for HDU of legged robot [J]．Journal of the Franklin Institute，2019，356（16）：9232-9253.

[4]　GU W，YAO J，YAO Z，et al. Output feedback model predictive control of hydraulic systems with disturbances compensation [J]．ISA Transactions，2019，88：216-224.

[5]　YU B，LIU R，ZHU Q，et al. High-Accuracy Force Control With Nonlinear Feedforward Compensation for a Hydraulic Drive Unit [J]．IEEE Access，2019，7：101063-101072.

[6]　李雨亭，张燕燕，韩俊伟，等. 超大流量蓄能器组优化设计及其压力控制方法 [J]．液压与气动，2018（07）：29-34.

[7]　俞滨，李化顺，巴凯先，等. 足式机器人轻量化液压油源匹配设计方法研究 [J]．机械工程学报，2021，57（24）：58-65.

[8]　彭敬辉，张亚运，徐阳，等. 基于遗传算法的小型化液压油源用错列翅片式换热器优化研究 [J]. 机械工程学报，2021，57（24）：49-57.

[9]　纵怀志，张军辉，张堃，等. 液压四足机器人元件与液压系统研究现状与发展趋势 [J]. 液压与气动，2021，45（08）.

[10]　方李舟，张军辉，纵怀志，等. 基于增材制造旋转直驱伺服阀的肢腿运动单元位置控制研究 [J]. 液压与气动，2023，47（10）：143-150.

[11]　孔祥东，朱琦歆，姚静，等. "液压元件与系统轻量化设计制造新方法" 基础理论与关键技术 [J]. 机械工程学报，2021，57（24）：4-12.

[12]　刘华，汪成文，郭新平，等. 电液负载敏感位置伺服系统自抗扰控制方法 [J]. 北京航空航天大学学报，2020，46（11）：2131-2139.

[13]　王相兵，童水光，葛俊旭，等. 挖掘机电液流量匹配控制系统动态性能研究 [J]. 中国机械工程，2014，25（15）：2030-2037.

[14]　杨华勇，刘伟，徐兵，等. 挖掘机电液流量匹配控制系统特性分析 [J]. 机械工程学报，2012，48（14）：156-163.

[15]　林添良，刘强. 液压混合动力挖掘机动力系统的参数匹配方法 [J]. 上海交通大学学报，2013，47（05）：728-733.

[16]　DENG W, YAO J. Asymptotic Tracking Control of Mechanical Servosystems With Mismatched Uncertainties [J]. IEEE/ASME Transactions on Mechatronics, 2021, 26 (4): 2204-2214.

[17]　XU Z, DENG W, SHEN H, et al. Extended-State-Observer-Based Adaptive Prescribed Performance Control for Hydraulic Systems With Full-State Constraints [J]. IEEE/ASME Transactions on Mechatronics, 2022, 27 (6): 5615-5625.

[18]　FENG H, QIAO W, YIN C, et al. Identification and compensation of non-linear friction for a electro-hydraulic system [J]. Mechanism and Machine Theory, 2019, 141: 1-13.

✎ 思政拓展：2020 年 12 月 17 日，"嫦娥五号" 作为探月三期主任务，成功将 1731 克月球样品带回地球。探测器对月壤的钻探采集作业是通过远程控制机械臂和电动机来完成的，扫描下方二维码观看相关视频，了解中国航天人如何凭借自主创新，铸就 "中国探月精神"、实现探月工程中一系列重大科技突破成就的故事。

我们的征途
中国探月工程（1）　　我们的征途
中国探月工程（2）　　我们的征途
中国探月工程（3）

第**9**章 电液伺服与比例控制系统设计实例

知识导图

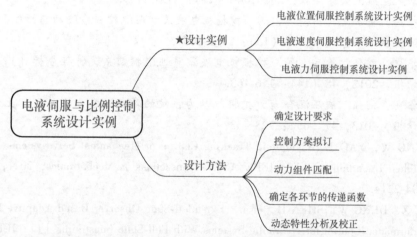

在第 7 章与第 8 章学习了电液伺服与比例控制系统的理论控制方法、注意事项、设计步骤等，并学习了电液伺服与比例控制系统液压油源、放大器和控制器的选取原则，本章将结合所学知识及实例，讲解电液伺服与比例控制系统设计过程。位置、速度与力是电液伺服与比例控制系统闭环控制的典型被控量，这三种被控量在多种工程场合中都有所应用，故本章以四辊可逆冷轧机的位置控制系统、液压数控转台的速度控制系统、液压驱动机器人膝关节的力控系统为具体实例，对设计实例进行深入讲解，加深对如何设计电液伺服与比例控制系统的理解。

9.1 四辊可逆冷轧机电液位置伺服控制系统设计实例

液压自动厚度控制系统简称液压 AGC（Automatic Gauge Control）或 HAGC（Hydraulic Automatic Gauge Control）系统，液压 AGC 系统是现代高速板带轧机自动化的关键系统，其功用是不管引起板厚偏差的各种扰动因素如何变化，都能自动调节压下缸的位置，使轧机工作辊辊缝一定，从而使出口板厚恒定。

四辊轧机液压压下装置工作原理示意图如图 9-1 所示。四辊可逆冷轧机通过采用四个辊（两个支撑辊 5 和两个工作辊 6）进行冷轧操作，处理材料的最大厚度为 350mm。可通过操作台设定参数调节固定在轧机 3 机架上梁与支撑辊 5 之间的压下液压缸 4 位置；同时，根据测厚仪 7 的反馈信号，控制系统计算出需要调整的轧辊位置和压力等参数，然后通过电液伺服控制系统实现对轧辊位置和压力的精确控制，从而确保冷轧机在轧制过程中能够达到预期的加工效果。

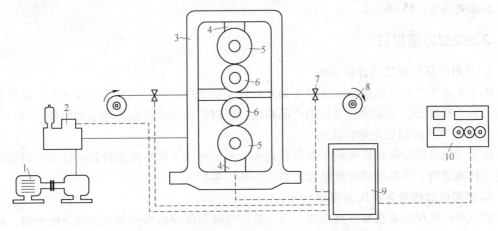

图 9-1 四辊轧机液压压下装置工作原理示意图

1—液压站 2—液压阀块 3—轧机 4—压下液压缸 5—支撑辊
6—工作辊 7—测厚仪 8—卷取机 9—电控柜 10—操作台

液压 AGC 系统是工业控制中控制精度要求很高、响应速度要求很快、被控制对象的受力和变形极其复杂、系统干扰因素很多的一种系统。20 世纪 60 年代后期，计算机技术快速发展，促进了轧机技术进步。20 世纪 70 年代以来，液压和计算机技术结合带来重大变化，板厚控制技术朝着大规模、高速、持续发展的方向发展。影响板厚的因素有很多，包括来料厚度、温度不均、轧机变形等，液压 AGC 系统正是针对上述因素的影响，采取相应的有效措施，控制或补偿它们的影响，最终保证出口板厚恒定。

9.1.1 确定设计要求

设计一台四辊可逆冷轧机液压压下装置，需准确控制工作辊压下位置情况，故被控量为工作辊压下位移，首先给出负载要求与稳准快要求。

1. 负载要求

最大轧制力 F_{Lmax}：$1.75 \times 10^6 \text{N}$。

单侧辊质量 M_g：1000kg。

压下液压缸活塞杆及液压油质量 m：100kg。

轧机牌坊窗口宽度 D_P：450mm。

单侧轧机机座刚度 K：$0.65 \times 10^9 \text{N/m}$。

2. 稳准快要求

0.2mm 以下成品厚度偏差 e_c：$\leqslant 4 \mu \text{m}$。

液压缸最大压下速度 v_1：$\geqslant 2 \text{mm/s}$。

液压缸最大行程 L_0：20mm。

液压缸位置分辨率 R_e：$\leqslant 1 \mu \text{m}$。

0.1mm 行程液压缸定位精度 P_r：$\leqslant 2\mu m$。

振幅为 0.05mm 时系统的幅频宽 f_{-3dB}：$10 \sim 15Hz$。

幅值裕度 K_g：$\geqslant 10dB$。

相位裕度 γ：$45 \sim 65°$。

9.1.2　控制方案拟订

1. 采用闭环控制还是开环控制

由于工业生产对冷轧后的成品厚度偏差有较高的精度要求，因此需要保证控制系统具有较高的抗干扰能力，保证冷轧成品的产品精度，所以采用抗干扰能力较强的闭环控制。

2. 采用节流控制还是容积控制

由于四辊可逆冷轧机系统的工作行程偏小，所需的压下液压缸定位精度较高，需要精确控制工作辊辊缝，所以选择控制精度较高的节流控制。

3. 采用伺服控制还是比例控制

四辊可逆冷轧机系统要求高响应，所以选用电液伺服阀作为控制元件的伺服控制，伺服阀的幅频宽能够满足冷轧机的动态特性。

综上所述，控制方案拟采用闭环伺服节流控制系统，采用阀控缸系统，系统框图如图 9-2 所示。

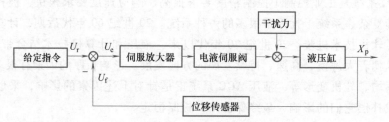

图 9-2　阀控液压缸位置伺服控制系统框图

9.1.3　动力组件匹配

1. 负载轨迹计算

根据系统设计要求，振幅为 0.05mm 时系统的幅频宽 f_{-3dB} 为 $10 \sim 15Hz$。压下液压缸以 0.05mm 振幅作正弦运动时，压下液压缸的最大速度可由压下液压缸的位移求得，压下液压缸的位移为

$$x = 0.05\sin2\pi f_{-3dB}t$$

则

$$v = \frac{dx}{dt} = 0.05 \times 2\pi f_{-3dB}\cos2\pi f_{-3dB}t$$

$$v_c = 0.1\pi f_{-3dB}$$

式中　x——压下液压缸的位移（mm）；

　　　v——压下液压缸的速度（mm/s）；

　　　v_c——压下液压缸最大速度计算值（mm/s）。

在 f_{-3dB} 范围内，可求得液压缸最大速度 v_c 为 $3.14 \sim 4.71 mm/s$。由于 $v_c > v_1 = 2mm/s$，所以取液压缸最大速度为

$$v_{max} = v_c = 4.71 mm/s$$

2. 选取供油压力

按照常见液压 AGC 系统设计经验，选定系统工作压力，即液压系统供油压力 $p_s = 21MPa$。

3. 确定压下液压缸尺寸参数

供油压力 p_s 可分解为 2/3 和 1/3 两部分，认为 p_s 的 2/3 作用于执行元件以产生驱动负载的力，p_s 的 1/3 用于提供伺服阀阀口压降以产生驱动负载的流量，因此取 $p_L = 2p_s/3$，可得压下液压缸有效面积为

$$A_p = \frac{F_{max}}{p_L} = \frac{1.75 \times 10^6}{14 \times 10^6} m^3 = 0.125 m^3$$

液压压下装置一般采用单出杆液压缸的无杆腔为驱动工作部分，因此液压缸直径为

$$D_0 = \sqrt{\frac{4A_p}{\pi}} = \sqrt{\frac{4 \times 0.125}{\pi}} m = 0.399 m$$

4. 选择伺服阀规格

由液压缸有效面积和液压缸速度，根据伺服阀流量计算公式，可求得所需的伺服阀流量为

$$q_L = \sqrt{3} A_p v_c = \sqrt{3} \times 0.125 \times 4.71 \times 10^{-3} \times 60 \times 1000 L/min = 61.2 L/min$$

考虑到泄漏等影响，将 q_L 增大 15%，取 $q_L = 70.4 L/min$。查阅电液伺服阀型号，确定选用 HY150 型电液伺服阀，其额定流量 $q_c = 100L/min$；额定压力为 $21MPa$；额定电流为 $40mA$。

9.1.4　确定各环节的传递函数

1. 压下液压缸负载的传递函数

压下液压缸负载可以简化为惯性力与弹簧力组合的负载，液压缸位移和流量的传递函数为

$$\frac{X_p}{q_c} = \frac{\dfrac{A_p}{KK_{ce}}}{\left(\dfrac{A^2}{KK_{ce}}s + 1\right)\left(\dfrac{s^2}{\omega_h^2} + \dfrac{2\zeta_h}{\omega_h}s + 1\right)} \tag{9-1}$$

式中　A_p——压下液压缸无杆腔面积（m^2），取 $0.125 m^2$；

　　　K——单侧轧机机座刚度（N/m），取 $0.65 \times 10^9 N/m$；

　　　ζ_h——阻尼比，伺服液压缸一般取 $\xi_h = 0.1 \sim 0.2$，这里取 $\xi_h = 0.2$；

　　　K_{ce}——阀的流量压力系数 $[m^5/(N \cdot s)]$；

　　　ω_h——二阶振荡环节角频率（rad/s）。

K_{ce} 可参考公式进行计算，若取伺服阀阀芯直径 $d = 6mm$，则伺服阀阀芯面积梯度 $W = \pi d_0 = 18.9 \times 10^{-3} m$；根据所选伺服阀样本，伺服阀阀芯与阀套间隙可取 $r_c = 5 \times 10^{-6} m$；伺服系统用油绝对黏度 $\mu = 1.8 \times 10^{-2} Pa \cdot s$，则有

$$K_{ce} = \frac{\pi W r_c^2}{32\mu} = \frac{\pi \times 18.9 \times 10^{-3} \times (5 \times 10^{-6})^2}{32 \times 1.8 \times 10^{-2}} \text{m}^5/(\text{N} \cdot \text{s}) = 2.58 \times 10^{-12} \text{m}^5/(\text{N} \cdot \text{s})$$

$$V_0 = 0.125 \times (0.02 + 0.015) \text{m}^3 = 4.4 \times 10^{-3} \text{m}^3$$

β_e 一般取为 $7 \times 10^8 \text{N/m}^2$，所以

$$K_h = \frac{4\beta_e A_p^2}{V_0} = \frac{4 \times 7 \times 10^8 \times (0.125)^2}{4.4 \times 10^{-3}} \text{N/m} = 9.94 \times 10^9 \text{N/m}$$

$$\omega_h = \sqrt{\frac{K_h}{M_g + m}} = \sqrt{\frac{9.94 \times 10^9}{1000 + 100}} \text{rad/s} = 3007 \text{rad/s}$$

得到液压缸位移和流量的传递函数为

$$\frac{X_p}{q_c} = \frac{0.125/(0.65 \times 10^9 \times 2.58 \times 10^{-12})}{\left(\dfrac{0.125^2}{0.65 \times 10^9 \times 2.58 \times 10^{-12}} s + 1\right)\left(\dfrac{s^2}{3007^2} + \dfrac{2 \times 0.2}{3007} s + 1\right)}$$

$$= \frac{74.54}{\left(\dfrac{s}{0.11} + 1\right)\left(\dfrac{s^2}{3007^2} + \dfrac{0.4}{3007} s + 1\right)}$$

2. 电液伺服阀的传递函数

由于液压缸负载的固有频率 $\omega_h = 3007 \text{rad/s}$，远大于所选伺服阀频宽，故使用二阶振荡环节为电液伺服阀的传递函数。从样本中查得所选伺服阀的固有频率 $\omega_{sv} = 440 \text{rad/s}$，阻尼比 $\zeta_{sv} = 0.7$，空载流量 $Q_0 = 75.6 \text{L/min} = 1.26 \times 10^{-3} \text{m}^3/\text{s}$，$I_0 = 0.03 \text{A}$，故求得

$$K_{sv} = \frac{Q_0}{I_0} = 0.042 \text{m}^3/(\text{s} \cdot \text{A})$$

将数值代入伺服阀传递函数式（7-3）得

$$\frac{Q_0}{\Delta I} = \frac{K_{sv}}{\dfrac{s^2}{\omega_{sv}^2} + \dfrac{2\zeta_{sv}}{\omega_{sv}} + 1} = \frac{0.042}{\dfrac{s^2}{440^2} + \dfrac{2 \times 0.7}{440} s + 1}$$

3. 位移传感器的传递函数

要求位置分辨率 $R_e \le 1\mu\text{m}$ 以及 0.1mm 行程液压缸定位精度 $P_r \le 2\mu\text{m}$（即要求液压缸在任意位置移动 0.1mm，位置偏差不大于 $2\mu\text{m}$）。根据要求选择的位移传感器型号为 Honey-welFX33，其参数为：行程 $\pm 10\text{mm}$；输出电压 $\pm 10\text{V}$。

选择的 FX33 为差动变压器式位移传感器，其响应频率远大于系统的响应频率，故其传递函数可认为是比例环节，则有

$$\frac{\Delta U}{\Delta X_p} = K_f = \frac{20}{0.002} \text{V/mm} = 1000 \text{V/mm}$$

4. 伺服阀放大器的传递函数

伺服阀放大器采用集成电子元件组成，响应速度很快，也可不计其时间常数，作为比例放大环节，则有

$$\frac{\Delta I}{\Delta U} = K_a \tag{9-2}$$

第9章　电液伺服与比例控制系统设计实例 段落格式

K_a 值待定。

开环增益 K_v 为

$$K_v = K_a K_{sv} K_f \frac{A}{KK_{ce}}$$
$$= K_a \times 0.042 \times 1000 \times 0.125 / (0.65 \times 10^9 \times 2.58 \times 10^{-12})$$
$$= 3130 K_a$$

系统的开环传递函数为

$$G(s) = \frac{K_v}{\left(\dfrac{1}{0.11}s+1\right)\left(\dfrac{s^2}{440^2}+\dfrac{2\times0.7}{440}s+1\right)\left(\dfrac{s^2}{3007^2}+\dfrac{2\times0.2}{3007}s+1\right)}$$

9.1.5　动态特性分析及校正

1. 搭建仿真框图

根据各环节的传递函数，可得该位置控制系统框图，如图 9-3 所示。

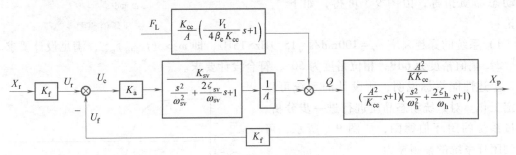

图 9-3　控制系统框图

2. 确定开环增益

忽略外力对系统的干扰，可画出如图 9-4 所示的系统框图。

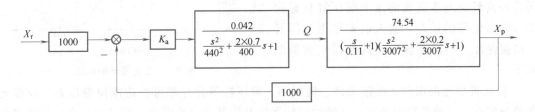

图 9-4　忽略外力干扰的系统框图

下面根据系统的精度要求，初步确定系统的开环增益 K_v，并绘制系统开环伯德图。

试按系统稳态精度要求来初步确定系统的开环增益 K_v。首先根据系统总的精度要求进行误差分配。设计系统的定位精度最大值为 $P_r = 2\mu m$，按系统的参数和所选用元件的精度，由输入信号引起的误差 $e_i = P_r \times 20\%$。

为绘制伯德图方便，先计算由输入信号 X_r 引起的误差来初步确定系统的开环增益 K_v。由于系统是 0 型系统，所以

$$e_i = \frac{0.1 \times 10^{-3}}{1+K'} = P_r \times 20\% = 0.4 \times 10^{-6} \, \text{m}$$

根据上式可得 $K' = 2.5 \times 10^4 \gg 1$，将可得

$$K' = \frac{0.1 \times 10^{-3}}{e_i} = \frac{0.1 \times 10^{-3}}{0.4 \times 10^{-6}} = 250$$

即在伯德图中，$\omega = 1$ 处，幅值增益应为 $20\lg 250 = 48\text{dB}$，系统才能达到精度要求。系统开环伯德图如图 9-5 所示。由图 9-5 可查，$20\lg K_v \approx 56$，所以 $K_v \approx 630$。代入式（9-2）得

$$K_a = \frac{K_v}{3130} = \frac{630}{3130} \text{A/V} = 0.2 \text{A/V}$$

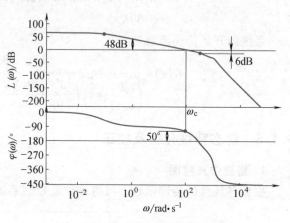

图 9-5　系统开环伯德图

3. 检验系统性能

从开环伯德图可粗略分析得到系统的动态品质指标，由图 9-5 可得，如下结论：

1）系统的穿越频率 $\omega_c = 100\text{rad/s} = 15.9\text{Hz} > 15\text{Hz}$，即 $\omega_c > (f_{-3\text{dB}})_{\max}$，满足设计要求。

2）幅值裕度为 6dB，相位裕度为 50°，符合设计要求。

上述性能指标说明，所设计的系统可以稳定工作。对系统动态品质进行进一步分析，通过系统的闭环伯德图，如图 9-6 所示，可得到闭环系统的幅频宽为

$$f_{-3\text{dB}} = \frac{\omega_b}{2\pi} = \frac{100}{2\pi} \text{Hz} = 15.9\text{Hz}$$

3）系统的位置误差是由输入误差、元件误差和负载误差等造成的压下液压缸目标位移与输出位移的误差。输入误差已由选择开环增益保证，不需要核验。其他误差的情况如下。

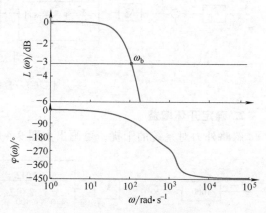

图 9-6　系统闭环伯德图

① 元件引起的误差。反馈元件、伺服阀、液压缸等元件都可能造成位置误差。反馈元件的精度直接影响系统的精度，系统的结构无法补偿其造成的误差，所以应注意选择适当精度的反馈元件。伺服阀的滞回、零漂、死区，以及液压缸和系统的摩擦力等因素引起的误差，可分别由其折算的额定伺服阀电流求得。

通过查询样本，伺服阀的滞环、零漂、死区值可分别折算为其额定电流 I_e 的 3%、2%、±2%，在液压压下系统中，可取 f 为最大轧制力的 1%。液压缸及系统各项摩擦力相当的伺服阀折算电流可按下式计算：

$$\Delta I = \frac{f/A}{K_{sv}/K_{ce}} = \frac{0.01 \times 1.75 \times 10^6 / 0.125}{0.042 / 2.58 \times 10^{-12}} \text{A} = 8.6 \times 10^{-6} \text{A} = 0.02\% I_e$$

式中　f——系统的总摩擦力（N）。

由折算电流的总和 $\sum \Delta I$ 引起的误差 e_G 为

$$e_G = \frac{\sum \Delta I}{K_a K_f} = \frac{(0.03+0.02+0.02+0.02+0.0002) \times 0.01}{0.2 \times 1000} \text{m} = 4.5 \times 10^{-6} \text{m}$$

② 由负载力引起的液压缸位置误差 e_L 为

$$e_L = \lim_{s \to 0} \frac{\Delta e}{\Delta F_L} \Delta F_L \frac{1}{K_f} = \lim_{s \to 0} \frac{\frac{K_f}{k} \left(\frac{V_t}{\beta K_{ce}} s + 1 \right) \left(\frac{s^2}{\omega_{sv}^2} + \frac{2\zeta_{sv}}{\omega_{sv}} s + 1 \right)}{\left(\frac{A^2}{K_{ce}} s + 1 \right) \left(\frac{s^2}{\omega_{sv}^2} + \frac{2\zeta_{sv}}{\omega_{sv}} s + 1 \right) \left(\frac{s^2}{\omega_h^2} + \frac{2\zeta_h}{\omega_h} s + 1 \right) + K} \Delta F \frac{1}{K_f} = \frac{\Delta F_L}{kK}$$

$$= \frac{1.75 \times 10^6}{1.3 \times 10^9 \times 630} \text{m} = 2.14 \times 10^{-6} \text{m}$$

式中　k——两侧轧机机座刚度，$k = 2K$。

4. 系统校正

为消除系统的位置误差，可将系统由 0 型系统改为 I 型系统。为此需要在系统中增设积分环节，同时为使系统以 -20dB 穿越零分贝线，还要加入一阶微分环节，其传递函数为 $(\tau s + 1)/s$，τ 为一阶微分环节的转折频率，不能大于加入积分环节后系统的穿越频率。根据伯德图可计算得 $\tau > 1$，在此取 $\tau = 2$，K_P 为比例放大增益。系统的开环增益 $K_v = 630$，则系统的开环传递函数为

$$G(s) = \frac{630(2s+1)}{s \left(\frac{1}{0.11} s + 1 \right) \left(\frac{s^2}{440^2} + \frac{2 \times 0.7}{440} s + 1 \right) \left(\frac{s^2}{3007^2} + \frac{2 \times 0.2}{3007} s + 1 \right)}$$

由于设计的系统成为 I 型系统，所以输入误差、负载误差以及除反馈元件外所有元件引起的误差均为零，因此，满足系统位置控制精度要求。根据系统校正后的参数，用计算机绘制了系统的开环、闭环伯德图分别如图 9-7a、b 所示，可以得到：幅值裕度为 11.0dB，相位裕度为 61.5°，系统的幅频宽 $f_{-3\text{dB}}$ 约 16.6Hz。满足设计要求。

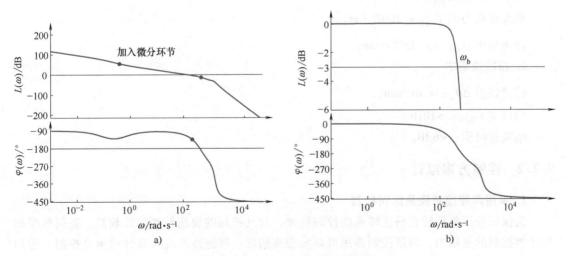

图 9-7　加入校正后的系统伯德图

a）系统开环伯德图　b）系统闭环伯德图

9.2 液压数控转台电液速度伺服控制系统设计实例

随着制造加工行业对于零件加工精度的要求越来越高，以及机床控制性能的大幅度提升，数控转台的发展竞争也越来越激烈。液压数控转台可以实现精密加工，提高产品质量，提高制造业的自动化程度和生产效率，促进工业化进程，推动经济发展。

某液压数控转台系统原理图如图 9-8 所示，控制系统为阀控液压马达，转台负载 5 与液压马达 3 相联，液压泵 6 与电动机 8 相联，进油路上的过滤器 9 主要是为了净化流入系统的液压油，回油路上的过滤器 10 则是防止经过系统循环后的油液中的杂质进入油箱，污染液压油源。电动机 8 通电后，使其运转并通过第二联轴器 7 带动液压泵 6 工作，从油箱中抽取液压油输送到回路端，通过电液伺服阀 2 实现与回油路的交汇，实现液压马达 3 的换向工作，当左位电磁铁受到电信号时，电液伺服阀 2 阀芯连接到左位，实现液压转台顺时针运转，反之则处于逆时针运转工况。

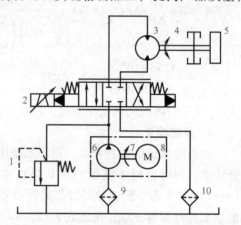

图 9-8 某液压数控转台系统原理图
1—溢流阀 2—电液伺服阀 3—液压马达
4—第一联轴器 5—转台负载 6—液压泵
7—第二联轴器 8—电动机 9、10—过滤器

9.2.1 确定设计要求

本例的液压数控转台电液速度伺服控制系统为例，具体设计要求如下。

1. 负载要求

负载转动惯量 J_L：$0.45\text{kg} \cdot \text{m}^2$。

最大负载力矩 T_{Lmax}：$100\text{N} \cdot \text{m}$。

转速范围 $\dot{\theta}_m$：$50 \sim 1500\text{r/min}$。

2. 稳准快要求

转速误差 $\Delta\dot{\theta}_m$：$\leqslant 6\text{r/min}$。

幅频宽 f_{-3dB}：$>10\text{Hz}$。

幅频正峰值：$<6\text{dB}$。

9.2.2 控制方案拟订

1. 采用伺服控制还是比例控制

为保证液压数控转台马达转速的控制性能，对其控制的快速性要求比较高。在伺服控制与比例控制的选用中，伺服控制系统可以实现高精度、高速度和高可靠性的运动控制，适用于要求精密定位和多轴协调运动的场合。因此，应选用液压伺服控制，以实现精确的运动控制，满足液压数控转台对于精准定位和高速运动的要求。

2. 采用闭环控制还是开环控制

为使液压数控转台的动力组件能够以给定的速度动态跟随，并具备较强的抗外界干扰能力，在闭环系统与开环系统的选用中，闭环系统可以通过不断调整控制参数，实时纠正系统误差，从而提高系统的控制精度和稳定性。因此，应选用闭环控制，以实现液压数控转台的精准控制。

3. 采用节流控制还是容积控制

节流控制相比于容积控制虽能量利用率较低，但具备更高的功重比和更好的快速响应能力，更加符合液压数控转台的动力组件的高功重比和快响应能力需求，因此，应选用节流控制。

综上所述，控制方案拟采用闭环伺服节流控制系统，由于所设计的速度控制系统控制功率较小，所以采用阀控液压马达系统，该系统的工作原理框图如图 9-9 所示。

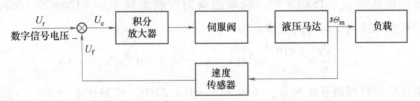

图 9-9　速度控制系统工作原理框图

9.2.3　动力组件匹配

1. 工作压力选取

根据液压马达转速控制系统设计经验，选定系统供油压力 $p_s = 15\text{MPa}$。

2. 液压马达选取

取 $p_L = \dfrac{2}{3}p_s$，可计算得液压马达的排量为

$$D_m = \frac{T_{Lmax}}{p_L} = \frac{3T_{Lmax}}{2p_s} = \frac{3 \times 100}{2 \times 15 \times 10^6}\ \text{m}^3/\text{rad} = 1 \times 10^{-5}\ \text{m}^3/\text{rad}$$

选取排量 $D_m = 1 \times 10^{-5}\ \text{m}^3/\text{rad}$ 的液压马达。

3. 伺服阀选取

伺服阀流量为

$$q_L = 2\pi\dot{\theta}_{mmax}D_m = 2\pi \times 1500 \times 1 \times 10^{-5}\ \text{m}^3/\text{min} = 94.2\text{L/min}$$

可计算伺服阀对应压降为

$$p_v = p_s - \frac{T_{Lmax}}{D_m} = \left(15 \times 10^6 - \frac{100}{1 \times 10^{-5}}\right)\text{Pa} = 5\text{MPa}$$

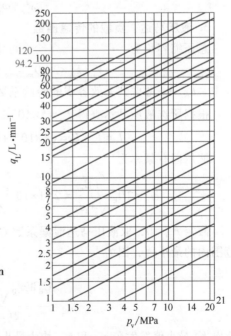

图 9-10　选择伺服阀规格时使用的列线图

根据 p_v、q_L 选取伺服阀。查询图 9-10 列线图，选取当额定流量（阀压降 7MPa 时的输出流量）为 120L/min 的阀可以满足要求，该阀额定电流为 $I_0 = 30 \times 10^{-3}\text{A}$。

9.2.4 确定各环节的传递函数

1. 速度传感器和积分放大器增益

速度传感器在最大转速 $\dot{\theta}_{\mathrm{mmax}} = 1500\mathrm{r/min}$ 时对应的输出电压 $u = 10\mathrm{V}$，得速度传感器增益为

$$K_{\mathrm{fv}} = \frac{u}{\dot{\theta}_{\mathrm{mmax}}} = \frac{10 \times 60}{2\pi \times 1500}\mathrm{V \cdot s/rad} = 0.0637\mathrm{V \cdot s/rad}$$

增益系数 $K_{\mathrm{a}} = K_{\mathrm{I}} K_{\mathrm{sa}}$，其中所用的伺服阀放大器增益 $K_{\mathrm{sa}} = 0.01\mathrm{A/V}$，$K_{\mathrm{I}}$ 为积分控制器增益，其值待定。

2. 伺服阀的传递函数

在系统供油压力 $p_{\mathrm{s}} = 15\mathrm{MPa}$ 时，选取的阀的空载流量 $Q_0 = (120 \times 10^{-3}/60)\mathrm{m^3/s} = 2 \times 10^{-3}\mathrm{m^3/s}$。则可计算伺服阀的流量增益为

$$K_{\mathrm{sv}} = \frac{Q_0}{I_0} = \frac{2 \times 10^{-3}}{0.03}\mathrm{m^3/(s \cdot A)} = 66.7 \times 10^{-3}\mathrm{m^3/(s \cdot A)}$$

由样本查得伺服阀固有频率 $\omega_{\mathrm{sv}} = 680\mathrm{rad/s} \approx 108.23\mathrm{Hz}$，阻尼比 $\zeta_{\mathrm{sv}} = 0.7$，可以得到伺服阀的传递函数为

$$\frac{Q_0}{I} = \frac{K_{\mathrm{sv}}}{\dfrac{s^2}{\omega_{\mathrm{sv}}^2} + \dfrac{2\zeta_{\mathrm{sv}}}{\omega_{\mathrm{sv}}}s + 1} = \frac{66.7 \times 10^{-3}}{\dfrac{s^2}{680^2} + \dfrac{2 \times 0.7}{680}s + 1}$$

3. 液压马达–负载的传递函数

总压缩容积为

$$V_{\mathrm{t}} = k_{\beta} \times 2\pi D_{\mathrm{m}} = 3.5 \times 2\pi \times 1 \times 10^{-5}\mathrm{m^3} = 22 \times 10^{-5}\mathrm{m^3}$$

式中　k_{β}——考虑到无效容积的经验系数，根据经验取 $k_{\beta} = 3.5$。

根据所选液压马达查得 $J_{\mathrm{m}} = 5 \times 10^{-3}\mathrm{kg \cdot m^2}$，则负载总惯量为

$$J_{\mathrm{t}} = J_{\mathrm{m}} + J_{\mathrm{L}} = (5 \times 10^{-3} + 0.45)\mathrm{kg \cdot m^2} = 45.5 \times 10^{-2}\mathrm{kg \cdot m^2}$$

液压固有频率为

$$\omega_{\mathrm{h}} = 2D_{\mathrm{m}}\sqrt{\frac{\beta_{\mathrm{e}}}{V_{\mathrm{t}} J_{\mathrm{t}}}} = 2 \times 1 \times 10^{-5}\sqrt{\frac{7 \times 10^8}{22 \times 10^{-5} \times 45.5 \times 10^{-2}}}\mathrm{rad/s} = 52.8\mathrm{rad/s}$$

假定 $B_{\mathrm{m}} = 0$，取液压马达泄漏系数 $C_{\mathrm{tm}} = 7 \times 10^{-13}\mathrm{m^3/s \cdot Pa}$。阀的流量-压力系数应取工作范围内的最小值，因为

$$K_{\mathrm{c}} = \frac{C_{\mathrm{d}} W x_{\mathrm{v0}}\sqrt{\dfrac{1}{\rho}(p_{\mathrm{s}} - p_{\mathrm{L0}})}}{2(p_{\mathrm{s}} - p_{\mathrm{L0}})} = \frac{q_{\mathrm{L0}}}{2(p_{\mathrm{s}} - p_{\mathrm{L0}})}$$

所以 K_{c} 最小值发生在 q_{L0} 和 p_{L0} 均为最小值的时候。在空载最低转速时 q_{L0} 和 p_{L0} 最小，此时

$$q_{\mathrm{L0}} = 2\pi \times 1 \times 10^{-5} \times \frac{50}{60}\mathrm{m^3/s} = 5.2 \times 10^{-5}\mathrm{m^3/s}$$

考虑摩擦力矩，取 $p_{\mathrm{L0}} = 7 \times 10^5\mathrm{Pa}$，则

$$K_{c\min} = \frac{5.2 \times 10^{-5}}{2 \times (15 \times 10^6 - 7 \times 10^5)} \text{m}^3/(\text{s} \cdot \text{Pa}) = 1.8 \times 10^{-12} \text{m}^3/(\text{s} \cdot \text{Pa})$$

由以上数据得阻尼比为

$$\zeta_h = \frac{K_{ce}}{D_m} \sqrt{\frac{\beta_e J_t}{V_t}} = \frac{2.58 \times 10^{-12}}{1 \times 10^{-5}} \sqrt{\frac{7 \times 10^8 \times 45.5 \times 10^{-2}}{22 \times 10^{-5}}} = 0.31$$

液压马达-负载的传递函数为

$$\frac{s\Theta_m}{Q} = \frac{y_{Dm}}{\dfrac{s^2}{\omega_h^2} + \dfrac{2\zeta_h}{\omega_h}s + 1} = \frac{1 \times 10^5}{\dfrac{s^2}{52.8^2} + \dfrac{2 \times 0.31}{52.8}s + 1}$$

4. 其他环节的传递函数

忽略速度传感器和积分放大器的动态特性。速度传感器的传递函数为

$$\frac{U_f}{s\Theta_m} = K_{fv} = 0.0637 \text{V} \cdot \text{s/rad}$$

积分放大器的传递函数为

$$\frac{I}{U_e} = \frac{K_a}{s}$$

5. 确定开环增益

假定此例为恒速调节系统，则误差主要来自干扰和速度传感器。该系统对输入和干扰都是 I 型系统，所以对恒定干扰力矩和伺服阀零漂是无差的。

设传感器误差为 0.1%，由此引起的转速误差 $\Delta\dot{\theta}_m = 1500 \times 0.001 \text{r/min} = 1.5 \text{r/min}$。设计要求转速误差为 6r/min，去掉传感器产生的 1.5r/min 误差外，还有 4.5r/min 的误差是负载力矩变化引起的。设加载时间为 1s，则加载速度为 $\dot{T}_L = \dfrac{100}{1} \text{N} \cdot \text{m/s}$。等速负载力矩变化引起的转速误差为

$$\Delta\dot{\theta}_{mL} = \frac{K_{ce}\dot{T}_L}{D_m^2 K_v} \tag{9-3}$$

由此得满足转速误差的开环增益为

$$K_v \geqslant \frac{K_{ce}\dot{T}_L}{D_m^2 \Delta\dot{\theta}_{mL}} \tag{9-4}$$

转速误差 $\Delta\dot{\theta}_{mL}$ 与 K_{ce} 成正比，因此最大误差发生在 K_{ce} 为最大的工作点。因为 $K_{ce} \approx K_c$，所以

$$K_{ce\max} \approx K_{c\max} = \frac{Q_{L\max}}{2(p_s - p_{L\max})} = \frac{1 \times 10^{-5} \times 1500 \times 2\pi}{2 \times (15 \times 10^6 - 10 \times 10^6) \times 60} \text{m}^3/(\text{s} \cdot \text{Pa}) = 1.57 \times 10^{-10} \text{m}^3/(\text{s} \cdot \text{Pa})$$

$$K_v \geqslant \frac{1.57 \times 10^{-10} \times 100 \times 60}{(1 \times 10^{-5})^2 \times 4.5 \times 2\pi} \text{s}^{-1} = 333.2 \text{s}^{-1}$$

取 $K_v = 340$。则增益系数

$$K_a = \frac{K_v D_m}{K_{fv} K_{sv}} = \frac{340 \times 1 \times 10^{-5}}{0.0637 \times 66.7 \times 10^{-3}} \text{A}/(\text{s} \cdot \text{V}) = 0.8 \text{A}/(\text{s} \cdot \text{V})$$

则

$$K_I = \frac{K_a}{K_{sa}} = \frac{0.8}{0.01}s^{-1} = 80s^{-1}$$

9.2.5 动态特性分析及校正

1. 搭建仿真框图

根据各环节的传递函数，可得该系统的框图如图 9-11 所示。

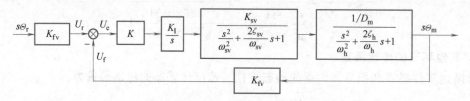

图 9-11 马达转速控制系统仿真框图

2. 检验系统性能

根据图 9-11 和所确定的传递函数可画出图 9-12 所示的系统框图。

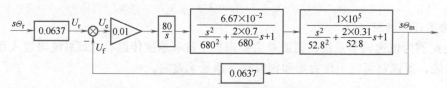

图 9-12 马达转速控制系统传递函数框图

系统开环传递函数为

$$\frac{U_f}{U_e} = \frac{340}{s\left(\dfrac{s^2}{680^2} + \dfrac{2\times0.7}{680}s + 1\right)\left(\dfrac{s^2}{52.8^2} + \dfrac{2\times0.31}{52.8}s + 1\right)}$$

根据系统开环传递函数可画出系统开环伯德图，如图 9-13 所示。由图可见，系统幅值裕度为 -15.5dB，因此系统不稳定，需加校正装置。

3. 系统校正

采用滞后校正网络对本速度控制系统进行校正。滞后校正网络的传递函数为

$$G_c(s) = \frac{\dfrac{s}{\omega_{rc}} + 1}{\dfrac{\beta s}{\omega_{rc}} + 1}$$

式中　ω_{rc}——超前环节的转折频率；

　　　β——滞后超前比。

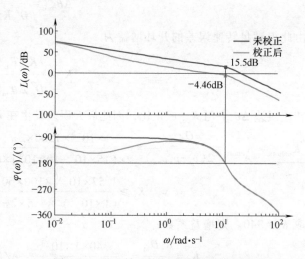

图 9-13 马达转速控制系统开环伯德图

未校正系统幅值裕度为-15.5dB，使幅值裕度变为正数，将中频段降低20dB，由 $20\lg\beta = 20$，得 $\beta = 10$。调整后穿越频率 $\omega_c = 6.4$Hz，为了减小滞后网络对 ω_c 处相位滞后的影响，应使 ω_{rc} 低于穿越频率 ω_c 的 $1\sim10$ 倍频程，此处取 $\omega_{rc} = 1$Hz。采用滞后校正的马达转速控制系统框图如图9-14所示。校正后系统的开环伯德图如图9-13所示，其幅值裕度为4.46dB，相位裕度为51.1°，系统稳定。根据系统工作原理框图9-14和所确定的传递函数可画出如图9-15所示的系统框图。校正后系统的闭环伯德图如图9-16所示，幅频宽 $f_{-3\text{dB}} = \dfrac{70}{2\pi}$Hz = 11.14Hz>10Hz，幅频正峰值 $M_r = 5.48$dB<6dB，满足设计要求。

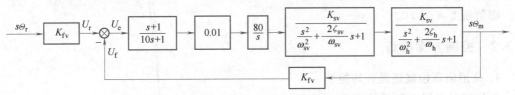

图9-14 校正后马达转速控制系统框图

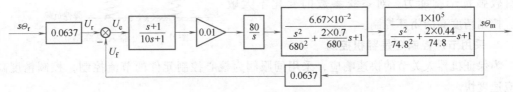

图9-15 校正后马达转速控制系统传递函数框图

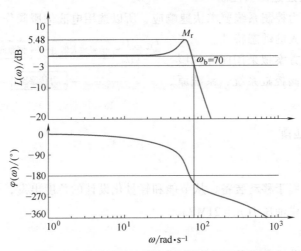

图9-16 校正后马达转速控制系统闭环伯德图

9.3 液压驱动机器人膝关节电液力伺服控制系统设计实例

9.3.1 确定设计要求

设计一液压驱动机器人膝关节电液力控制系统，机器人腿部结构如图9-17所示，具体设计要求如下。

1. 负载要求

负载质量 m：20kg。

负载刚度 K_s：$1.8 \times 10^5 \text{N/m}$。

最大负载力 F_{Lmax}：$3 \times 10^3 \text{N}$。

2. 稳准快要求

稳态误差 e_F：<5%。

幅频宽 f_{-3dB}：>31.8Hz（等价于 ω_b>200rad/s）。

幅值裕度 K_g：>0。

9.3.2 控制方案拟订

1. 采用闭环控制还是开环控制

为保证对机器人腿部输出力的控制性能，采用具有较强抗干扰能力、对系统参数的变化不太敏感、控制精度高的闭环控制。

2. 采用节流控制还是容积控制

为保证机器人关节的快速响应，采用伺服阀为核心控制元件的节流控制，控制精度高、响应速度快。

3. 采用伺服控制还是比例控制

液压机器人电液力控制系统要求快速响应，所以选用电液伺服阀作为控制元件，伺服阀的频宽能够满足机器人的动态特性。

综上所述，控制方案拟采用闭环伺服节流控制系统，采用阀控缸系统，系统原理框图如图 9-18 所示。

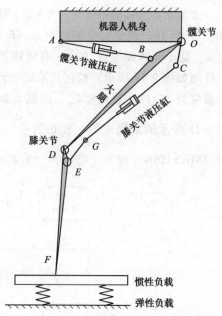

图 9-17　机器人腿部结构示意图

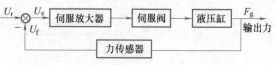

图 9-18　机器人膝关节力控制系统原理框图

9.3.3 动力组件匹配

1. 工作压力选取

液压足式机器人属于移动装备，从节能和轻量化设计的角度出发，尽可能选择高的系统压力，所以选取系统供油压力 $p_s = 21\text{MPa}$。

2. 绘制负载轨迹

将负载力取为正弦函数，有

$$F = F_{\text{Lmax}} \sin\omega t \tag{9-5}$$

则动力组件中液压缸力平衡方程为

$$F = F_{\text{Lmax}} \sin\omega t = m\ddot{x}_p + K_s\dot{x}_p = ma_p + K_s v_p \tag{9-6}$$

令初始条件 $x_p(0) = \dot{x}_p(0) = 0$，则得速度函数为

$$v_p = \dot{v}_{\text{pmax}}(\cos\omega t + \cos\omega_m t) \tag{9-7}$$

式中

$$v_{pmax} = \frac{F_{Lmax}\omega}{K_s - m\omega^2} = \frac{F_{Lmax}\omega}{m(\omega_m^2 - \omega^2)}$$

$$\omega_m = \sqrt{\frac{K_s}{m}} = \sqrt{\frac{1.8 \times 10^5}{20}}\,\text{rad/s} = 94.87\,\text{rad/s}$$

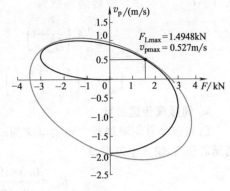

图 9-19 负载轨迹

式 (9-5) 与式 (9-6) 就是负载轨迹方程。已知最大加载力 $F_{Lmax} = 3 \times 10^3\,\text{N}$，取 $\omega = \omega_b = 200\,\text{rad/s}$。在 0 到 F_{Lmax} 之间给 F 以不同的值，由式 (9-5) 求出 t，然后再由式 (9-6) 求出 v_p，从而求得负载轨迹 $v_p = f(F)$。利用 MATLAB 得到图 9-19 所示的负载轨迹。

3. 确定动力组件参数

对于定量泵加溢流阀形式的能源，为了使系统功耗最小，在供油压力 p_s 选定后，则应使液压泵输出流量最小。如选择泵流量等于伺服阀最大空载流量（忽略溢流阀溢流量），那么就要求伺服阀最大空载流量 q_0 最小。对图 9-19 所示负载轨迹，利用 MATLAB 找到最大功率点，得到最大功率点的负载力 $F_{Lmax} = 1494.8\,\text{N}$，最大空载速度 V_{Lmax} 得到

$$\frac{1}{4}\pi d^2 = A_p = \frac{3F_{Lmax}}{2p_s} = \frac{3 \times 1494.8}{2 \times 21 \times 10^6}\,\text{m}^2 = 1.07 \times 10^{-4}\,\text{m}^2$$

得出 $d = 0.0116\,\text{m}$，圆整液压缸直径 $d = 0.012\,\text{m}$，取 $A_p = 1.13 \times 10^{-4}\,\text{m}^2$。

根据由图 9-18 所示负载轨迹得到动力组件能给出的最大空载速度 $v_{pmax} = 0.527\,\text{m/s}$，则伺服阀最大空载流量为

$q_{0max} = A_p v_{pmax} = 1.13 \times 10^{-4} \times 0.527\,\text{m}^3/\text{s} = $
$5.95 \times 10^{-5}\,\text{m}^3/\text{s} = 3.57\,\text{L/min}$
将其圆整为 $q_{0max} = 4\,\text{L/min}$。为保证样本中选用的伺服阀具有 15% 左右的流量余量，在选型时应取伺服阀在压降 $p_v = 7\,\text{MPa}$ 时的流量 $q_L > 4.6\,\text{L/min}$。根据如图 9-20 所示的某伺服阀样本的列线图（流量-压降特性曲线图），选取 $p_v = 7\,\text{MPa}$ 下最大空载流量 $q_{0max} \approx 5\,\text{L/min}$ 的伺服阀（对应曲线 2），即可满足使用需求。已知该型号伺服阀阀芯最大位移为 ±0.3mm，由伺服阀空载流量 $q_0 = 9\,\text{L/min}$，可以计算伺服阀流量增益系数

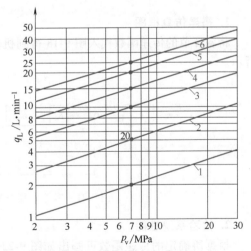

图 9-20 选择伺服阀规格使用的列线图

$$K_q = 9 \times 10^{-3}/(60 \times 0.3 \times 10^{-3}) = 0.5$$

取流量-压力系数 $K_c = 1.79 \times 10^{-13}\,\text{m}^5/(\text{N} \cdot \text{s})$。

9.3.4 确定各环节的传递函数

1. 液压缸传递函数

忽略液压缸泄漏，则 $K_{ce} = K_c$，取 $\beta_e = 7 \times 10^8\,\text{Pa}$，$V_t = 4.8 \times 10^{-5}\,\text{m}^3$，将已知参数代入

式（7-77）可得液压缸传递函数为

$$\frac{F_p}{X_v} = \frac{\dfrac{K_q}{K_{ce}}A_p\left(\dfrac{s^2}{\omega_m^2}+1\right)}{\left(\dfrac{s}{\omega_r}+1\right)\left(\dfrac{s^2}{\omega_0^2}+\dfrac{2\zeta_0}{\omega_0}s+1\right)} = \frac{\dfrac{0.5}{1.79\times10^{-13}}\times1.13\times10^{-4}\left(\dfrac{s^2}{94.87^2}+1\right)}{\left(\dfrac{s}{2.03}+1\right)\left(\dfrac{s^2}{215.05^2}+\dfrac{2\times0.02}{215.05}s+1\right)}$$

2. 伺服阀传递函数

已知该型号伺服阀最大驱动电流为±40mA，伺服阀传递函数近似为比例环节，计算伺服阀阀芯位置-输入电流增益

$$K_{sv} = \frac{0.3\times10^{-3}}{40\times10^{-3}}\mathrm{m/A} = 7.5\times10^{-3}\mathrm{m/A}$$

3. 力传感器传递函数

力传感器传递函数以其增益 K_F 表示。选取力传感器增益 $K_F = 2\times10^{-3}\mathrm{V/N}$。

4. 确定开环增益

为满足设计要求中的稳态误差 $e_F < 5\%$，得到开环增益

$$K_v > \frac{F_{Lmax}}{e_F} = \frac{3\times10^3\mathrm{N}}{3\times10^3\mathrm{N}\times5\%} = 20$$

取 $K_v = 50$，$K_v = K_a K_{sv} A_p \dfrac{K_q}{K_{ce}} K_F = K_a\times7.5\times10^{-3}\times\dfrac{0.5}{1.79\times10^{-13}}\times1.13\times10^{-4}\times2\times10^{-3} = 50\mathrm{s}^{-1}$，

得到 $K_a = 1.06\times10^{-3}\mathrm{A/V}$。

9.3.5 动态特性分析及校正

1. 搭建仿真框图

将各环节的传递函数代入图 9-18 得到机器人膝关节力控制系统传递函数框图，如图 9-21 所示。

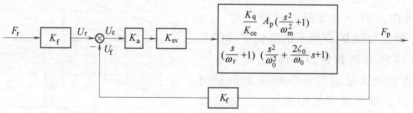

图 9-21 机器人膝关节力控制系统传递函数框图

2. 检验系统性能

根据所确定的传递函数可画出如图 9-22 所示的系统框图。

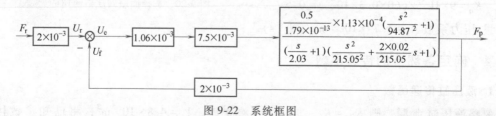

图 9-22 系统框图

利用 MATLAB 绘制力控制系统阶跃响应曲线，如图 9-23 所示。绘制系统开环伯德图和闭环伯德图，分别如图 9-24 所示。

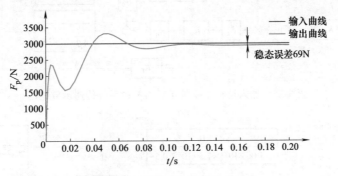

图 9-23　力控制系统阶跃响应曲线

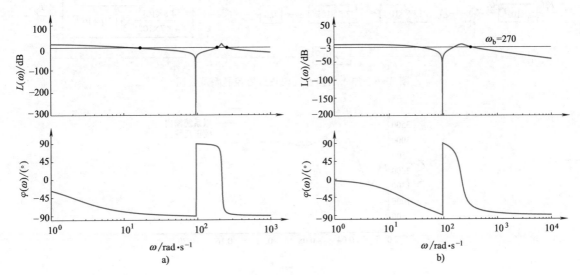

图 9-24　力控制系统伯德图
a）开环伯德图　b）闭环伯德图

从时域的角度分析，由图 9-23 所示阶跃响应曲线，利用 MATLAB 得到系统的稳态误差为 69N，小于 150N（$5\%F_{\text{Lmax}}$），准确性满足设计要求，但是输出曲线存在初始阶段的大幅振荡和超调现象。从频域的角度分析，由图 9-24b 所示，闭环伯德图看出频宽为 $270/2\pi = 91.6$Hz，大于 31.8Hz，快速性满足设计要求；但是开环伯德图中，幅频特性曲线三次穿越 0dB 线，说明系统稳定性较差，所以需要校正。

3. 系统校正

为了提升稳定性，采用结构不变校正，消除液压缸运动变化对输出力的影响。形成如图 9-25 所示的力控制系统框图，代入具体数值后的图 9-26 所示的系统框图，进而得到如图 9-27 所示的阶跃响应曲线和开环伯德图。加入结构不变校正后，图 9-27a 所示的阶跃响应曲线中消除了初始阶段的大幅振荡以及超调；图 9-27b 所示的开环伯德中幅频特性曲线一次穿越 0dB 线，说明系统稳定性得到改善。同时快速性和准确性保持原良好状态。从时域和频域的角度分别验证了结构不变校正的有效性。

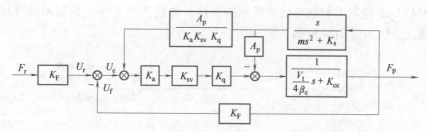

图 9-25　加入结构不变校正后力控制系统传递函数框图

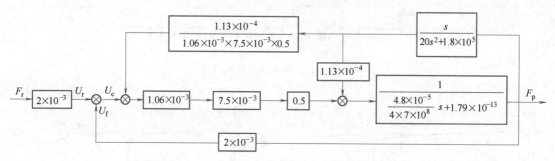

图 9-26　加入结构不变校正后力控制系统框图

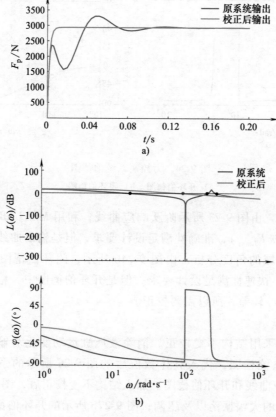

图 9-27　加入结构不变校正后对比曲线

a）阶跃响应曲线　b）开环伯德图

本章小结

第9章为应用实例，对轧机、液压数据转台及液压机器人驱动关节进行系统控制设计以及校正。首先以轧机为例，进行电液位置阀控缸系统控制设计，给出阀控缸位置控制数学模型，并进行稳准快分析，对比了积分校正对系统频域以及时域的影响，证明了积分校正能够提升位置控制系统的准确性；接着以数控转台为例，进行电液速度伺服控制系统控制设计，给出泵控缸速度控制数学模型，并进行稳准快分析，证明了滞后校正能够提升速度控制系统的稳定性；最后以液压机器人为例，进行电液力伺服系统控制设计，给出阀控缸力控制数学模型，并进行稳准快分析，对比了结构不变校正对系统频域及时域的影响，证明了结构不变校正能够提升力控制系统的稳定性。

习题

9-1 250kN 结晶器液压振动系统特性仿真分析（参数见表9-1）：

1) 选取系统的液压控制元件和执行元件，放大器及传感器。

2) 建立结晶器振动系统各环节数学模型。

3) 通过 MATLAB 软件分析系统的动态特性、时间响应曲线和频率响应曲线，得出系统的频宽。

4) 分析 PID 参数对系统特性的影响。

5) 总结影响阀控缸系统频率特性的参数，并总结规律。

表 9-1 参数要求

序号	参数项	参数值	单位
1	结晶器质量	25	t
2	振动体质量	9.37	t
3	板簧刚度（在起始点，压缩量为 0mm）	15402	N/mm
4	单出杆缸数量	2	个
5	非对称单出杆液压缸参数	$\phi160/90\times10$	mm
6	液压系统压力	25	MPa
7	最大振动频率	100	次/min
8	最大振动幅度	2±2	mm
9	油液密度	850	kg/m^3
10	油液黏度	32	mm^2/s
11	工作温度	40	℃

9-2 1500 轧机串辊液压控制系统仿真分析（参数见表9-2）：

1) 选取系统的液压控制元件和执行元件，放大器及传感器。

2) 建立系统各环节数学模型。

3) 通过 MATLAB 软件分析系统的动态特性、时间响应曲线和频率响应曲线，得出系统的频宽。

4) 分析 PID 参数对系统特性影响。

5) 总结影响阀控缸系统频率特性的参数，并总结规律。

表 9-2　参数要求

序号	参数项	参数值	单位
1	辊系数量	4	t
2	非对称单出杆液压缸个数	1	台
3	非对称单出杆液压缸参数	$\phi200/\phi100/100$	mm
4	伺服阀参数	D634-383C/R24K02M0NSX2	—
5	位移传感器	RH 系列	—
6	液压系统压力	25	MPa
7	总泄漏系数	5×10^{-13}	$m^3/(Pa\cdot s)$
8	油液密度	850	kg/m^3
9	油液黏度	32	mm^2/s
10	工作温度	40	℃

9-3　液压飞剪速度伺服控制系统仿真分析（参数见表 9-3）：

1）系统计算及原理设计。

2）建立系统的数学模型。

3）分析系统的时间响应曲线和频率响应曲线，得出系统频宽。

4）总结影响阀控马达系统频率特性的参数，并总结规律。

表 9-3　参数要求

序号	参数项	参数值	单位
1	液压剪运动部分质量	500	kg
2	钢板送进速度	100	mm/s
3	液压剪回程速度	250	mm/s
4	钢板长度	8	m
5	速度控制精度	±3	mm/s
6	液压系统压力	31.5	MPa
7	主控制阀（自选）	滑阀	—
8	油液密度	850	kg/m^3
9	油液黏度	32	mm^2/s
10	工作温度	40	℃

9-4　负载模拟台液压控制系统仿真分析（参数见表 9-4）：

1）伺服缸等系统元件参数设计，电液伺服阀、伺服阀放大器选型。

2）建立阀控缸力控制系统的数学模型。

3）采用 MATLAB/Simulink 软件仿真模型。

4）分析系统的时间响应曲线和频率响应曲线，得出该系统的频宽。

表 9-4　参数要求

序号	参数项	参数值	单位
1	最大负载力	750	t
2	液压缸行程	30	mm
3	液压油源	恒压变量泵	—
4	有杆腔背压	3	MPa
5	系统刚度	5×10^9	N/mm
6	液压系统压力	25	MPa
7	压力检测范围	0~40	MPa
8	压力检测输出(有杆腔)	4~20	mA
9	油液密度	850	kg/m^3
10	油液黏度	32	mm^2/s
11	工作温度	40	℃

9-5　1450 冷连轧机弯辊力伺服控制系统仿真分析（参数见表 9-5）：

1）弯辊缸等系统元件参数设计，电液伺服阀、伺服阀放大器选型。

2）建立阀控缸力控制系统的数学模型。

3）采用 MATLAB/Simulink 软件仿真模型。

4）分析系统的时间响应曲线和频率响应曲线，得出该系统的频宽。

表 9-5　参数要求

序号	参数项	参数值	单位
1	最大负载	35	t
2	弯辊缸行程	40	mm
3	液压油源	恒压变量泵	—
4	系统刚度	4×10^8	N/m
5	压力检测范围	$\phi 160/90 \times 10$	mm
6	液压系统压力	25	MPa
7	压力检测输出	4~20	mA
8	油液密度	850	kg/m^3
9	油液黏度	32	mm^2/s
10	工作温度	40	℃

拓展阅读

［1］　翟富刚，闫桂山. 基于 MATLAB/Simulink 的轧机液压 AGC 系统建模与仿真分析［J］. 装备制造技术，2014（11）：1-3.

［2］　孔祥东，俞滨，权凌霄，等. 四足机器人对角小跑步态下液压驱动单元位置伺服控制特性参数灵敏度研究［J］. 机器人，2015，37（1）：63-73.

［3］ 孔祥东，俞滨，权凌霄，等. 参数摄动对四足机器人液压驱动单元位置控制特性影响 ［J］. 机电工程，2013，30（10）：1169-1177.

［4］ 俞滨，巴凯先，刘雅梁，等. 基于扩张观测器的液压驱动单元位置抗扰控制 ［J］. 液压与气动，2018（1）：1-8.

［5］ BA K, YU B, GAO Z, et al. An improved force-based impedance control method for the HDU of legged robots ［J］. ISA transactions, 2019, 84：187-205.

［6］ BA K, YU B, ZHU Q, et al. The position-based impedance control combined with compliance-eliminated and feedforward compensation for HDU of legged robot ［J］. Journal of the Franklin Institute, 2019, 356 (16)：9232-9253.

［7］ BA K, SONG Y, YU B, et al. Dynamics compensation of impedance-based motion control for LHDS of legged robot ［J］. Robotics and Autonomous Systems, 2021, 139：1-14.

［8］ BA K, YU B, ZHU Q, et al. Second order matrix sensitivity analysis of force-based impedance control for leg hydraulic drive system ［J］. Robotics and Autonomous Systems, 2019, 121：1-14.

［9］ BA K, YU B, KONG X, et al. Parameters sensitivity characteristics of highly integrated valve-controlled cylinder force control system ［J］. Chinese Journal of Mechanical Engineering, 2018, 31：1-17.

［10］ BA K, MA G, YU B, et al. A nonlinear model-based variable impedance parameters control for position-based impedance control system of hydraulic drive unit ［J］. International Journal of Control, Automation and Systems, 2020, 18 (7)：1806-1817.

［11］ BA K, YU B, LIU Y, et al. Fuzzy terminal sliding mode control with compound reaching law and time delay estimation for HDU of legged robot ［J］. Complexity, 2020, 2020 (1)：1-16.

［12］ BA K, YU B, KONG X, et al. The dynamic compliance and its compensation control research of the highly integrated valve-controlled cylinder position control system ［J］. International Journal of Control, Automation and Systems, 2017, 15 (4)：1814-1825.

［13］ BA K, YU B, MA G, et al. A novel position-based impedance control method for bionic legged robots' HDU ［J］. IEEE Access, 2018, 6：55680-55692.

思政拓展：北斗卫星导航系统是我国自行研制的全球卫星导航系统，扫描下方二维码观看相关视频，理解其中控制原理的应用，了解这一重大航天工程的价值和意义。

科普之窗
北斗：想象无限

科普之窗
北斗：北斗之路

科普之窗
北斗：时空文明

参 考 文 献

[1] 王春行. 液压伺服控制系统 [M]. 北京：机械工业出版社，1989.

[2] 汪首坤. 液压控制系统 [M]. 北京：北京理工大学出版社，2016.

[3] 李洪人. 液压控制系统 [M]. 国防工业出版社，1981.

[4] 路甫祥，胡大纮. 电液比例控制技术 [M]. 北京：机械工业出版社，1988.

[5] 韩俊伟. 电液伺服系统的发展与应用 [J]. 机床与液压，2012，40（2）：15-18.

[6] 张弓，于兰英，吴文海，等. 电液比例阀的研究综述及发展趋势 [J]. 流体机械，2008，36（8）：32-37；19.

[7] 路甫祥，周洪. 电液、电气比例控制技术的新进展 [J]. 机床与液压，1988（3）：16-24.

[8] 苏东海，任大林，杨京兰. 电液比例阀与电液伺服阀性能比较及前景展望 [J]. 液压气动与密封，2008，28（4）：1-4.

[9] 王军政，赵江波，汪首坤. 电液伺服技术的发展与展望 [J]. 液压与气动，2014（5）：1-12.

[10] 方群，黄增. 电液伺服阀的发展历史、研究现状及发展趋势 [J]. 机床与液压，2007，35（11）：162-165.

[11] MURRENHOFF H. Servohydraulik-Geregelte hydraulische antriebe [M]. Aachen：Shaker Verlag，2012.

[12] 田源道. 电液伺服阀技术 [M]. 北京：航空工业出版社，2008.

[13] 许益民. 电液比例控制系统分析与设计 [M]. 北京：机械工业出版社，2005.

[14] 阎耀保. 高端液压元件理论与实践 [M]. 上海：上海科学技术出版社，2017.

[15] 冀宏，傅新，杨华勇. 非全周开口滑阀稳态液动力研究 [J]. 机械工程学报，2003，39（6）：13-17.

[16] Wu X，Gan W，Liu C，et al. Digital modeling of hydraulic slide valve based on mutildisciplinary [J]. China Mechanical Engineering，2015，26（6）：777-781.

[17] Wu X，Gan W，Liu C，et al. Robust design of hydraulic slide valve internal structure [J]. China Mechanical Engineering，2015，26（15）：2030-2035，2040.

[18] GRICAL A S，KAPLIENKO A V，DONCHENKO D N，et al. Hydrodynamic processes in rotary slide valve [J]. Materials Science. Power Engineering，2015，91（1）：209-215.

[19] 贾新颖. 液压滑阀稳态液动力特性及补偿优化研究 [D]. 哈尔滨：哈尔滨工业大学，2017.

[20] 路甫祥. 液压气动技术手册 [M]. 北京：机械工业出版社，2002.

[21] 王乔. 汽车电动液压助力转向系统的研究与开发 [D]. 重庆交通大学，2015.

[22] 高殿荣，王益群. 液压工程师技术手册 [M]. 2版. 北京：化学工业出版社，2016.

[23] 赵应樾. 液压控制阀及其修理 [M]. 上海：上海交通大学出版社，1999.

[24] 杜国森. 液压元件产品样本 [M]. 北京：机械工业出版社，2000.

[25] 杨秀萍，液压元件与系统设计 [M]. 西安：西安电子科技大学出版社，2017.

[26] 王冲，孙世锋，栾海峰. 汽轮机的控制滑阀特性研究 [J]. 机床与液压，2006（5）：100-101.

[27] 孔祥东，姚玉成. 控制工程基础 [M]. 4版. 北京：机械工业出版社，2019.

[28] 董景新. 控制工程基础 [M]. 3版. 北京：清华大学出版社，2009.

[29] 刘银冰，李壮云. 液压元件与系统 [M]. 4版. 北京：机械工业出版社，2019.

[30] 艾超. 液压型风力发电机组转速控制和功率控制研究 [D]. 秦皇岛：燕山大学，2012.

[31] 闫桂山，金振林，赵鹏辉. 燃气轮机电液伺服泵控IGV位置补偿控制研究 [J]. 船舶工程，2020，42（12）：85-92.

[32] 赵进宝. 火箭舵机转速排量复合调节电动静液作动器设计与研究 [D]. 哈尔滨：哈尔滨工业大学，2014.

[33] 宋旋，刘志超. 挖掘机泵控负载敏感系统设计及结构参数优化 [J]. 中国工程机械学报，2022，20 (5)：439-443.

[34] 牛瑞利，邱益，王博. 阀控负载敏感系统流量前馈 PID 控制及压降仿真分析 [J]. 锻压技术，2022，47 (4)：195-199.

[35] 李坤宏，江桂云，朱代兵. 液压机节流自控负载敏感液压系统及其 Simulink 仿真 [J]. 锻压技术，2022，47 (3)：169-173.

[36] 常映辉，周杰. 矿用负载敏感系统阀前补偿抗流量饱和技术研究 [J]. 机床与液压，2022，50 (10)：129-132.

[37] 王鑫涛，杜星. 基于负载匹配的阀控液压缸匹配特性研究 [J]. 液压与气动，2019 (5)：117-121.

[38] 宋锦春，陈建文. 液压伺服与比例控制 [M]. 北京：高等教育出版社，2013.

[39] 明仁雄. 机液伺服控制系统的综合仿真模型 [J]. 液压气动与密封，2001 (4)：14-16.

[40] KISHAN C, SUPRAKASH P, RATHINDRANATH M. A novel torque amplifier using alternating flow hydraulics and orbital rotary piston hydraulic motor principles-design and performance [C]. Nava: JFPS International Symposium on Fluid Power, 2002.

[41] 林杨乔. 基于 MATLAB/Simulink 的机液伺服系统的仿真分析 [J]. 中国科技投资，2012 (21)：54.

[42] 徐志军. 阀控缸电液速度伺服系统控制精度补偿的研究 [D]. 秦皇岛：燕山大学，2019.

[43] 李永安. 一种机液伺服车辆转向系统的性能分析 [J]. 机床与液压，2016，44 (4)：83-84.

[44] 谢吉明，董荣宝. 基于 AMESim 的电液步进油缸建模与仿真 [J]. 液压气动与密封，2018，38 (7)：36-39.

[45] 艾超，刘艳娇，宋豫，等. 开式泵控锻造油压机流量压力复合位置控制研究 [J]. 中国机械工程，2016，27 (13)：1705-1709.

[46] 陈少艾. HY32B 型液压滑台电液伺服控制系统的技术改造 [J]. 液压与气动，2007 (4)：71-72.

[47] 马鹏程，杨阳，秦大同. 雷达回转台电液伺服速度控制系统的建模与分析 [J]. 机床与液压，2015，43 (5)：119-123.

[48] 刘晓东. 电液伺服控制系统多余力补偿及数字控制策略研究 [D]. 北京：北京交通大学，2008.

[49] 吴振顺. 液压控制系统 [M]. 北京：高等教育出版社，2008.